suhrkamp taschenbuch
wissenschaft 1915

Gerhard Roth verfolgt das Projekt, mithilfe der Erkenntnisse der modernen Neurobiologie und Hirnforschung Fragen zu beantworten, die von jeher Philosophen, Wissenschaftler und alle denkenden Menschen beschäftigt haben: Sind wir Menschen einzigartig? Wie entsteht unsere Bewusstseinswelt? Können wir die Welt erkennen, wie sie ist, oder nehmen wir nur Konstruktionen unseres Gehirns wahr? Auf was sollen wir hören: auf den Verstand oder die Gefühle? Wer oder was formt uns: Gene, das Unbewusste oder die Erziehung? Ist mein Wille frei? Diese und ähnliche Fragen werden in zwölf Kapiteln auf eine Weise behandelt, die keinerlei fachwissenschaftliche Vorkenntnisse erfordert. Das Buch präsentiert die Umrisse eines neuen Menschenbildes, das naturwissenschaftlich begründet ist und zugleich Einsichten der Geistes- und Sozialwissenschaften berücksichtigt.

Gerhard Roth ist Professor für Verhaltensphysiologie an der Universität Bremen.
Im Suhrkamp Verlag sind von ihm erschienen: *Das Gehirn und seine Wirklichkeit* (stw 1275), *Fühlen, Denken, Handeln* (stw 1678), *Freiheit, Schuld und Verantwortung* (mit Michael Pauen, eu 12) und *Willensfreiheit und rechtliche Ordnung* (hg. mit Ernst-Joachim Lampe und Michael Pauen, stw 1833)

Gerhard Roth
Aus Sicht des Gehirns

Vollständig überarbeitete Neuauflage

Suhrkamp

Bibliografische Information der Deutschen Nationalbibliothek
Die Deutsche Nationalbibliothek verzeichnet diese Publikation in der
Deutschen Nationalbibliografie; detaillierte bibliografische Daten sind
im Internet über http://dnb.d-nb.de abrufbar.

suhrkamp taschenbuch wissenschaft 1915
© Suhrkamp Verlag Frankfurt am Main 2003, 2009
Druck: Druckhaus Nomos, Sinzheim
Printed in Germany
Umschlag nach Entwürfen von
Willy Fleckhaus und Rolf Staudt
ISBN 978-3-518-29515-1

3 4 5 6 7 8 – 17 16 15 14 13 12

Inhalt

Vorwort zur überarbeiteten Auflage

Die vorliegende Ausgabe ist eine vollständig überarbeitete Version des 2003 erstmalig erschienenen Buches *Aus Sicht des Gehirns*. Dessen Erscheinen fiel zeitlich zusammen mit dem Beginn der in der wissenschaftlichen wie medialen Öffentlichkeit heftig geführten Diskussion um die Willensfreiheit. Dabei waren das Kapitel 10 der bisherigen Fassung sowie die ausführlichere Darstellung in der überarbeiteten Auflage meines Buches *Fühlen, Denken, Handeln*, die zeitgleich ebenfalls im Suhrkamp Verlag erschien, vielzitierter Anlass zu Zustimmung und Kritik. Ich hatte geglaubt, in beiden Texten eine sowohl wissenschaftlich als auch philosophisch ausgewogene Position zu vertreten. Das wurde aber von einer Reihe von philosophischen Kritikern nicht so gesehen; vielmehr unterstellten sie, dass ich – neben anderen Neurobiologen – Willensfreiheit komplett als »Illusion« ablehne und sogar die Existenz eines Willens in Zweifel ziehe. Tatsächlich aber wandte ich mich nur gegen die traditionelle dualistisch-indeterministische Auffassung von Willensfreiheit, die allerdings nicht nur unserem alltäglichen Empfinden der Handlungssteuerung, sondern auch dem deutschen und kontinentaleuropäischen Strafrecht und seinem Schuldbegriff zugrunde liegt.

Es dauerte einige Jahre, bis sich von philosophischer Seite eine differenziertere Wahrnehmung des Standpunkts der beteiligten Hirnforscher herausbildete. Gleichzeitig veränderte sich auch – zumindest bei mir – die Einschätzung der Aussagekraft der vielzitierten Experimente Benjamin Libets und seiner Nachfolger. Und schließlich ergab sich für mich in der engen Zusammenarbeit mit dem Philosophen Michael Pauen eine Neukonzeption des Begriffs »Willensfreiheit«, die den Gegensatz zwischen Willensfreiheit und Determiniertheit philosophisch und wissenschaftlich auflöst. Michael Pauen und ich haben unsere gemeinsame Auffassung in dem Buch *Freiheit, Schuld und Verantwortung – Grundzüge einer naturalistischen Theorie der Willensfreiheit* dargelegt, das im Herbst 2008 ebenfalls im Suhrkamp Verlag erschienen ist, und ich habe entsprechend das Kapitel 10 des vorliegenden Buches umgearbeitet.

Erfreulich ist, dass nach anfänglicher und zum Teil harscher Kritik von Strafrechtlern, Strafrechtstheoretikern und forensischen

Psychiatern sich inzwischen eine Offenheit entwickelt, über die – auch in Kreisen der Strafrechtler bekannten – Unzulänglichkeiten des deutschen Strafrechts (insbesondere des § 20) und des ihm zugrunde liegenden Schuldbegriffs zu diskutieren und für die juristische Praxis nutzbar zu machen. Ich habe hierzu mit der Rostocker Strafrechtlerin Grischa Merkel (früher Detlefsen) kürzlich ausführlich Stellung genommen (Merkel und Roth, 2008).

Allerdings hat die Diskussion um die Willensfreiheit die Aufmerksamkeit von anderen neuen, zum Teil bahnbrechenden Erkenntnissen der Hirnforschung und benachbarter Disziplinen etwas abgelenkt. Diese neuen Erkenntnisse betreffen folgende Themenbereiche:

Die Erforschung der neurobiologischen Grundlagen von Bewusstseinszuständen ist durch neuartige Auswertemethoden (z. B. unter Verwendung »lernender« künstlicher neuronaler Netze) weiter vorangetrieben worden. Dadurch gelingt es anders als früher, scheinbar verrauschte Aktivitätszustände im Gehirn, z. B. im primären visuellen oder im präfrontalen Cortex, in ihrem Inhalt zu erfassen und so den Prozess des Bewusstwerdens von Wahrnehmungsinhalten und Entscheidungen noch deutlicher darzustellen. Dies hat auch Auswirkungen auf die Frage nach dem zeitlichen Auftreten des »Willensrucks«, wie sie erstmals von Libet untersucht worden war, und bestätigt die Auffassung, dass geistig-bewusste Zustände unauflösbar mit bestimmten Hirnprozessen verbunden sind, dass man aus der Kenntnis des einen verlässlich auf die Existenz des anderen schließen kann, und dass unbewusste Hirnaktivitäten bewussten Erlebniszuständen in gesetzmäßiger Weise vorhergehen. Ob damit das Geist-Gehirn-Problem von Philosophen demnächst als in befriedigendem Sinne gelöst betrachtet oder weiterhin als »ewiges Rätsel« kultiviert werden wird, sei dahingestellt.

Ein weiteres »ewiges Problem« der Geistesgeschichte ist das »Anlage-Umwelt-Problem«, d. h. die Frage, ob menschliches Handeln hauptsächlich bzw. vornehmlich von »angeborenen Faktoren« (d. h. Genen) bestimmt ist, oder von Lernen, Erziehung und damit von Umwelteinflüssen. Die neue Sicht dieser Zusammenhänge ergibt sich aus der Erkenntnis, dass Gene in aller Regel nicht direkt ein bestimmtes Verhalten oder eine bestimmte Persönlichkeitseigenschaft bestimmen (etwa als »Verbrecher-Gen« oder »Intelligenz-Gen«), sondern dass an Persönlichkeits- und Verhaltenseigenschaften viele

Gene meist sehr indirekt (d. h. über komplexe epigenetische Hirnentwicklungsprozesse) beteiligt sind, die sich je nach Umwelteinflüssen in unterschiedlicher Weise im Verhalten ausdrücken. Dabei sind Gen-Varianten, so genannte Polymorphismen, besonders interessant, weil sie in der Normalpopulation auftreten, wenngleich meist in niedriger Frequenz. Ebenso hat sich der seit langem hartnäckig behauptete wie bestrittene Einfluss frühkindlicher Erfahrung, besonders in Form psychischer Traumatisierung infolge Misshandlung, Vernachlässigung, sexuellem Missbrauch usw. voll bestätigt, und dieser Einfluss lässt sich auch neurobiologisch eindeutig nachweisen. Aus heutiger Sicht sind es vier Faktoren, die unsere Persönlichkeit und unser Handeln bestimmen, nämlich genetische Prädispositionen (Polymorphismen), Eigenheiten der Hirnentwicklung, frühe (z. T. vorgeburtliche) psychische Prägungen, insbesondere im Rahmen der Bindungserfahrung, und weitere psychosoziale Erfahrungen in Kindheit und Jugend. Zwischen diesen vier Hauptfaktoren besteht sowohl eine positiv wie auch negativ sich verstärkende oder schwächende Interaktion, wie insbesondere die Studien zur Genese gewalttätigen Verhaltens und psychischer Erkrankungen zeigen.

Das dritte Gebiet, auf dem sich derzeit eine stürmische Entwicklung vollzieht, schließt sich zum Teil hier an und betrifft die Aufklärung der Prozesse, die mit der Entwicklung der Persönlichkeit verbunden sind. Auch hier lassen sich verschiedene Faktoren identifizieren, die unsere Persönlichkeit formen, nämlich erstens genetisch fixierte Verhaltensprogramme, zweitens die Ergebnisse der individuellen emotionalen Konditionierung, drittens die Sozialisation des Verhaltens und viertens kognitive Denk-, Entscheidungs- und Kommunikationsmuster. Diese Faktoren werden zu ganz unterschiedlichen Entwicklungszeiten wirksam und bestimmen unsere Persönlichkeit »von unten nach oben«, d. h., jede frühere Entwicklungsstufe bestimmt weitgehend den Rahmen für die nächste Stufe, aber gleichzeitig bilden sich Kontrollmechanismen in entgegengesetzter Richtung aus. Diese Erkenntnisse betreffen auch die Frage nach der Veränderbarkeit des Menschen in seiner Persönlichkeitsstruktur. Es wird dabei deutlich, warum es so schwierig ist, andere Menschen zu ändern, und besonders schwer, sich selbst zu ändern. Dies wirft auch Licht auf die Frage nach dem Verhältnis von Verstand und Gefühlen und führt zur Erkenntnis, dass auch diese altehrwürdige Dichotomie fragwürdig geworden ist.

Das vierte Gebiet hängt wiederum stark vom Erkenntnisfortschritt im zweiten und dritten Gebiet ab und betrifft die neurobiologischen Grundlagen des Psychischen, psychischer Erkrankungen und deren Therapie. Bei psychischen Erkrankungen einschließlich der Persönlichkeitsstörungen, zu denen auch antisoziales, gewalttätiges Verhalten gehört, zeigt sich am deutlichsten die Interaktion zwischen den oben genannten vier Faktoren, wobei der zweite Faktor (Hirnentwicklung) und der dritte Faktor (frühe psychische Prägung und Bindungserfahrung) wohl die wichtigsten sind. Allerdings ist wirklich verlässliches Wissen über die Grundlagen psychischer Erkrankungen noch rar, weil es hier neben dem Mangel an einem guten »Tiermodell« viele große methodische Schwierigkeiten gibt – ganz abgesehen von der hohen individuellen Variabilität. Noch dramatischer sieht es bei der Frage aus, was im Gehirn der Patienten geschieht, deren Psychotherapie erfolgreich war – oder eben nicht. Hier ist das derzeitige Wissen noch unzulänglicher, aber deshalb sind die Forschungsanstrengungen noch intensiver.

Das Bemerkenswerte an diesen Entwicklungen ist, dass es sich hierbei nicht um rein neurobiologische, sondern um eine zutiefst interdisziplinäre Forschung handelt, an der neben den Neurobiologen bzw. Hirnforschern auch Neuropsychologen, Entwicklungs- und Persönlichkeitspsychologen, Psychiater, Psychotherapeuten, Soziologen, Ökonomen und Philosophen beteiligt sind. Diese Interdisziplinarität ist der beste Garant gegen das Schreckensbild eines »Homo neurobiologicus«, d.h. des Menschen, der von Gehirnprozessen vollständig beherrscht wird, kein eigenes Ich und keinen freien Willen mehr hat. Das Gegenbild lautet, dass das Gehirn der Ort des Zusammenwirkens der genannten vier Faktoren und der aktuellen Einflüsse ist, und die Aussage »das Gehirn steuert unser Verhalten« nichts anderes heißt, als dass diese Faktoren über das Gehirn wirken. Worüber sonst!

In der vorliegenden Ausgabe habe ich alle Kapitel überarbeitet, dabei unklare Formulierungen, Fehler zu beseitigen und neue Erkenntnisse einzuarbeiten versucht. Größere Umarbeitungen und Ergänzungen finden sich in den Kapiteln 3, 6, 8 und 9; das Kapitel 10 habe ich vollständig neu geschrieben. Ebenso habe ich Änderungen bei den Abbildungen vorgenommen und die Literaturliste aktualisiert.   Brancoli, August 2008

Vorwort

Die Hirnforschung dringt in Gebiete ein, die ihr als einer Naturwissenschaft lange Zeit vollkommen verschlossen schienen. Dies gilt für geistige Leistungen des Menschen wie Wahrnehmen, Denken, Vorstellen, Erinnern und Handlungsplanen, inzwischen aber auch für emotionale und psychische Zustände. In diesem Zusammenhang ergeben sich unweigerlich Fragen nach der Natur des Geistes und des Bewusstseins, den Wurzeln der Persönlichkeit und des Ich, den Möglichkeiten und Grenzen von Erziehung und von Psychotherapie und schließlich nach der Existenz von Willensfreiheit.

Dies wiederum führt zur Diskussion um eine grundlegende Änderung des Bildes, das der Mensch von sich selbst entworfen hat, nämlich des Bildes von einem Wesen, das sich aufgrund von Geist, Bewusstsein, Vernunft, Moral und freiem Willen weit über alle anderen Lebewesen erhebt. Diese Diskussion versetzt viele Menschen in große Unruhe. Abhilfe können hier nur sachliche Information und nüchterne Interpretation schaffen.

Ich habe in meinen beiden Büchern *Das Gehirn und seine Wirklichkeit* und *Fühlen, Denken, Handeln* sowie in Buch- und Zeitschriftenaufsätzen versucht, hierzu einen Beitrag zu leisten. Obgleich sich die beiden genannten Bücher eines beträchtlichen Erfolges erfreuen, beklagen viele Leser zugleich die Fülle der wissenschaftlichen Details und die Kompliziertheit der Zusammenhänge. Man mag dies mit der Bemerkung abtun, dass man komplizierte Dinge nicht beliebig einfach darstellen kann.

Dann erhielt ich die Bitte des Suhrkamp Verlages, einige Aspekte der Hirnforschung und ihre Bedeutung für das Menschenbild in einer Weise darzustellen, die keine allzu große Geduld und Anstrengung erfordert, und ich habe dies als eine interessante Herausforderung angesehen. Der Leser möge entscheiden, in welchem Maße ich dem gerecht geworden bin. Wichtig ist, dass bei aller Allgemeinverständlichkeit die wissenschaftliche Korrektheit erhalten bleibt. Alle zwölf Kapitel sind eigens für dieses Buch geschrieben; inhaltliche Überschneidungen mit den beiden genannten Büchern wurden dabei bewusst in Kauf genommen. Der Wissensstand der Hirnforschung ist schließlich nicht beliebig vermehrbar.

Meiner Frau und Kollegin Dr. Ursula Dicke danke ich für zahlreiche fachliche Ratschläge. Für die Durchsicht der Texte danke ich meinen Mitarbeiterinnen und Mitarbeitern Nicole Becker, Christine Egger, Monika Lück, Uwe Opolka und Dr. Daniel Strüber vom Hanse-Wissenschaftskolleg.

Selbstverständlich gehen alle Fehler zu meinen Lasten.

Lilienthal, im Mai 2003

1. Eine kleine Hirnkunde

Manche Menschen, darunter Hirnforscher, sind der Meinung, unser Gehirn sei das komplizierteste System im Universum. Das soll natürlich unserem Selbstwertgefühl schmeicheln. Wer aber kennt schon das Universum?

Klar ist, dass man viele Jahre intensiven Studiums braucht, um das menschliche Gehirn in seinem Aufbau und seinen Funktionen gut zu verstehen. Es gibt allerdings einige Dinge, die einem die Sache erleichtern. Das Wichtigste ist dabei die Erkenntnis, dass das menschliche Gehirn in seinem Aufbau keineswegs einzigartig ist, sondern ein typisches Säugetiergehirn darstellt. Wenn wir also wissen, wie ein Säugetiergehirn aufgebaut ist, dann verstehen wir auch den Aufbau des menschlichen Gehirns. Allerdings sind die Gehirne von Säugetieren, und zwar auch scheinbar »primitive« wie die von Ratten und Mäusen, ebenfalls kompliziert aufgebaut. Hier hilft die zweite Erkenntnis, dass das Gehirn der Säugetiere ein typisches Wirbeltiergehirn ist und entsprechend den Gehirnen von Neunaugen, Knorpelfischen (Haien und Rochen), Knochenfischen, Amphibien (z. B. Fröschen und Salamandern), Reptilien (z. B. Schildkröten, Schlangen, Eidechsen, Krokodilen) und Vögeln im Grundaufbau sehr ähnlich ist.

Als Ausgangspunkt können wir das einfachste Gehirn nehmen, das sich bei den Wirbeltieren findet, und hier bietet sich das Gehirn der Frösche und Salamander an, mit denen ich mich seit vielen Jahren intensiv beschäftige (genauer gesagt handelt es sich um sekundär vereinfachte Gehirne – aber das spielt im vorliegenden Zusammenhang keine Rolle). In Abbildung 1 sind der Grundaufbau des Wirbeltiergehirns, ein Salamandergehirn und das menschliche Gehirn gezeigt, natürlich in unterschiedlichem Maßstab. Der oberen Abbildung entnehmen wir, dass sich alle Wirbeltiergehirne aus dem Vorderende eines rohrartigen Gebildes, des Neuralrohrs, entwickeln, dessen Wände die Hirnmasse und dessen Hohlraum die so genannten Ventrikel darstellen. Den langen hinteren Teil stellt das *Rückenmark* dar, das die Wirbelsäule durchzieht und die ursprüngliche Rohrartigkeit noch am meisten beibehält. Der vordere Teil, das *Gehirn*, unterteilt sich durch Wandverdickungen, Einschnürungen und Ausweitungen in fünf Teile. Dabei handelt es sich um das Verlängerte Mark (lateinisch *Medulla oblongata*) als Fortsetzung des Rückenmarks, um das Kleinhirn (*Cerebellum*), das Mittelhirn (*Mesencephalon*), das Zwischenhirn (*Diencephalon*) und das Endhirn (*Telencephalon*), auch Großhirn genannt. Das Endhirn oder Großhirn ist in seinem vorderen Teil bei allen Wirbeltieren paarig angeordnet; die beiden Großhirnhälften nennt man *Hemisphären* (d. h. Halbkugeln). Bei Vögeln und Säugetieren unterscheidet man noch einen weiteren, sechsten Hirnteil, die Brücke (lateinisch *Pons*), der aber nur ein besonderer Teil des Mittelhirnbodens, des *Tegmentum*, ist.

Diese fünf bzw. sechs Teile sind bei Amphibien und Reptilien und den meisten Fischen hintereinander angeordnet; bei Säugetieren und Vögeln vergrößern sich aber das Zwischenhirn und das Endhirn überdurchschnittlich, und bei Säugetieren vergrößert sich zusätzlich die Hirnrinde und dehnt sich nach allen Seiten aus, so dass sie schließlich bei einigen Säugetieren wie den Primaten die übrigen Teile des Gehirns fast ganz überdeckt. So kommt es, dass beim menschlichen Gehirn ebenso wie bei den Gehirnen anderer großer Säugetiere äußerlich fast nur die Großhirnrinde sichtbar ist (Abbildung 2). Diese eindrucksvollen Veränderungen, die sich sowohl in der Stammesgeschichte (Phylogenese) als auch der Individualgeschichte (Ontogenese) zeigen, ändern aber nichts an der Tatsache, dass der Grundaufbau des menschlichen Gehirns überhaupt nichts Besonderes an sich hat. Bei den Affen, insbesondere den Großaffen, zu denen auch wir Menschen gehören, ist allerdings das Gehirn in Höhe des Zwischenhirns »abgeknickt«, so dass Rückenmark, Verlängertes Mark, Brücke und Mittelhirn eine schräge Position einnehmen und das Endhirn mit der Großhirnrinde waagerecht nach vorn ausgerichtet ist. Dies hängt mit der zunehmend aufrechten Körperhaltung der Affen und der entsprechenden Umformung des Schädels bei diesen Tieren zusammen.

Das menschliche Gehirn wiegt bei Männern im Durchschnitt 1,35 Kilogramm und bei Frauen im Durchschnitt 1,22 Kilogramm. Dieser Unterschied hängt teilweise mit dem etwas geringeren Körpergewicht von Frauen zusammen, ist aber nicht allein hierdurch erklärbar. Frauen und Männer unterscheiden sich außer in ihrem Körper auch in vielen anderen Dingen voneinander, z. B. wie sie fühlen, denken, entscheiden und sich verhalten. Nichts davon hat

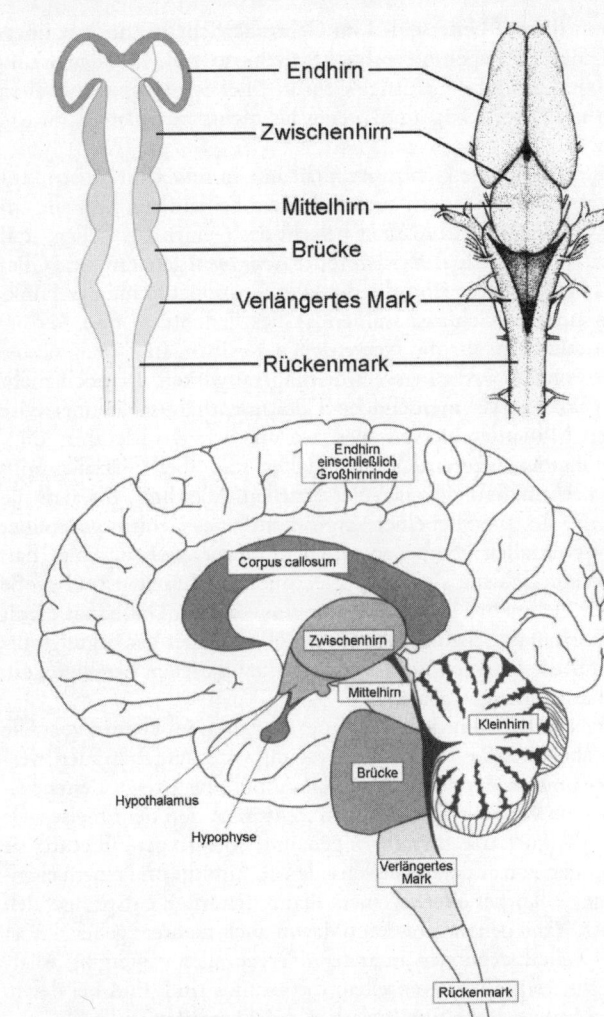

Abbildung 1: Oben links: Aufbau des Wirbeltiergehirns zu Beginn der Entwicklung (nach Zigmond et al. 1999; verändert). Oben rechts: Aufsicht auf ein Salamandergehirn (aus Roth 1987). Unten: Längsschnitt durch das menschliche Gehirn (nach Eliot 2001; verändert).

aber mit diesem Unterschied im Gehirngewicht zu tun, wie überhaupt die Leistungen menschlicher Gehirne, z. B. Intelligenz und Kreativität, und das Gehirngewicht in einer Spannbreite zwischen einem und zwei Kilogramm wenig bis nichts miteinander zu tun haben.

Das menschliche Gehirn ist nicht nur in seiner Grundstruktur sehr konservativ, sondern auch in seinem Feinaufbau. Wie alle anderen Organe unseres Körpers besteht das Gehirn aus Zellen, und zwar aus Nervenzellen, *Neurone* (oder *Neuronen*) genannt, und Gliazellen. Nervenzellen sind die direkten Grundbausteine der Funktionen unseres Gehirns, während Gliazellen Stütz- und Versorgungsfunktionen für die Nervenzellen ausüben. Inwieweit sie bei der neuronalen Erregungsverarbeitung mitwirken, ist noch nicht ganz geklärt. Das menschliche Gehirn enthält schätzungsweise hundert Milliarden Nervenzellen, wovon allein das Kleinhirn dreißig Milliarden Nervenzellen beinhalten soll, aber Gliazellen gibt es etwa zehnmal so viele wie Nervenzellen. Allerdings gilt, dass die Zahl der Gliazellen bei einer Vergrößerung des Gehirns gegenüber den Nervenzellen überproportional zunimmt, was zur Folge hat, dass kleine Gehirne viel mehr Neurone als Gliazellen und große Gehirne viel mehr Gliazellen als Neurone haben. Das hängt damit zusammen, dass bei einer Gehirnvergrößerung der Versorgungsaufwand für die Nervenzellen, an denen die Gliazellen beteiligt sind, unverhältnismäßig wächst.

Nervenzellen kommen in vielerlei Gestalten im Gehirn vor. Alle haben aber dieselbe Funktion: Erregung wird aufgenommen, verarbeitet und wieder abgegeben. Wie Abbildung 3 zeigt, besteht eine typische Nervenzelle aus einem *Zellkörper*, von dem meist viele verzweigte Fortsätze, *Dendriten* genannt, entspringen, über die sie Erregungen von anderen Nervenzellen aufnimmt, und einem ebenfalls am Zellkörper oder an einem Hauptdendriten entspringenden Fortsatz, *Axon* genannt (es kann davon auch mehrere geben), über die die Zelle Erregungen an andere Nervenzellen weitergibt. Allerdings gibt es auch Nervenzellen, die axonlos sind, und bei denen die Erregungsverarbeitung zwischen den Dendriten verläuft.

Grundlage der Erregungsverarbeitung im Nervensystem (einschließlich des Gehirns) ist die Tatsache, dass die Hülle (*Membran*), die die Nervenzellen und ihre Fortsätze umgibt, elektrisch aufgeladen ist. Durch Messungen stellen wir fest, dass das Zell-

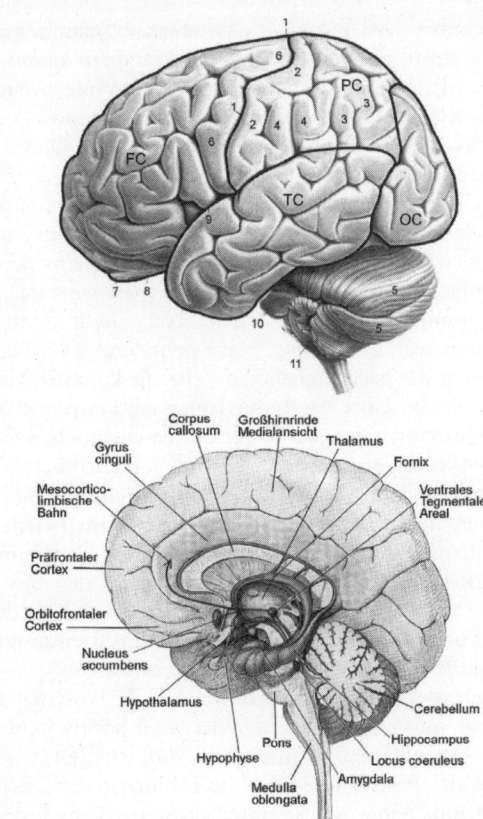

Abbildung 2: Oben: Seitenansicht des menschlichen Gehirns. Sichtbar ist die Großhirnrinde mit ihren typischen Windungen (Gyrus/Gyri) und Furchen (Sulcus/Sulci) und das ebenfalls stark gefurchte Kleinhirn. Abkürzungen: FC Stirnlappen; OC Hinterhauptslappen; PC Scheitellappen; TC Schläfenlappen; 1 Zentralfurche (Sulcus centralis); 2 Gyrus postcentralis; 3 Gyrus angularis; 4 Gyrus supramarginalis; 5 Kleinhirn-Hemisphären; 6 Gyrus praecentralis; 7 Riechkolben; 8 olfaktorischer Trakt; 9 Sulcus lateralis; 10 Brücke; 11 Verlängertes Mark. (Nach Nieuwenhuys et al. 1991, verändert.) Unten: Längsschnitt durch das menschliche Gehirn mit den wichtigsten limbischen Zentren (nach *Spektrum der Wissenschaft*, verändert).Weitere Erläuterungen im Text.

innere gegenüber der Umgebung eine negative Spannung von 40-70 Millivolt aufweist. Die Spannung der Membran kann sich nun kurzfristig entladen und dadurch elektrische Impulse erzeugen, die über die Oberfläche der Nervenzelle zum Ursprungsort des Axons und über das Axon zu anderen Zellen weiterlaufen. Diese Impulse nennt man *Aktionspotentiale*.

Eine einzelne Nervenzelle, wie sie in Abbildung 3 gezeigt ist, ist über viele kleine Kontaktpunkte, *Synapsen* genannt, mit tausenden anderer Nervenzellen verbunden. Diese Synapsen bestehen aus Endverdickungen von Axonen (*Präsynapsen* genannt), die an einem bestimmten Ort an einer anderen Nervenzelle ansetzen; diesen Ort nennt man *Postsynapse*. Meist befinden sich Synapsen an den Dendriten der nachgeschalteten Zelle, sie kommen aber auch am Zellkörper vor. Über die Axone laufen Aktionspotentiale vom Zellkörper zur Präsynapse. Bei so genannten chemischen Synapsen lösen diese Aktionspotentiale den Ausstoß von chemischen Boten- oder Überträgerstoffen, *Neurotransmitter* (oder einfach *Transmitter*) genannt, aus, die in den winzigen Zwischenraum zwischen Prä- und Postsynapse eindringen und auf die Postsynapse einwirken. Hier bewirken die Transmitter Veränderungen des elektrischen Ladungszustandes des Fleckchens Membran, das sich an der Postsynapse befindet. Dieser Ladungszustand ist im Ruhezustand, wie gehört, *negativ*, was bedeutet, dass sich gar nichts tut.

Durch Einwirkung der Transmitter auf die Postsynapse kann die Membran nun weniger negativ oder sogar positiv werden (dies nennt man *Depolarisation*), und dann läuft eine elektrische Erregung von der Postsynapse über die Dendriten zum Zellkörper und weiter zum Axon, wo sie unter günstigen Umständen Aktionspotentiale auslöst. Der Transmitter kann aber auch die postsynaptische Membran noch negativer machen und zum Beispiel auf minus 80 Millivolt treiben (dies nennt man *Hyperpolarisation*). Dies hemmt die Zelle und hat zur Folge, dass sie für nachfolgende Erregungen von der vorgeschalteten Zelle vorübergehend unempfindlicher wird.

Wir haben damit die beiden wichtigsten Wirkungen kennengelernt, die eine Nervenzelle auf andere Nervenzellen haben kann, nämlich Erregung (*Exzitation*) und Hemmung (*Inhibition*), natürlich in abgestufter Weise. Ob eine Präsynapse auf die Postsynapse erregend oder hemmend wirkt, hängt nicht nur von der Art des

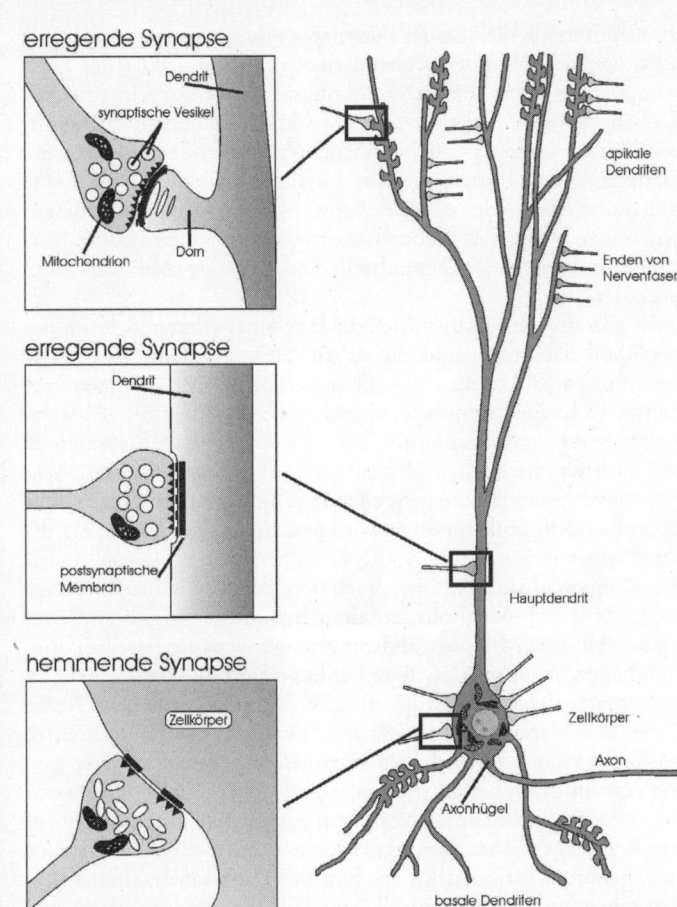

Abbildung 3: Aufbau einer idealisierten Nervenzelle (Pyramidenzelle der Großhirnrinde). Die apikalen und basalen Dendriten dienen der Erregungsaufnahme, das Axon ist mit der Erregungsweitergabe an andere Zellen (Nervenzellen, Muskelzellen usw.) befasst. Links vergrößert drei verschiedene Synapsentypen: oben eine erregende Synapse, die an einem »Dorn« eines Dendriten ansetzt (»Dornsynapse«); in der Mitte eine erregende Synapse, die direkt am Hauptdendriten ansetzt; unten eine hemmende Synapse, die am Zellkörper ansetzt. (Aus Roth 2001.)

19

Transmitters ab, der von der Präsynapse ausgestoßen wird, sondern auch von der besonderen chemischen Empfänglichkeit der postsynaptischen Membran. Der wichtigste Transmitter in unserem Gehirn, der überwiegend erregend wirkt, ist Glutamat, die beiden wichtigsten überwiegend hemmend wirkenden Transmitter sind Gamma-Amino-Buttersäure (abgekürzt GABA) und Glycin. Diese drei Stoffe sind an der *schnellen* Erregungsübertragung an den Synapsen beteiligt, wobei »schnell« wörtlich zu nehmen ist und Vorgänge im Bereich von Tausendsteln einer Sekunde (Millisekunden) bedeutet.

Es gibt daneben Transmitter, die langsamer wirken, d.h. im Bereich von Sekunden, und die Arbeit der »schnellen« Transmitter beeinflussen. Sie werden deshalb auch »Neuro-Modulatoren« genannt. Es handelt sich dabei vornehmlich um die Stoffe *Noradrenalin*, *Serotonin*, *Dopamin* und *Acetylcholin*. Sie haben zusammen mit anderen chemischen Hirnsubstanzen, *Neuropeptide* und *Neurohormone* genannt, eine tiefgreifende Wirkung auf unsere seelische Befindlichkeit, und von ihnen wird deshalb noch ausführlicher die Rede sein.

Im menschlichen Gehirn spielt die Tätigkeit eines einzelnen Neurons kaum eine Rolle, sondern nur im Zusammenspiel mit Tausenden oder Millionen anderer Nervenzellen, die dieselbe Funktion haben. Neurone derselben Funktion sind im Gehirn meist zu anatomisch sichtbaren Gruppen zusammengefasst, die man Kerne (lateinisch *Nuclei*, Singular *Nucleus*) nennt. Diese Kerne können sensorische Funktionen haben, wenn sie mit dem Entstehen von Wahrnehmungen befasst sind, oder motorische Funktionen, wenn sie an der Steuerung des Bewegungsapparates beteiligt sind. Geht es um komplexe Wahrnehmungsleistungen, um Denken, Vorstellen und Erinnern, dann haben sie *kognitive* Funktionen, sind sie am Entstehen und an der Kontrolle von Affekten und Gefühlen beteiligt, haben sie *limbische* Funktionen, und wenn sie mit der Planung und Vorbereitung von Handlungen zu tun haben, dann handelt es sich um *exekutive* Funktionen.

Von den Kernen laufen Axon- oder Faserbündel bzw. Trakte (lateinisch *Tractus* genannt – mit langem u; der Singular heißt *Tractus* mit kurzem u) zu anderen Kernen im Gehirn. Axonbündel, die aus dem Gehirn austreten oder ins Gehirn eintreten, werden Nerven (lateinisch *Nervi*, Singular *Nervus*) genannt. Diese Nerven stellen die Verbindungen zwischen Gehirn und Sinnesorganen, anderen Organen (Herz, Lunge usw.) und dem Bewegungsapparat dar. Die Nerven zwischen Nase, Auge, Kopf und Gesicht, Zähnen, Innenohr, Mund, Zunge, Kehlkopf und dem Gehirn, insgesamt zwölf, bilden die *Kopfnerven*. Der zehnte Nerv, der *Nervus vagus* (»umherschweifender Nerv«) hat allerdings zusätzlich andere Funktionen, denn über ihn beeinflusst das Gehirn die Eingeweide. Die Nerven zum Bewegungsapparat unseres Körpers (d. h. zu den Muskeln, Sehnen und Gelenken) treten als *motorische* Nerven nicht aus dem Gehirn, sondern aus dem Rückenmark aus und kehren als *sensorische* Nerven zu ihm zurück; sie sind also *Rückenmarksnerven*.

Bevor wir uns mit den Funktionen der einzelnen Hirnteile beschäftigen, müssen wir uns noch mit einigen weiteren Grundbegriffen der Anatomie vertraut machen, die meist aus dem Lateinischen stammen. Das Wichtigste sind die Lagebeziehungen im Körper bzw. im Gehirn. »Dorsal« und »superior« heißt »oben«, »ventral« und »inferior« »unten«. »Rostral« und »anterior« heißt »vorn«, »caudal« und »posterior« »hinten«. »Medial« heißt »zur Mitte hin« und »lateral« »seitlich«.

Was die Teile des Gehirns tun

Das *Verlängerte Mark* ist die direkte Fortsetzung des Rückenmarks und der Ort des Ein- und Austritts des fünften bis zwölften Hirnnervenpaars (*Nervus trigeminus, N. abducens, N. facialis, N. statoacusticus, N. glossopharyngeus, N. vagus, N. accessorius* und *N. hypoglossus*) und enthält die motorischen bzw. sensorischen Kerngebiete dieser Nerven. Diese Gebiete werden umgeben von einer netzwerkartigen, in lose Kerngruppen gegliederten Struktur, »retikuläre Formation« (lateinisch *Formatio reticularis*) genannt. Diese Struktur zieht sich vom Verlängerten Mark über die Brücke bis zum vorderen Mittelhirn und spielt eine entscheidende Rolle bei lebenswichtigen Körperfunktionen wie Schlafen und Wachen, Blutkreislauf und Atmung sowie bei Erregungs-, Aufmerksamkeits- und Bewusstseinszuständen. Sie bildet zusammen mit dem Hypothalamus (siehe unten) die Grundlage unserer biologischen Existenz.

An das Verlängerte Mark schließt sich nach vorn bzw. oben die *Brücke* (Pons) an, die eine Reihe wichtiger motorischer und limbischer Kerne enthält und die Verbindung zwischen Großhirnrinde und Kleinhirn herstellt. Das *Kleinhirn* ist auf die Brücke aufgesetzt und gliedert sich anatomisch und von seinen Funktionen her in drei Teile. Der erste Teil hat mit der Steuerung des Gleichgewichts und der Augenfolgebewegung zu tun und wird *Vestibulo-Cerebellum* genannt. Der zweite Teil wird *Spino-Cerebellum* genannt und erhält über das Rückenmark Eingänge von den Muskeln und hat mit der Koordination des Bewegungsapparates zu tun. Der dritte Teil, *Cerebro-Cerebellum* genannt, ist eng mit der Großhirnrinde (*Cortex cerebri*) verbunden und mit der Steuerung der feinen Willkürmotorik befasst, mit der auch die Großhirnrinde zu tun hat. Wir benötigen diesen Teil des Kleinhirns, wenn wir zum Beispiel mit den Fingerspitzen etwas anfassen oder einen Faden durch ein dünnes Nadelöhr fädeln wollen. Das Kleinhirn stellt in diesem Zusammenhang auch einen wichtigen Ort motorischen Lernens dar.

Das Kleinhirn ist aber keineswegs nur ein Zentrum für die Koordination von Bewegungen, sondern ist auch an kognitiven Leistungen und an Sprache beteiligt, ohne dass dies uns allerdings bewusstseinsmäßig zugänglich ist. Wie diese Beteiligung genau aussieht, ist nicht klar, wahrscheinlich geht es immer um die *Feinkoordination* von zeitlichen Abläufen, seien dies Bewegungen, Sprachlaute oder Gedankenketten. Insofern ist es nicht so verwunderlich, dass bei fast allen Registrierungen der Hirnaktivität mithilfe so genannter bildgebender Verfahren, von denen noch die Rede sein wird, das Kleinhirn sichtbar wird.

An Brücke und Kleinhirn nach vorn schließt sich das – beim Menschen relativ kleine – Mittelhirn (*Mesencephalon*) an. Es gliedert sich in einen oberen Teil, das Mittelhirndach (*Tectum* oder *Vierhügelplatte*), und einen unteren Teil, das *Tegmentum*. Die Vierhügelplatte besteht aus den vorderen oder oberen Hügeln (*Colliculi superiores*) und den hinteren bzw. unteren Hügeln (*Colliculi inferiores*). Bei Fischen, Amphibien und Reptilien stellen das Tectum bzw. die Colliculi superiores das wichtigste sensorische, insbesondere visuelle Integrationszentrum dar, aber auch bei Vögeln und Säugern spielt dieses Zentrum eine wichtige Rolle bei visuell ausgelösten Blick- und Kopfbewegungen und bei gerichteten Hand- und Armbewegungen und entsprechenden Orientierungsleistungen. Die Colliculi inferiores sind ein wichtiges Zentrum für die unbewusste Verarbeitung von Hörinformation. Das *Tegmentum*

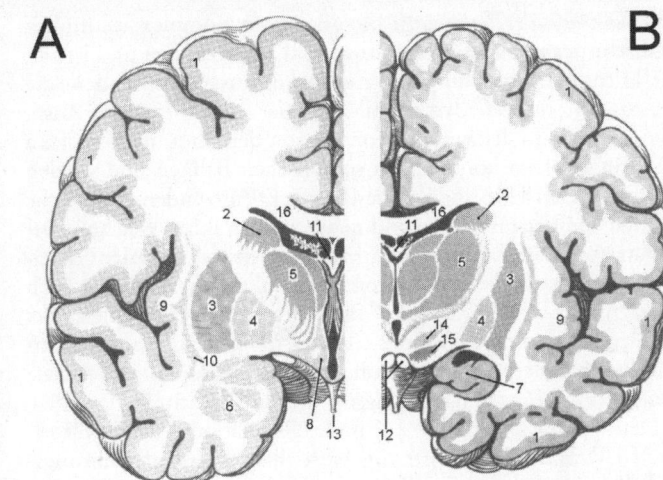

Abbildung 4: Querschnitte durch das menschliche Gehirn: (A) Querschnitt auf Höhe des Hypothalamus, der Amygdala und des Striato-Pallidum; (B) Querschnitt auf Höhe des Thalamus und des Hippocampus. 1 Neocortex; 2 Ncl. caudatus; 3 Putamen; 4 Globus pallidus; 5 Thalamus; 6 Amygdala; 7 Hippocampus; 8 Hypothalamus; 9 Insulärer Cortex; 10 Claustrum; 11 Fornix (Faserbündel); 12 Mammillarkörper (Teil des Hypothalamus); 13 Infundibulum (Hypophysenstiel); 14 Nucleus subthalamicus; 15 Substantia nigra; 16 Balken (Corpus callosum). (Nach Kahle, 1976, verändert.)

enthält Anteile der Formatio reticularis sowie Zentren, die für Bewegung, Handlungssteuerung und Handlungsbewertung wichtig sind, nämlich den *Nucleus ruber*, die *Substantia nigra* und das *Ventrale Tegmentale Areal*. Verlängertes Mark, Brücke und Mittelhirn werden zusammen als *Hirnstamm* bezeichnet.

Das Zwischenhirn hat sich im Zusammenhang mit der enormen Vergrößerung des Endhirns bei Primaten und anderen großen Säugetieren ebenfalls stark vergrößert. Wie in Abbildung 4B gut zu sehen, ist es beim Menschen tief in das Endhirn eingebettet – das Endhirn hat es fast ganz eingehüllt. Es besteht von oben nach unten aus Epithalamus, dorsalem Thalamus, ventralem Thalamus (auch Subthalamus genannt) und Hypothalamus, von denen hier vor allem der dorsale Thalamus und der Hypothalamus interessant sind. Der *dorsale Thalamus* (Abb. 4B) ist ein Komplex aus funktional sehr unterschiedlichen Kernen und Kerngebieten und ist mit der Hirnrinde über auf- und absteigende Fasern verbunden, die das *thalamo-corticale* System bilden. Hier enden die vom Auge, vom Ohr, vom Gleichgewichtsorgan, von der Haut, den Muskeln und Eingeweiden kommenden sensorischen Bahnen und werden auf Bahnen zur Hirnrinde umgeschaltet. Ebenso enden motorische Bahnen von der Hirnrinde und nehmen dann ihren Weg zum Bewegungsapparat. Entsprechend haben Kerne des dorsalen Thalamus teils sensorische, teils motorische Funktionen, sind aber auch an kognitiven und limbischen Funktionen beteiligt und spielen bei der Regulation von Wachheits-, Bewusstseins- und Aufmerksamkeitszuständen eine wichtige Rolle. In diesem Sinne ist der dorsale Thalamus das Ein- und Ausgangstor der Großhirnrinde.

Der *Hypothalamus* (Abb. 4A) ist das Regulationszentrum für vegetative Funktionen wie Atmung, Herzschlag, Kreislauf, Nahrungs- und Flüssigkeitshaushalt, Wärmehaushalt und immunologische Reaktionen. Er beeinflusst in diesem Zusammenhang lebens- und überlebenswichtiges Verhalten wie Flucht, Abwehr, Fortpflanzung, Nahrungsaufnahme und Biorhythmen. Er ist zusammen mit der retikulären Formation das *Überlebenszentrum* unseres Gehirns.

Das Endhirn (*Telencephalon, Cerebrum*) bildet den größten Teil unseres Gehirns und gliedert sich in die Hirnrinde (*Cortex cerebri*) und in Teile, die von dieser Hirnrinde umschlossen werden und deshalb »subcortical« genannt werden. Das bei weitem größte subcorticale Gebilde ist der Streifenkörper (*Corpus striatum*, meist einfach *Striatum* genannt), dem eng der bleiche Körper (*Globus pallidus*) anliegt (vgl. Abb. 4A), der eigentlich zum Zwischenhirn gehört. Der obere (*dorsale*) Teil des Striatum und des Globus pallidus hat mit Handlungsplanung und Verhaltenssteuerung zu tun, der untere (*ventrale*) Teil mit Emotionen und Verhaltensbewertung (besonders von positiven Ereignissen). Striatum und Globus pallidus bilden zusammen mit anderen Zentren des Zwischen- und Mittelhirns die *Basalganglien*, die für die Steuerung willkürlicher Bewegungen wichtig sind.

Eine weitere wichtige subcorticale Struktur ist der Mandelkern (*Amygdala*, Abb. 4A). Die Amygdala ist aus anatomisch und funktional sehr verschiedenen Teilen zusammengesetzt, die mit der Verarbeitung von Geruchsreizen zu tun haben, mit der Steuerung von angeborenem Furcht- und Verteidigungsverhalten, mit Stress-reaktionen sowie mit emotionalem Lernen, dem Entstehen von Gefühlen und dem Erkennen emotional-kommunikativer Signale wie Gestik und Mimik. Von der Amygdala wird in Kapitel 8 noch ausführlich die Rede sein. Ein Zentrum im Endhirn, das im weiteren Sinne zur Großhirnrinde gehört, ist die *Hippocampus-Formation* (oft kurz *Hippocampus* genannt; Abb. 4B). Der Hippocampus und die ihn umgebende Hirnrinde (entorhinaler, perirhinaler und parahippocampaler Cortex) sind der Organisator des deklarativen Gedächtnisses (episodisches Gedächtnis und Wissensgedächtnis). »Organisator« heißt hier, dass diese Strukturen festlegen, was wie in welcher Weise an Inhalten gespeichert wird, wobei der *Speicherort* die Großhirnrinde und nicht der Hippocampus ist (s. Kapitel 5). Zwischen den soeben beschriebenen Hirnteilen und der Großhirn-rinde im engeren Sinne, die im Anschluss behandelt werden wird, gibt es einen an der Mittellinie des Gehirns liegenden Übergangs-bereich, der sich wie ein Gürtel, lateinisch *Cingulum*, um die tief im Innern des Gehirns liegenden Zentren legt und deshalb *cingulärer Cortex* genannt wird. Er geht über in die bereits erwähnte entorhi-nale, perirhinale und parahippocampale Hirnrinde, die den Hippo-campus umgibt. Schließlich gibt es einen tief eingesenkten Teil der außen liegenden Hirnrinde, *insulärer Cortex* genannt. Alle drei ge-nannten Hirnrindenbereiche haben mit Gedächtnissteuerung, Auf-merksamkeit, Schmerzwahrnehmung, kognitiver und emotionaler Handlungsbewertung zu tun und werden zum »limbischen System« gerechnet, von dem wir noch ausführlicher hören werden.

Die Großhirnrinde

Die Großhirnrinde im engeren Sinne, *Neocortex oder Isocortex* ge-nannt, macht beim Menschen etwa die Hälfte des gesamten Hirn-volumens bzw. -gewichtes aus. Die Oberfläche der Rinde ist stark gefaltet, so dass zwei Drittel davon in den Rindenfalten verborgen sind. Die Hirnrinde wird, wie in Abbildung 2 (oben) gezeigt, in vier Lappen (lateinisch *Lobi*, Singular *Lobus*) eingeteilt, und zwar in den *Hinterhauptslappen (Lobus occipitalis), Schläfenlappen (Lobus temporalis), Scheitellappen (Lobus parietalis)* und *Stirnlappen (Lobus frontalis)*. Die Großhirnrinde des Menschen wird in ca. 50 unterschiedliche Hirnrindenfelder eingeteilt. Diese Einteilung geht auf den deutschen Neuroanatomen Korbinian Brodmann zurück, und deshalb werden die Hirnrindenfelder auch »Brodmann-Areale« genannt. Diese Brodmann-Areale sind in Abbildung 5 dargestellt.

Brodmann nahm diese Einteilung aufgrund rein anatomischer Kriterien vor, insbesondere aufgrund des Unterschieds im Vorkommen und in der Anzahl bestimmter Neuronentypen in unterschiedlichen Gebieten der Großhirnrinde. Erst später entdeckte man, dass sich diese anatomisch unterschiedenen Gebiete auch in ihren Funktionen unterscheiden. Das ist aus heutiger Sicht nicht verwunderlich, denn die Funktion eines bestimmten Hirnareals oder -zentrums wird festgelegt durch die *Eingänge*, die es erhält, die *Verknüpfungsstruktur* der Nervenzellen, die zu diesem Areal oder Zentrum gehören, sowie die *Ausgänge* zu anderen Hirnregionen.

Die Großhirnrinde im engeren Sinne, der Isocortex, ist im Vergleich zum restlichen Gehirn nicht nur ungewöhnlich groß, sondern auch ungewöhnlich aufgebaut – nämlich sehr gleichförmig. Das unterscheidet sie mit Ausnahme des Kleinhirns von allen anderen Teilen des Gehirns. Sie ist durchgehend sechsschichtig aufgebaut und besteht überwiegend aus einem einzigen Typ von Nervenzellen, den Pyramidenzellen – so genannt, weil ihre Zellkörper pyramidenförmig aussehen (siehe Abbildung 3). Davon gibt es rund 15 Milliarden. Zwischen den Pyramidenzellen finden sich relativ wenige (aber immer noch einige Milliarden!) erregende und hemmende lokale Schaltzellen. Pyramidenzellen sind alle erregend und zudem untereinander aufs Engste verbunden. Man schätzt die Zahl der Synapsen zwischen den Pyramidenzellen auf rund 500 Billionen. Diese Verknüpfungsstruktur sorgt dafür, dass jede Pyramidenzelle über wenige Zwischenstationen mit jeder anderen kommunizieren kann. Die corticalen Synapsen können ihre Arbeitsweise schnell ändern, und dies ist – wie wir noch hören werden – die Grundlage bewussten Wahrnehmens, Denkens, Vorstellens und Erinnerns. Insgesamt bildet die Großhirnrinde ein äußerst komplexes Netzwerk, dessen Verbindungswege zusammen viele Kilometer lang sind.

Wir werden in den folgenden Kapiteln ausführlicher über die verschiedenen Funktionen der Großhirnrinde hören. Eine Besonderheit sei aber jetzt schon erwähnt: Die Rinde ist zwar mit dem Thalamus über das thalamocorticale Fasersystem eng verbunden,

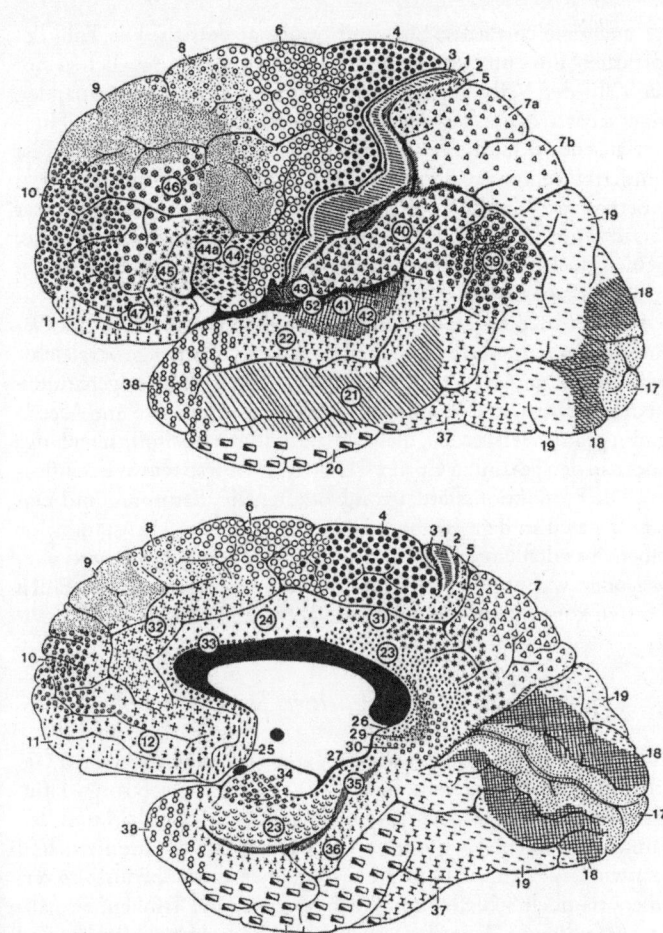

Abbildung 5: Hirnrindenareale nach Korbinian Brodmann (1909). Oben: Seitenansicht, unten: Innenansicht der Großhirnrinde. Die Zahlen geben die durchnummerierten Areale an.

das auch alle corticalen Ein- und Ausgänge enthält. Die Zahl der corticalen Ein- und Ausgänge ist aber sehr gering verglichen mit der Zahl der Verbindungen der corticalen Zellen untereinander. Man schätzt dieses Verhältnis ganz grob auf rund Eins zu Hunderttausend, d. h., die Beschäftigung des Cortex mit sich selber ist hunderttausendmal stärker als die Kommunikation mit dem, was außerhalb der Großhirnrinde sonst noch passiert. Angesichts dieser Tatsache dürfte es uns nicht mehr wundern, dass in diesem Teil des Gehirns besonders merkwürdige Dinge ablaufen, z. B. das Entstehen von Bewusstsein.

Dennoch kann sich die Großhirnrinde nicht vom Rest des Gehirns absondern, und zwar vor allem deshalb nicht, weil vergleichsweise kleine Kerngebiete des Gehirns, in denen die oben genannten Neuromodulatoren Noradrenalin, Serotonin, Dopamin und Acetylcholin produziert werden, diese äußerst wirksamen Stoffe über lange Fasern in den gesamten Cortex schicken und ihn so massiv beeinflussen. Die Produktionsstätten von Noradrenalin, Serotonin und Dopamin sitzen in dem häufig gering eingeschätzten Hirnstamm, sie haben aber den Cortex »im Griff«. Die spannende Frage wird sein, wer oder was wiederum diese Neuromodulator-produzierenden Zentren kontrolliert – und damit indirekt den Cortex.

Das Gehirn – ein vielseitiges Steuerzentrum

Zusammenfassend können wir die Tätigkeit des menschlichen Gehirns in folgende Bereiche einteilen: Der *erste* Bereich sorgt dafür, dass unser Körper mit seinem Stoffwechsel und Kreislauf und den damit verbundenen *vegetativen* Funktionen gut funktioniert, und dass wir Dinge tun, die unsere biologischen Grundbedürfnisse erfüllen, nämlich Schlafen und Wachen, Essen und Trinken, Sexualität, Verteidigung, Angriff oder Flucht bei Bedrohung. Hiermit sind neben Müdigkeit, Hunger, Durst und sexueller Begierde auch die Gefühlszustände verbunden, die wir Affekte nennen, z. B. Panik, Wut, Zorn und Aggressivität. All dies wird durch den Hirnstamm (dort besonders durch eine Region namens *Zentrales Höhlengrau*), den Hypothalamus und Teile des Mandelkerns zusammen mit den vegetativen Zentren des Hirnstamms geleistet.

Der *zweite* Bereich des Gehirns hat mit Wahrnehmungen zu

tun. Wir haben Sinnesorgane für das Gleichgewicht (*vestibuläres System*), die im Innenohr lokalisiert sind (dem so genannten Labyrinth mit den auffallenden Bogengängen), von wo aus Nervenbahnen zum Verlängerten Mark, zum Mittelhirndach, dann zu Umschaltkernen im Thalamus und schließlich zur Großhirnrinde ziehen, wo sie im vorderen Bereich des Scheitellappens enden. Dieses Gleichgewichtssystem signalisiert die Lage unseres Körpers im Raum und die Veränderungen dieser Lage durch aktive und passive Bewegungen. Eng damit verbunden sind die Sinnesorgane für unsere Körperempfindungen, die in der Haut, in den Muskeln, Gelenken und Sehnen sitzen und unser Gehirn über Wärme und Kälte, Berührung, Druck, Gelenkstellung, Streckung und Beugung des Bewegungsapparates unterrichten. Sie bilden die Grundlage für das *somatosensorische System*. Die Nervenfasern dieser Sinnesorgane ziehen ebenfalls in das Verlängerte Mark ein, von dort zum Mittelhirn und zum Thalamus und enden ebenfalls im vorderen Bereich des Scheitellappens.

Das Sehsystem (*visuelles System*) nimmt seinen Ausgang von der Netzhaut des Auges, von wo aus der Sehnerv vornehmlich zum Mittelhirndach und zum Thalamus des Zwischenhirns zieht. Vom Thalamus zieht dann die »Sehstrahlung« zum Hinterhauptslappen des Cortex, der die Gebiete enthält, die mit Sehen zu tun haben. Das Sinnesorgan für Hören (*auditorisches System*) ist im Innenohr dem Organ für den Gleichgewichtssinn eng benachbart und sitzt in der so genannten Schnecke (lateinisch *Cochlea*). Von dort zieht der Hörnerv zum Verlängerten Mark, und von dort ziehen Nervenbahnen zum Mittelhirndach, wo sie auf Eingänge vom visuellen und somatosensorischen System treffen. Weiter geht es zum Thalamus des Zwischenhirns und von dort zum oberen Rand des Schläfenlappens, wo die für das Hören zuständigen Hirnrindenbereiche liegen. Von diesen Systemen unterscheiden sich die Sinnessysteme für Geschmack und Geruch erheblich. Sie sind die beiden chemischen Sinne, denn ihre Sinnesorgane sprechen auf feste, in Flüssigkeit gelöste und gasförmige chemische Substanzen an. Organe für Geschmack liegen im Mundraum und auf der Zunge (*gustatorisches System*). Der Geschmacksnerv zieht wie die meisten anderen Nerven zum Verlängerten Mark. Von dort ziehen Nervenfasern zum Thalamus und von dort hauptsächlich zum insulären Cortex und zum unteren Stirnlappen, dem orbitofrontalen Cortex.

Das Geschmackssystem meidet also die »üblichen« Sinnesbereiche des Gehirns im Hinterhaupts-, Scheitel- und Schläfenlappen. Das Riechsystem (*olfaktorisches System*) nimmt seinen Ausgang von der Riechschleimhaut der Nase. Von hier aus zieht der Riechnerv zum benachbarten Riechkolben (*Bulbus olfactorius*), von dem aus Nervenbahnen zur Riechrinde, die den Zentren des limbischen Systems eng benachbart sind. Das olfaktorische System ist das einzige Sinnessystem, das nicht den Weg über den Thalamus zur Großhirnrinde nimmt, sondern gleich in das limbische System eindringt. Gerüche, insbesondere Körpergerüche, haben deshalb eine Wirkung auf Gefühle und Erinnerungen, ohne dass wir dies immer im Detail bewusst wahrnehmen.

Der *dritte* Bereich der Hirnleistungen betrifft die Steuerung der Bewegungen unseres Körpers und wird *motorisches System* genannt. Grundlage dieses Systems sind die so genannten motorischen Kerne im Mittelhirn, Verlängerten Mark und im Rückenmark, die unmittelbar für die Bewegungen der Augen, der Gesichtsmuskeln, des Kopfes, Rumpfes und der Gliedmaßen zuständig sind. Diesen Motorkernen sind eine Vielzahl von Zentren im Verlängerten Mark, in der Brücke, im Kleinhirn, Mittelhirn und Zwischenhirn zugeordnet, die völlig unbewusst arbeiten und entsprechend alle Bewegungen steuern, die wir nicht bewusst oder »willentlich« ausführen müssen. Für die »willentlichen« oder »willkürlichen« Bewegungen sind hingegen die motorischen Bereiche der Großhirnrinde zuständig, die im hinteren Stirnlappen vor der Zentralfurche und damit direkt vor den somatosensorischen Hirnrindenbereichen im vorderen Scheitellappen liegen. Allerdings sind nach neueren Erkenntnissen auch einige der zuvor genannten, außerhalb der Großhirnrinde liegenden motorischen Zentren an der Willkürmotorik beteiligt. Dies gilt vor allem für die bereits genannten Basalganglien.

Der *vierte* Bereich der Hirnfunktionen umfasst die kognitiven Leistungen, also komplexe Wahrnehmungen, Vorstellungen, Erinnerungen und Handlungsplanungen; auch Sprache gehört hierzu. Diese Funktionen finden sich, soweit sie bewusst ablaufen, in den Teilen der Großhirnrinde lokalisiert, die man *assoziativen Cortex* nennt. Damit meint man alle Teile, die nicht sensorische oder motorische Hirnrindenareale sind. So finden komplexe Sehleistungen im vorderen Hinterhauptslappen, im mittleren und unteren Schläfenlappen sowie im unteren Scheitellappen statt. Für das Hören von Geräuschen, Musik und Sprache ist der obere und mittlere Schläfenlappen zuständig, für die bewusste Körperempfindung, für Raumwahrnehmung und Raumorientierung einschließlich der Orientierung unserer Augen- und Greifbewegungen der hintere Scheitellappen.

Die assoziative Großhirnrinde ist auch Sitz unseres bewusstseinsfähigen Gedächtnisses, das vom Hippocampus gelenkt und organisiert wird, der außerhalb dieser assoziativen Großhirnrinde sitzt. Mit bewusster Handlungsplanung und Handlungsvorbereitung ist neben Bereichen des Scheitellappens vor allem das Stirnhirn, genauer der präfrontale Cortex befasst. Er steht in enger Verbindung mit den soeben beschriebenen kognitiven Bereichen des Scheitel-, Schläfen- und Hinterhauptslappens sowie mit dem Hippocampus und muss die schwierige Frage beantworten, was angesichts einer bestimmten inneren und äußeren Situation als Nächstes zu tun ist. Die dort getroffenen Entscheidungen gehen in Zusammenarbeit mit dem limbischen System an das motorische System.

Der *fünfte* Bereich ist das *limbische System*. Es ist eng verbunden mit dem anfangs erwähnten vegetativen Regulationssystem und beinhaltet alle Zentren, die im Gehirn mit der emotionalen Bewertung der Folgen unseres Handelns, mit der Steuerung des Gedächtnisses und mit der Entscheidung befasst sind, was zu tun und zu lassen ist. Zu diesen Zentren gehört neben dem Hypothalamus vor allem der Mandelkern (Amygdala), das mesolimbische System mit dem ventralen Striatum, dem Nucleus accumbens und dem Ventralen Tegmentalen Areal, der insuläre, cinguläre und orbitofrontale Cortex sowie der Hippocampus und die umgebende Hirnrinde (entorhinaler, parahippocampaler und perirhinaler Cortex). Mit Ausnahme des orbitofrontalen Cortex arbeiten all diese Zentren völlig unbewusst, und wir nehmen ihre Aktivität nur indirekt als Affekte, Gefühle und Wünsche wahr. Hierauf werde ich noch ausführlich eingehen.

Diese funktionalen Bereiche unseres Gehirns (und zumindest des Gehirns der anderen Säugetiere) sind hier getrennt dargestellt, gehen aber in Wirklichkeit bruchlos ineinander über. Schließlich muss unser Gehirn als eine Einheit arbeiten, wenn etwas wahrgenommen und erkannt wird und wenn dies zu Erinnerungen, Vorstellungen und Gedanken führt, die mit Gefühlen verbunden sind.

Dies führt bewusst oder unbewusst zu Handlungsentwürfen, die dann das motorische System zum Auslösen und zur Steuerung von Bewegungen veranlassen. Bewegungen und Handlungen führen dann zu neuen Wahrnehmungen und Vorstellungen. Gleichzeitig entwickelt das Gehirn über das limbische System bewusst oder unbewusst Erwartungen, Wünsche und Absichten, die unser Verhalten von innen heraus steuern. Diese innengesteuerten Handlungen sind sogar viel bedeutender als die durch Wahrnehmungen geleiteten Handlungen.

Nach diesen vielleicht etwas trockenen Darstellungen sind wir in der Lage, die Welt der Merkwürdigkeiten zu betreten, die mit der Arbeit unseres Gehirns verbunden sind. Eine dieser Merkwürdigkeiten ist unsere eigene Existenz und die Fähigkeit, über uns und unser Gehirn nachdenken zu können.

2. Welt, Körper, Ich

Betrachten wir die Welt, in der wir existieren, und zwar so, wie wir sie erleben, und nicht, wie wir sie uns aufgrund wissenschaftlicher Erkenntnisse als tatsächlich gegliedert vorstellen. Diese Erlebniswelt besteht aus drei ganz unterschiedlichen Bereichen, nämlich aus dem Bereich des Ich und der damit verbundenen geistigen Zustände, dem Bereich des Körpers und dem Bereich der räumlichen Welt um beide herum. Wie unterscheiden sich diese drei Bereiche?

Die Unterscheidung zwischen Ich und Welt scheint am leichtesten zu sein. Es gibt Zustände, die wir mit dem Wort »Ich« verbinden: *Ich* denke, *ich* fühle, *ich* wünsche mir, *ich* nehme wahr usw. Dies alles sind Zustände, die mir unmittelbar gegeben sind. Es kann gar keinen vernünftigen Zweifel daran geben, dass *ich* es bin, der denkt, fühlt, wünscht und wahrnimmt. Ebenso kann kein Zweifel daran bestehen, *dass* ich das tue, was ich gerade tue, nämlich denken, vorstellen, erinnern, wahrnehmen, fühlen, wünschen usw. Ich bin mir meiner Existenz und meiner Tätigkeiten unmittelbar gewiss, nichts kann für mich sicherer sein, wie schon der französische Philosoph René Descartes feststellte.

Die Welt ist erlebnismäßig der Bereich, der nicht Ich ist. Zu dieser Welt gehören die unbelebten und die belebten Dinge, die im Raum um mich herum angesiedelt sind. Die anderen Menschen sind mir zwar in vieler Hinsicht sehr ähnlich, sie denken, sprechen und handeln oft so wie ich, ich fühle mich zu einigen von ihnen hingezogen, aber sie sind nicht Ich.

Diese räumliche Welt um mich herum, wie ich sie mit meinen Sinnen erlebe, ist vielfältig. Sie besteht aus einer Sehwelt, einer Hörwelt, einer Tast- und Temperaturwelt, einer Geschmacks- und einer Riechwelt. Einzelne Sinneswelten können wieder aus Teilwelten bestehen. So besteht die Sehwelt aus einer Farben- und einer Formenwelt, aus einer visuell-räumlichen Welt, aus sich bewegenden Dingen. Die Hörwelt besteht aus Geräuschen, Tönen, Melodien, Harmonien, Sprache usw., die Tast- und Temperaturwelt aus Gegenständen mit weichen oder harten, glatten oder rauhen Oberflächen, die zugleich warm oder kalt, angenehm anzufassen oder schmerzhaft sein können. Diese unterschiedlichen Teilwelten empfinden wir als eine *durchgängig aufgebaute* Welt. Dies bedeutet, dass die Sehwelt nicht dort aufhört, wo die Hörwelt beginnt, und dasselbe trifft auf die Tastwelt, die Geschmackswelt und die Geruchswelt zu. Diese Welten durchdringen sich vielmehr. Ich höre einen lauten Knall oder sehe einen Lichtblitz, und sofort wenden sich Auge, Kopf und eventuell Körper der Quelle dieses Geräusches oder Blitzes zu. Mehr noch: Ich kann im Dunkeln Dinge berühren und sie betasten, und sofort entsteht in mir eine bildliche Vorstellung der Dinge. Ähnliche Bilder können beim Anhören von Musik entstehen.

Diese Sinneswelt ist zugleich in sich abgeschlossen; es gibt erlebnismäßig nichts »hinter« ihr. Wir wissen aber, dass es Geschehnisse gibt, die wir nicht direkt erleben und die deshalb nicht Teil dieser Sinneswelt sind, und die wir nur mit speziellen Messapparaturen erfassen können. Hierzu gehören der elektrische Sinn von Fischen, der Magnetsinn von Vögeln und Salamandern, die Ultraschallwelt der Fledermäuse und Delfine, die Ultraviolettwelt der Insekten, die Infrarotwelt der Grubenottern, aber auch das ganz Kleine der Moleküle, Atome, Elementarteilchen oder das ganz Große der Sonnensysteme und Galaxien. Ebenso wissen wir, dass unsere Sinnesorgane nur einen winzigen Ausschnitt aus der von unserem Bewusstsein unabhängig existierenden Welt erfassen.

Zwischen der Ich-Welt und der äußeren Welt gibt es erlebnismäßig eine dritte Welt, nämlich die meines Körpers. Sie hat von beiden Welten etwas und ist doch anders. Auf der einen Seite ist es *mein* Körper und nicht der eines anderen. Mein Körper hat ein intimes Verhältnis zum Ich, denn mein Ich steckt irgendwie in ihm und scheint ihn zu bewegen. Zugleich bin ich nicht identisch mit meinem Körper. Wenn ich mir in den Finger schneide, dann spüre *ich* den Schmerz. Ich kann zwar sagen, »der Finger tut mir weh!«, aber ich weiß, dass *ich* den Schmerz spüre und nicht mein Finger ihn spürt. Besser sage ich also: »Ich spüre Schmerzen *an* meinem Finger«. Mein Körper kann auch Dinge tun, die ich nicht gewollt haben muss. Dies passiert zum Beispiel beim Auslösen von Reflexen, wenn der Arzt mit einem kleinen Hammer auf meine Kniesehne klopft und mein Bein »ausschlägt« oder wenn ich beim schnellen Herannahen eines Gegenstandes die Hände abwehrend vors Gesicht halte.

Der Körper gehört nach klassischer Anschauung zur materiellen

Welt und ist damit nicht identisch mit dem als immateriell empfundenen Ich; beide gehören also verschiedenen Welten an. Dies scheint schon dadurch bewiesen zu sein, dass sich mein Körper ändern kann, während ich derselbe bleibe, oder ich mich geistig-psychisch verändere, während mein Körper – in Grenzen – derselbe bleibt. Mein Körper hat auch einen genauen Ort in der Welt, und dies hat er mit den materiellen Dingen in der Welt gemeinsam. Das Ich ist zwar irgendwie mit dem Körper verbunden, aber wo es genau zu lokalisieren ist, ist erlebnismäßig nicht zu sagen. Gedanken, Wünsche und Wahrnehmungen haben ebenfalls keinen genauen Ort; wir haben das vage Gefühl, dass sie etwas mit dem Kopf zu tun haben, aber es ist unklar, ob wir dies wirklich direkt so empfinden oder ob wir dies nur gelernt haben.

Mein Körper ist zugleich deutlich von der Welt unterschieden. Ich weiß meist genau, wo mein Körper aufhört und die Welt anfängt. Das ist beim Hantieren mit einem scharfen Messer ebenso wichtig wie beim Durchgang durch ein enges Tor. Wenn ich einen Gegenstand oder einen anderen Menschen anfasse, dann fühlt sich dies ganz anders an, als wenn ich mich selbst anfasse. Erlebnismäßig ist mein Körper vor allem das, was ich *willentlich bewegen* kann, worüber ich *Kontrolle* habe; alles andere gehört zur Welt. Es wäre merkwürdig, wenn mein Arm sich von selbst bewegen würde, d. h. ohne das Gefühl, dies gewollt zu haben (ein wenig ist das ja bei Reflexbewegungen der Fall). Noch merkwürdiger wäre es, wenn umgekehrt Dinge und Menschen sich nach meinen Gedanken und Vorstellungen bewegen würden. Die meisten Menschen würden dann an ihrem Verstand zweifeln, außer es handelt sich um schizophrene Patienten.

Diese erlebte äußere Welt um uns herum erscheint klar, rund, festgefügt. Umso mehr wundern wir uns, wenn Dinge passieren, welche die Festgefügtheit der Welt zu bedrohen scheinen. Da gibt es Menschen, die behaupten, sie hätten Schmerzen in Gliedmaßen, die ihnen schon lange amputiert wurden. Dies nennt man »Phantomschmerz«. Einige der Patienten, die unter diesem merkwürdigen Zustand leiden, haben manchmal sogar das Gefühl, sie könnten die nichtvorhandenen Gliedmaßen bewegen, auch wenn sie genau wissen, dass dies unsinnig ist. Andere Menschen verhalten sich so, als würde eine Hälfte ihres Körpers oder der sie umgebenden Welt nicht existieren. Sie vernachlässigen etwa ihre linke

Körperseite (Männer rasieren zum Beispiel ihr Gesicht nur rechtsseitig), stoßen ständig mit dieser Körperhälfte an Hindernisse oder können Dinge auf der linken Straßenseite nicht erkennen. Wenn sie einen gut gefüllten Teller vorgesetzt bekommen, essen sie nur die Hälfte auf (natürlich die rechte Hälfte), und wenn sie eine Szene abzeichnen sollen, zeichnen sie nur die rechte Hälfte. Dies nennt man *Hemineglect*, was so viel bedeutet wie »Vernachlässigung einer Seite«.

Zur Rede gestellt behaupten solche Patienten steif und fest, sie hätten den Teller vollständig aufgegessen, das Bild vollständig gemalt und sich vollständig rasiert. Sie haben also kein direktes Wissen von ihrem Leiden. Diesen Zustand des Leugnens eines Defizits nennt man *Anosognosie*, was soviel bedeutet wie »Nichtwahrnehmen einer Krankheit«. Diese Menschen können ansonsten völlig normal oder gar hochintelligent sein. Sie lernen es in gewissen Grenzen auch, mit dieser geleugneten, aber doch irgendwie *geahnten* Beeinträchtigung zu leben. Sie können zum Beispiel den Eingang ihres Hauses nicht erkennen, wenn sich dieser auf der linken Straßenseite befindet, aber sie haben gelernt, so lange eine Straße entlangzugehen, bis rechter Hand ein ihnen bekanntes Bauwerk oder auffallendes Merkmal auftaucht. Dann drehen sie sich um und gehen so weit die Straße zurück, bis sie nunmehr rechter Hand ihr Haus entdecken, das zuvor linker Hand für sie unerkennbar war.

Andere Menschen haben noch seltsamere Störungen und behaupten etwa, man habe ihnen über Nacht das linke Bein amputiert und ein fremdes Bein so fein angenäht, dass man die Nähte nicht mehr sehen könne. Wenn dieses Bein sich bewegt, behaupten sie, ein anderer als sie würde jetzt das Bein bewegen. Alle Argumente, es sei doch extrem unwahrscheinlich, dass man jemandem ganz unbemerkt ein Bein amputieren und ein fremdes annähen könne, lassen diese Personen nicht gelten, auch wenn sie hochintelligent sind. Wieder andere Menschen wissen nicht, wo sie sich befinden, oder sie behaupten, an zwei Orten gleichzeitig zu sein, zum Beispiel in Hamburg und in Bremen (für Hamburger eine ebenso schreckliche Vorstellung wie für Bremer). Wieder andere Menschen sehen zuweilen ihren eigenen Doppelgänger vor sich hergehen oder haben das Gefühl, über dem eigenen Körper zu schweben und sich von oben anzusehen (eine »Out-of-body-Erfahrung«, von der später noch die Rede sein wird). Schließlich gibt es Menschen, die

Schwierigkeiten haben, korrekt nach Dingen zu greifen oder sie präzise mit dem Finger zu berühren, obwohl sich diese unmittelbar vor ihnen befinden. Dies nennt man eine *Balint-Ataxie*. Rätselhafterweise können sie aber mit einer Taschenlampe oder einem Laser-Pointer genau auf weiter entfernte Dinge zeigen.

Merkwürdigkeiten der Raumwahrnehmung

Diese Beispiele betreffen Verhaltensweisen, bei denen wir uns eigentlich gar nicht vorstellen können, dass sie nicht funktionieren. Wie kann man das Gefühl haben, dass der Arm an der Schulter gar nicht der eigene Arm ist? Wie kann man nicht wissen, wo man sich befindet? Wie kann ich unfähig sein, nach der Kaffeetasse direkt vor mir zu greifen? Wie kann man die Eingangstür des eigenen Hauses nicht erkennen, obwohl das Haus direkt gegenüber auf der anderen Straßenseite liegt? Natürlich müssen wir annehmen, dass in den Köpfen der Menschen, die unter diesen Schwierigkeiten leiden, irgendetwas nicht stimmt.

Wir brauchen uns gar nicht mit solchen Patienten zu beschäftigen, sondern müssen uns selbst nur genauer beobachten. Wir haben uns daran gewöhnt, dass bestimmte Gegenstände groß aussehen, wenn sie nah sind, und immer kleiner werden, je mehr sie sich oder wir uns von ihnen entfernen. Warum eigentlich? Nach längerem Nachdenken fällt uns ein, es könnte mit der Verkleinerung des Bildes auf unserer Netzhaut zu tun haben. Das kann aber nur die halbe Wahrheit sein, denn wir erinnern uns an die Enttäuschung, wenn wir Fotos betrachten, die wir von einer schönen Landschaft gemacht haben. Wie klein sehen jetzt die entfernten Gebäude, Bäume und Berge aus! Wahrnehmungspsychologische Experimente zeigen, dass wir in unserer natürlichen Wahrnehmung entfernte Objekte größer wahrnehmen, als sie aus optisch-perspektivischen Gründen aussehen müssten, aber natürlich kleiner, als sie tatsächlich sind. Dasselbe gilt auch für geometrisch korrekte, d. h. zentralperspektivische Darstellungen; sie wirken merkwürdig unnatürlich, während pseudo-perspektivische Darstellungen etwa in der chinesischen Kunst, in denen entferntere Gegenstände nicht kleiner, sondern nur räumlich gestaffelt gezeichnet sind, natürlicher wirken. Am natürlichsten wirken Darstellungen von Landschaften, in denen entfernte Gegenstände etwas größer als geometrisch-perspektivisch korrekt und auch noch aufsteigend hintereinander gestaffelt gemalt oder gezeichnet sind, wie dies auf den wunderbaren Landschafts-darstellungen der Renaissancemaler der Fall ist, in denen meist idealisierte italienische Voralpengegenden zu sehen sind.

Noch dramatischer weicht unsere Raumwahrnehmung von den tatsächlichen geometrischen Verhältnissen ab, wenn wir eine Distanz von acht Metern in der Horizontalen und in der Vertikalen vergleichen. Einen Sprung von acht Metern in der Horizontalen schaffe ich, wenn ich ein hervorragender Weitspringer bin, und ich empfinde dabei keine Angst. Auf einem Turm am Rande eines Schwimmbeckens zu stehen und acht Meter hinunterzuspringen erfordert hingegen großen Mut, zumindest am Anfang. Acht Meter in der horizontalen Ebene sind eine kleine Distanz, acht Meter nach unten ein gefährlicher Abgrund. Natürlich hat dies mit der Gefährlichkeit eines Acht-Meter-Abgrundes zu tun, aber das erklärt nicht, warum er uns so tief *erscheint*, wo es doch nur acht Meter sind.

Ein anderes merkwürdiges Phänomen erleben wir, wenn wir in einem Zug sitzen und auf einen anderen Zug schauen. Plötzlich scheint sich unser Zug zu bewegen, bis wir merken, dass unser Zug noch stillsteht und der andere Zug sich bewegt. Das erklärt das Un-merkliche des scheinbaren Anfahrens unseres Zuges. Dramatisch wird es, wenn wir uns vor einer Großleinwand befinden, auf der sich Fahrzeuge nach links oder rechts, herauf oder herunter bewe-gen (beliebt sind Achterbahnen). Dann haben wir das Gefühl, wir säßen selbst im Wagen und würden die Fahrt am eigenen Leibe er-fahren (mit all den Folgen, die das für unseren Magen haben kann). Das vielleicht größte Rätsel erleben wir gar nicht bewusst. Wenn wir anderen Menschen in die Augen schauen, dann entdecken wir unter anderem, dass sich die Augen mehrmals in der Sekunde in kleineren und größeren Sprüngen hin und her bewegen und die Umwelt abzusuchen scheinen. Dies nennt man *willkürliche* Augen-bewegungen oder »Sakkaden«. Wenn wir aber die Augen unseres Gegenübers beobachten, während er aus einem Zug schaut, dann sehen wir, dass seine Augen sich langsam gegen die Bewegungsrich-tung des Zuges bewegen, so als wollten sie das draußen Gesehene festhalten, um dann plötzlich sehr schnell vorzuspringen. Davon merkt man aber gar nichts. Dies nennt man *optokinetischen Nys-*

tagmus, und dies kann am besten ausgelöst werden, wenn man eine Person in eine große Drehtrommel mit vertikalen Streifen setzt. Eine dritte Art von Augenbewegungen erkennen wir nur, wenn wir feinere Messungen durchführen. Dann stellen wir fest, dass das Auge ständig feinste Bewegungen ausführt; dies nennt man *Augentremor*.

Was ist daran so merkwürdig? Es ist die Tatsache, dass bei all diesen Bewegungen das Bild der Welt entweder leicht (beim Tremor) oder beträchtlich (beim Nystagmus und den willkürlichen Augenbewegungen) auf der Netzhaut hin und her rutscht, ohne dass wir davon irgendetwas merken. Die Welt müsste sich doch bewegen oder zumindest unscharf werden, wenn sich ihr Bild auf der Netzhaut bewegt! Und wie können wir überhaupt scharf sehen, wenn unsere Augen ständig zittern? Messen wir mit geeigneten Mitteln unsere Sehschärfe nach, dann stellen wir fest, dass wir trotz der willkürlichen und unwillkürlichen Augenbewegungen sogar schärfer sehen, als wir eigentlich vom Aufbau unserer Netzhaut her dürften (das nennt man »Nonius-Sehschärfe«).

Irgendetwas stimmt nicht an dieser festgefügten Sinnes- und Raumwelt! Diese Unstimmigkeiten können natürlich nicht in der Welt liegen; niemand nimmt ernsthaft an, dass Dinge wirklich kleiner werden, wenn sie sich von uns entfernen. Dinge verrutschen nicht, wenn Patienten nach Gegenständen greifen wollen, und halbe Welten verschwinden nicht einfach.

Wie das Gehirn die Welt konstruiert

Die bisher genannten merkwürdigen Geschehnisse haben mit drei Sinnessystemen zu tun, nämlich mit dem somatosensorischen System, das uns die Körper- und Bewegungsempfindungen vermittelt, dem visuellen System, das uns die Sehwelt vermittelt, und dem Gleichgewichtssystem, das uns unter anderem sagt, was oben und unten ist und das somatosensorische System bei der Bewegungsempfindung unterstützt. Das Hörsystem spielt hierbei nur eine geringe und das Geruchs- und Geschmackssystem keine Rolle. Hinzu kommt aber das motorische System, das unsere Körperbewegungen steuert.

Die Welt – so heißt es in den Lehrbüchern – entsteht im Kopf, genauer: im Gehirn. Man spricht davon, dass Vorgänge in der Welt und in meinem Körper im Gehirn »repräsentiert« sind. Darunter versteht man einen mehr oder weniger systematischen Zusammenhang von bestimmten physikalischen oder chemischen Geschehnissen wie einem Bild, einem Ton, einem Druck oder einer Geruchs- oder Geschmackssubstanz einerseits und der Aktivität von Nervenzellen in bestimmten Zentren des Gehirns andererseits. Verändern sich bestimmte Merkmale der Vorgänge in der Außenwelt oder in meinem Körper, so sollte die Aktivität der Nervenzellen sich auch in entsprechender Weise ändern, d. h. zu- oder abnehmen.

Sehen wir uns einmal den Sehvorgang an, wie er in Abbildung 6 schematisch dargestellt ist. Wenn das Bild eines Gegenstandes auf die Netzhaut (*Retina*) meines Auges fällt, dann werden in einer bestimmten Region der Netzhaut die *Photorezeptoren*, d. h. Stäbchen und Zapfen, erregt, die wiederum nachgeschaltete Retinaganglienzellen aktivieren. Das daraus entstehende neuronale Erregungsmuster läuft über den Sehnerv vor allem zum lateralen Kniehöcker im dorsalen Thalamus des Zwischenhirns und von dort zur primären Sehrinde im Hinterhauptscortex (BA 17 in Abbildung 5). Von dort werden auf komplizierte Weise zahlreiche sekundäre und assoziative Hirnrindenareale (z. B. BA 18, 19 und 20 in Abbildung 5) aktiviert, in denen Einzelmerkmale des Bildes verarbeitet, zusammengesetzt und mit Gedächtnisinhalten vermischt werden, bis das Gesehene als Objekte, Gesichter oder farbige, bewegte Szenen bewusst wird.

Das visuelle System funktioniert dabei höchst arbeitsteilig, indem die verschiedenen visuellen Einzelmerkmale eines Objekts oder einer Szene, wie etwa Form, Farbe, Bewegung, Ort und räumliche Tiefe, weitgehend getrennt verarbeitet werden (P- und M-System). Von all dieser Parallelverarbeitung merken wir aber nichts, wir nehmen einen einzigen Gegenstand an einem bestimmten Raumort als gestalthaft, bunt und bewegt wahr und nicht etwa die Farbe eines Gegenstandes getrennt von seiner Form und von seiner Bewegungsbahn bzw. seinem Ort.

Eine wichtige Leistung des visuellen Systems ist die Konstruktion der *räumlichen Sehwelt*. Diese Welt erscheint völlig homogen aufgebaut, was sie aber in Wirklichkeit gar nicht ist. So haben wir bis zu einer Distanz von ca. 6 Metern ein direktes räumliches (stereoskopisches) Sehen, also eine echte Dreidimensionalität. Diese

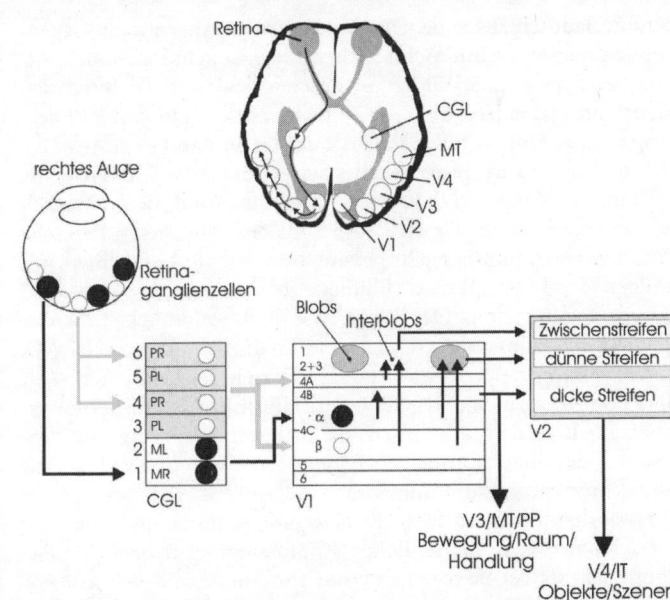

Abbildung 6: Schema des visuellen Systems der Primaten einschließlich des Menschen. P- und M-Retinaganglienzellen (weiße bzw. schwarze Punkte) schicken ihre Axone zu unterschiedlichen Schichten des lateralen Kniehöckers (CGL) im Thalamus, und zwar getrennt nach linkem und rechtem Auge (PR/PL bzw. MR/ML). Von dort projizieren P- und M-Zellen zum primären visuellen Cortex (V1), wo ihre Fortsätze in unterschiedlichen Unterschichten von Schicht 4 enden. P-Zellen in Schicht 4A und 4Cβ projizieren dann zu den Blobs und Interblobs in Schicht 1-3 und von dort aus zu den dünnen Streifen bzw. Zwischenstreifen im sekundären visuellen Cortex (V2). M-Zellen in Schicht 4Cα von V1 projizieren zu Schicht 4B und von dort aus zu den dicken Streifen in V2. Von hier aus nehmen zwei Verarbeitungspfade ihren Ausgang: Der eine (dorsale) läuft über die Areale V3 und MT zum Parietallappen (PP) und hat mit Bewegungs- und Raumwahrnehmung sowie Handlungsvorbereitung zu tun; der andere (ventrale) Pfad läuft über Areal V4 zum Temporallappen (IT) und hat mit der Wahrnehmung von Objekten und Szenen zu tun.

kommt dadurch zustande, dass unsere beiden Augen nahe Gegenstände unter leicht unterschiedlichen Blickwinkeln sehen und entsprechend die beiden Bilder auf unseren beiden Netzhäuten sich leicht unterscheiden; dies nennt man *retinale Disparität*. Diese Disparität ist umso größer, je näher der Gegenstand dem Auge ist. Hieraus konstruiert unser visuelles System die räumliche Tiefe, die wir mit zwei Augen so deutlich wahrnehmen, und die dramatisch verschwindet, wenn wir ein Auge zuhalten. Die stereoskopische Tiefenwahrnehmung ist sehr präzise, und deshalb können wir mit ruhiger Hand fast auf den Millimeter genau nach nahe gelegenen Gegenständen greifen. Das hochpräzise direkte räumliche Sehen ist aber auf den Nahraum beschränkt, was natürlich Sinn macht. Mit zunehmender Entfernung wird die Disparität der beiden retinalen Bilder immer kleiner, und ganz andere Hilfsmittel zur Entfernungsschätzung kommen zum Einsatz, die auch mit einem Auge funktionieren. Deshalb haben auch einäugige Menschen ein – wenngleich eingeschränktes – Entfernungssehen.

Eines dieser Hilfsmittel heißt *Bewegungsparallaxe* und nutzt die Tatsache aus, dass bei seitlichen Kopfbewegungen nahe Gegenstände sich stärker bewegen als etwas entferntere und sich jene vor diesen hin und her zu bewegen scheinen. Viele wirbellose Tiere wie die Gottesanbeterin, aber auch Schlangen, Vögel und andere Wirbeltiere mit seitlich stehenden Augen bewegen vor einem Objekt ihrer Begierde (meist Beute oder Futter) den Kopf seitlich hin und her und erhöhen damit die Präzision ihrer Entfernungsabschätzung.

Ein weiteres Tiefenkriterium, das ebenfalls einäugig gut funktioniert, ist die Akkommodation, d. h. das Scharfstellen der Linse auf ein Objekt, das wie beim Fotoapparat eine sehr präzise Distanzabschätzung liefert. Räumliche Distanz in größeren Entfernungen, bei denen die bisher genannten Verfahren versagen, kann mithilfe von Überdeckungen abgeschätzt werden: Näher gelegene Gegenstände verdecken entferntere. Hinzu kommen Textur-Unterschiede: Nähere Gegenstände zeigen mehr Oberflächendetails als entferntere. Schließlich werden auch Helligkeitsunterschiede ausgenutzt, denn nähere Gegenstände sind meist dunkler als entfernte. Ein ganz anderes Mittel ist die Erfahrung. Wir können Entfernungen auch anhand der Bildgröße von Gegenständen abschätzen, sofern wir die absolute Größe der Gegenstände ungefähr kennen. Wir wissen ungefähr, wie groß die Türme einer Dorfkirche sind. Wenn ein solcher Kirchturm winzig klein aussieht, dann sind wir bei unserer Wanderung noch weit von ihm entfernt.

Das Interessante an der Wahrnehmung der räumlichen Welt ist, dass unser Gehirn diese vielen Tiefenkriterien »opportunistisch« anwendet, d. h. das nimmt, was gerade am besten passt, und daraus räumliche Tiefe konstruiert, ohne dass wir etwas davon merken. Bewusst wird uns dies nur dann, wenn wir uns plötzlich in einer ganz unbekannten Welt mit starken Kontrasten wie auf dem Mond oder mit sehr homogenen Landschaftszügen und Texturen wie in der Wüste bewegen, wo die üblichen Tiefenkriterien versagen. Dann ist kaum mehr zu sagen, ob eine Erhebung zwei oder zwanzig Kilometer entfernt ist. Ähnlich geht es uns, wenn wir von einem hohen Alpengipfel auf die Gebirgslandschaft blicken oder uns im amerikanischen Grand Canyon befinden; auch dann verlieren wir jeden Maßstab für räumliche Entfernung.

Wenden wir uns dem somatosensorischen System zu, so werden wir vor ähnliche Probleme gestellt. Betaste ich mit dem Finger einen Gegenstand, so werden verschiedenartige Druckrezeptoren in meiner Fingerspitze mechanisch gereizt, und die nachgeschalteten Nervenzellen schicken ihre Erregungen zum Rückenmark. Von dort laufen diese Erregungen über den Hirnstamm zum Thalamus und von da aus zum primären somatosensorischen Cortex direkt hinter der Zentralfurche, wo sie mit Informationen von den Muskeln, Sehnen und Gelenken, mit Informationen über Wärme und Kälte und vielleicht auch noch (wenn es sich um einen scharfen Gegenstand handelt) über Gewebeverletzungen zusammenkommen. Dies wird mit Informationen über die Stellung und Bewegungen meines Körpers verbunden, und es entsteht eine Gesamtinformation über meine Tastempfindung.

Schauen wir uns in Abbildung 7 die Repräsentation unseres Körpers im primären sensorischen Cortex an, so stellen wir fest, dass die einzelnen Körperteile in ihrer räumlichen Anordnung, allerdings mit dem Kopf nach unten, abgebildet werden. Aber hier gibt es nicht nur eine einzige Repräsentation, sondern hintereinander angeordnet gleich mehrere Abbildungen des Körpers, nämlich jeweils für die verschiedenen Sinnesorgane der Haut und des Tastens, dazu Abbildungen für die Muskeln, die Gelenke und die Sehnen. Wir haben in diesem Sinne also vier oder fünf unterschiedlich repräsentierte Körper oder »Homunculi« (»Menschlein«), aber davon merken wir nichts.

Das Gehirn erhält aber nicht nur somatosensorische Informationen aus dem Körper, sondern es muss den aus Knochen, Gelenken, Muskeln und Sehnen aufgebauten *Bewegungsapparat* steuern. Bei unseren Bewegungen werden die Muskeln – sofern es sich nicht um reine Reflexe handelt – von der motorischen Hirnrinde gesteuert, die aus dem primären, sekundären und supplementär-motorischen Cortex (Brodmann-Areal 4 und 6 in Abbildung 5) besteht. In der primären motorischen Hirnrinde sind die für die einzelnen Körpermuskeln zuständigen Abschnitte ähnlich wie bei der sensorischen Körperabbildung in der räumlichen Anordnung der Muskeln im Körper angeordnet und ebenfalls wieder »mit dem Kopf nach unten«. Diese beiden »Homunculi«, der sensorische und der motorische (wie wir inzwischen wissen, sind es jeweils mehrere), liegen direkt vor und hinter sowie innerhalb der Zentralfurche der Großhirnrinde (s. Abbildung 2 oben, Ziffer 1).

Bewegungssteuerung ist ein komplizierter Vorgang. Bei einer Arm-Hand-Finger-Bewegung müssen viele Muskeln exakt angespannt und entspannt werden, und dazu muss die motorische Rinde in jedem Bruchteil einer Sekunde darüber informiert sein, wie der gerade herrschende Lage- und Aktivitätszustand des Bewegungsapparates aussieht. Dies erfordert eine genaue Abstimmung zwischen Körpersensorik und Körpermotorik im Bruchteil einer Sekunde. Entsprechend kommunizieren die sensorischen und motorischen Homunculi intensiv miteinander. Jede bei einer Bewegung auftretende Muskelaktivität und Gelenkbewegung wird über die entsprechenden Sensoren dem somatosensorischen Homunculus gemeldet, der seinerseits auf den motorischen Homunculus einwirkt. Eine solche Absprache geschieht parallel hierzu auch in anderen Zentren des Gehirns außerhalb der Großhirnrinde, zum Beispiel im Kleinhirn und im Mittelhirndach (in den *Colliculi superiores*). Überdies wird im Gehirn *vor* jeder Bewegung ein Bild derjenigen Rückmeldungen der Muskeln entworfen, die bei der Ausführung der Bewegung *zu erwarten* ist, und dieses Erwartungsbild wird dann mit den Rückmeldungen über die tatsächlich abgelaufenen Bewegungen verglichen. Diese *sensomotorische Rückkopplungs-Schleife* ist wichtig, damit die mit der Körper- und Bewegungssteuerung befassten Zentren der Großhirnrinde feststellen können: »Alles

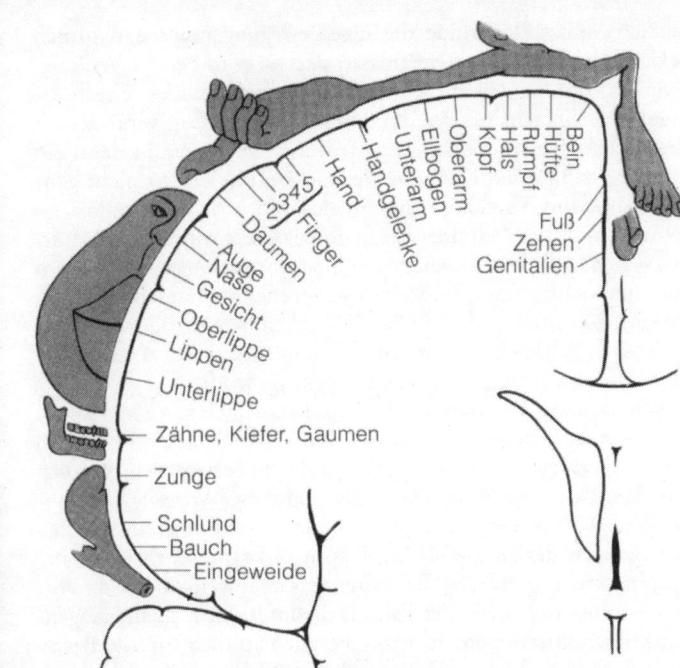

Abbildung 7: »Homunculus« im primären somatosensorischen Cortex (Brodmann-Areale 1-3; vgl. Abb. 5). (Nach Penfield und Rasmussen 1950.) Erläuterungen im Text.

wie geplant ausgeführt!« Erst dadurch nämlich wird der bewegte Körper zu *meinem* Körper, nämlich zu dem, der offensichtlich den Befehlen der Großhirnrinde *gehorcht*.

Das soeben geschilderte Prinzip, dass vor jeder Bewegung ein Erwartungsbild der rücklaufenden somatosensorischen Informationen entworfen wird, erklärt die Stabilität der Welt trotz des Verwackelns des Netzhautbildes durch unsere unaufhörlichen Augen-, Kopf- und Körperbewegungen. Jede Bewegung unseres Auges, ob willkürlich oder unwillkürlich, ist den Zentren innerhalb und außerhalb der Großhirnrinde, die diese Bewegung auslösen, natürlich bekannt, weil von ihnen veranlasst, und sie wird bei der Verarbeitung des vom Auge in die Sehrinde einlaufenden Bildes verrechnet, indem (vereinfacht gesagt) die durch die Bewegung verursachten Verwackelungen wieder abgezogen werden. Dies ergibt dann ein scharfes, stabiles Bild. Wie dies im Gehirn passiert, ist nicht ganz genau bekannt, es gehört aber zu den Höchstleistungen unseres Gehirns und geschieht überdies in großer Geschwindigkeit. Natürlich gehen in diesen Vorgang auch die Informationen aus unserem Gleichgewichtssystem ein, so dass wir immer (oder doch meistens) wissen, wo unten und oben ist. Die scheinbare Stabilität unserer Welt ist in Wirklichkeit ein höchst kompliziertes Konstrukt, allerdings eines, das völlig unbewusst entworfen wird.

Wir können uns dieses Prinzip mit einem einfachen Experiment verdeutlichen. Wir schließen hierzu ein Auge und bewegen das andere Auge mit dem Zeigefinger. Dann bewegt sich plötzlich mit dem Auge die Welt. Die Erklärung dieses Vorgangs ist simpel. Die Welt bewegt sich, weil die durch den Finger ausgelösten Bewegungen des Augapfels im Gehirn *nicht automatisch* mit der Bildverschiebung auf der Netzhaut verrechnet werden, wie dies bei den Augenbewegungen der Fall ist, die intern über meine Augenmuskeln induziert werden. Dasselbe gilt natürlich für alle Bewegungen des Auges oder eines betrachteten Gegenstandes, die durch mechanische Erschütterungen hervorgerufen werden. Diese können ebenfalls nicht automatisch verrechnet werden, weil sie nicht für das Augenmuskel-Steuerungssystem vorauszusehen waren, und deshalb sieht man unscharf.

Eine Besonderheit sei hier noch erwähnt, nämlich die Tatsache, dass wir in dem Moment, in dem bei einer Sakkade unsere Augen von einem Gegenstand zum anderen springen, die Welt nicht verwischt erleben, obwohl wir dies müssten, denn das Bild des Gegenstandes rutscht dabei mit großer Geschwindigkeit über die Netzhaut. Professor Klaus-Peter Hoffmann und seine Mitarbeiter von der Universität Bochum haben vor einigen Jahren herausgefunden, dass die neuronale Aktivität in der Sehrinde, die hierbei entstehen müsste, durch das Kommando für die Augenbewegungen unterdrückt wird und wir für einen Bruchteil einer Sekunde »blind« sind, ohne dass wir dies merken. Unser Bewusstsein füllt diese winzige zeitliche Lücke zwischen den stabilen Blicken aus, und zwar offenbar so, dass das bisher Gesehene in diese Lücke hinein verlängert wird. Zeit ist eben auch ein Konstrukt des Gehirns.

Funktionsstörungen und ihre Erklärungen

Diese Erkenntnisse können wir nun für eine Erklärung der oben geschilderten merkwürdigen Störungen nutzen. Werden die automatisch arbeitenden sensomotorischen Rückkopplungsschleifen unterbrochen, etwa indem die von den Muskeln zurücklaufenden sensorischen Nerven durch eine Verletzung oder Erkrankung durchtrennt wurden, dann hat der Patient zumindest vorübergehend das Gefühl, dieser Arm oder dieses Bein gehöre nicht mehr zu ihm. Er kann den Arm oder das Bein zwar bewegen, aber diese Bewegung wird nicht zurückgemeldet, und dies genügt, dass das Gehirn des Patienten feststellt: Dieser Körperteil gehört nicht zu mir, denn er folgt nicht meinen Befehlen! Eine fundamentale Voraussetzung seines *Körperschemas*, nämlich dass die Gliedmaßen den motorischen Kommandos der Großhirnrinde gehorchen, ist nicht mehr gegeben.

Das Phänomen des Phantomschmerzes erklärt sich dadurch, dass nach der Amputation von Gliedmaßen die sensorischen und motorischen Repräsentationen in der Großhirnrinde, die für die Empfindung und die Bewegung des Armes oder Beines zuständig sind, weiter bestehen bleiben. Sie verändern sich zwar (zum Beispiel werden sie mit zunehmendem Abstand vom Zeitpunkt des Verlustes der Gliedmaßen kleiner), aber sie verschwinden nicht. Da aber die amputierte Extremität nicht mehr bewegt werden kann, kann sich die corticale Repräsentation auch nicht den neuen Verhältnissen anpassen – es fehlt die sensomotorische Rückkopplung, und dieser Widerspruch mag eine Ursache des Phantomschmerzes sein. Interessant sind in diesem Zusammenhang Versuche von britischen Neurologen, die den Phantomschmerz-Patienten durch Einspiegelungen oder Videoaufnahmen willentliche Bewegungen ihrer amputierten Gliedmaßen vorgaukeln, und derartige Scheinbewegungen scheinen entsprechend bei den Patienten den Phantomschmerz zu lindern. Der Phantomschmerz scheint aber auch eine Art von Erinnerung an den meist unbewusst, da unter Narkose erlebten Verletzungsschmerz zu sein. Man spricht hier von einem

Schmerzgedächtnis. Entsprechend stellt man Unterschiede im Auftreten des Phantomschmerzes in Abhängigkeit von der Narkoseform während der Amputation fest.

Die Hemineglect-Störungen sind ebenfalls erklärbar. Detaillierte Untersuchungen ergaben, dass beim Nichtbeachten der linken oder rechten Seite des Gesichtsfeldes oder des Körpers kein Wahrnehmungsdefizit im strengen Sinne vorliegt, d. h., dass der Sehvorgang nicht gestört ist. Dies kann man gut dadurch demonstrieren, dass man Dinge in dieser »unsichtbaren« Hälfte geschehen lässt, die auch unbewusst wirken können. Zum Beispiel kann man den Patienten aus der unsichtbaren Gesichtshälfte einen Ball zuwerfen, und sie fangen ihn auf, obwohl sie den Ball nicht bewusst wahrnehmen. Solche reflektorischen Bewegungen werden nämlich durch Zentren außerhalb der Großhirnrinde (z. B. im bereits genannten Colliculus superior) und damit unbewusst ausgelöst. Man kann auch den Patienten in der sichtbaren Gesichtshälfte Aufgaben stellen und in der unsichtbaren Hälfte Lösungshilfen geben, die dann signifikant die bewusste Entscheidung beeinflussen, ohne dass die Patienten wissen, warum.

Man nimmt deshalb an, dass es sich beim Hemineglect um eine Störung der *räumlichen Aufmerksamkeit* handelt. Wir nehmen Dinge, die nicht wie ein lauter Knall oder blinkende Lichter sehr auffällig sind, häufig nicht bewusst wahr, wenn wir nicht unsere Aufmerksamkeit auf sie richten. Dies erklärt, dass man Dinge übersieht, die einem »vor der Nase« liegen, wenn man sie nicht oder nicht an einem bestimmten Ort erwartet. Deshalb muss man zum Beispiel neue Verkehrsregelungen besonders auffällig machen – und dennoch werden sie manchmal übersehen. Wir fahren eine Straße entlang, die wir »im Schlaf« kennen und auf die wir deshalb unsere Aufmerksamkeit nicht mehr richten; entsprechend werden Abweichungen vom Gewohnten in unserem Bewusstsein unterdrückt.

Räumliche Aufmerksamkeit und die damit verbundenen bewussten Augenbewegungen werden vom *hinteren Scheitellappen*, besonders von dem der rechten Hemisphäre, gesteuert. Hier ist das so genannte »hintere Aufmerksamkeitssystem« des Gehirns lokalisiert. Das »vordere Aufmerksamkeitssystem« ist im präfrontalen Cortex angesiedelt und hat mit *nicht-räumlicher Aufmerksamkeit* in Form von Konzentration auf einen bestimmten geistigen Inhalt zu tun. Beide interagieren natürlich häufig miteinander, zum Beispiel beim Lesen oder beim genauen Betrachten eines Gegenstandes.

Eine Störung der linken oder rechten Hälfte des hinteren Scheitellappens (z. B. eine Durchblutungsstörung oder Verletzung) führt häufig zu Defiziten im Körperschema, was dann zu einer Vernachlässigung einer Körperhälfte führt, die man nicht mehr beachtet, oder zur geistigen Blindheit gegenüber einer Hälfte. Da das »hintere Aufmerksamkeitssystem« vornehmlich rechtshemisphärisch angesiedelt ist, betrifft eine Störung in diesem Bereich vermehrt die linke Körper- oder Gesichtshälfte. Studiert man die Augenbewegungen der Neglect-Patienten, so sieht man, dass ihre »umhersuchenden« Augenbewegungen selten über die Mittellinie zur Gegenseite gehen. Dies bedeutet, dass aufgrund der Schädigung das Gehirn das Interesse daran verloren hat, die linke Welt zu erkunden – Aufmerksamkeit ist ja wesentlich interessegeleitet. Die Tatsache, dass den Patienten dieser Schaden gar nicht bewusst ist, wird auch dadurch belegt, dass die Betroffenen sehr erfindungsreich in ihren »Erklärungen« für die Fehlleistungen sind. Natürlich behaupten sie, sie hätten eine vollständige Wahrnehmung der Welt und des eigenen Körpers und geben zum Beispiel vor, nicht richtig hingeschaut zu haben (was auch gar nicht so falsch ist).

Besonders eigenartig sind Störungen des Körperschemas und der generellen Ich-Körper-Welt-Beziehung, zum Beispiel das Gefühl, sich außerhalb des eigenen Körpers zu befinden (die bereits erwähnte »Out-of-body«-Erfahrung), eins mit dem Weltall zu sein (»ozeanische Entgrenzung«) oder sich selbst als Doppelgänger zu sehen. Auch diese Störungen haben vor allem mit einer Schädigung oder Unterfunktion des hinteren Scheitellappens zu tun. Wir müssen dabei bedenken, dass die Empfindung, es gäbe einen Körper, in dem ich stecke und der deshalb mein Körper ist, ebenso ein Konstrukt meines Gehirns ist, wie die Welt um mich herum. Diese Konstruktion kann – wie wir im 11. Kapitel im Zusammenhang mit Nahtoderlebnissen noch erfahren werden – zusammenbrechen, und dann entstehen diese sehr eigenartigen Erfahrungen.

Wie kommt die Innenwelt nach draußen?

Man kann das Gesagte folgendermaßen zusammenfassen: Unsere räumliche Erlebniswelt ist aus mehreren Teil-Welten zusammengesetzt, nämlich aus der Sehwelt, der Hörwelt, der Tastwelt und der Schwerewelt (Riechen und Schmecken spielen hier wie gesagt keine Rolle). Diese Welten entstehen getrennt voneinander und zu unterschiedlichen Zeiten der Entwicklung und werden im Gehirn auch mehr oder weniger unabhängig voneinander verarbeitet. Sie verknüpfen sich aber miteinander, wenn es um komplexe Dinge geht. In hinteren Bereich des Scheitellappens, in den so genannten »Konvergenzzonen«, vermischen sich auf komplizierte Weise Körper und Tastempfindungen mit den Seheindrücken und den Informationen aus dem Gleichgewichtssinn und schließlich mit den Hörempfindungen (z. B. beim räumlichen Hören), und es entsteht eine vereinte Seh-, Hör-, Tast-, Körper- und Raumwelt, in der wir uns ganz selbstverständlich bewegen. Diese Welt – so festgefügt sie auch erscheint – ist in Wirklichkeit ein labiles Konstrukt und kann entsprechend in sich zusammenbrechen, sobald bestimmte Teilfunktionen nicht mehr richtig bedient werden.

Die Feststellung, dass die von mir erlebte Welt des Ich, meines Körpers und des Raumes um mich herum ein Konstrukt des Gehirns ist, führt zu der vieldiskutierten Frage: Wie kommt die Welt wieder nach draußen? Die Antwort hierauf lautet: Sie kommt nicht nach draußen, sie verlässt das Gehirn gar nicht. Das Arbeitszimmer, in dem ich mich gerade befinde, der Schreibtisch und die Kaffeetasse vor mir werden ja nur als »draußen« in Bezug auf meinen Körper und mein Ich erlebt. Diese beiden sind aber ebenfalls Konstrukte, nur ist es so, dass mit der Konstruktion meines Körpers auch der zwingende Eindruck erzeugt wird, dieser Körper sei von der Welt umgeben und stehe in deren Mittelpunkt. Und schließlich wird – wie erwähnt – ein Ich erzeugt, das das Gefühl hat, in diesem Körper zu stecken, und dadurch wird es erlebnismäßig zum Zentrum der Welt.

Die Feststellung muss also lauten: Ich bin ein Konstrukt des Gehirns, dem ein konstruierter Körper und eine konstruierte Umwelt zugeordnet sind. Manche Menschen sagen, wenn sie dies zum ersten Mal hören: »Es ist, als werde einem der Boden unter den Füßen weggezogen«. Das ist richtig – wir leben in einer konstruierten Welt, aber es ist für uns die einzige erlebbare Welt.

3. Was uns Menschen so klug macht

In unserem abendländischen Denken ist die Unterscheidung zwischen Mensch und Tier tief verwurzelt. Seit dem Altertum werden Philosophen und Wissenschaftler nicht müde, Eigenschaften aufzuzählen, die nur der Mensch besitzt und die den Tieren fehlen. Tiere – so heißt es – können zwar erstaunliche Dinge tun, die der Mensch nicht natürlicherweise beherrscht, z. B. sich nach dem Sonnenkompass oder dem Magnetfeld orientieren, sie sind in vielen Dingen sehr kunstfertig, aber sie haben keinerlei Einsicht in das, was sie tun.

Biologisch gesehen war das Verhältnis zwischen Mensch und Tieren klar, nachdem der Gedanke einer biologischen Evolution Fuß gefasst hatte, die den Menschen einbegriff. Der Mensch ist biologisch gesehen ein Wirbeltier, genauer ein Säugetier, noch genauer ein Primat, ein »Herrentier« also. Innerhalb der Primaten steht er den Großaffen der alten Welt nahe, d. h. den Gibbons, Orang-Utans, Gorillas und insbesondere den Schimpansen. Gleichzeitig bildete er nach traditioneller Anschauung ihnen gegenüber eine eigene Gruppe. Sehr früh – so nahm man an – haben sich unsere Vorfahren im engeren Sinne, die *Hominiden*, von der Großaffengruppe, den *Pongiden*, abgespalten und sind ihre eigenen vergeistigten Wege gegangen.

Diese Auffassung geriet allerdings umso mehr ins Wanken, je genauer man mit den unterschiedlichsten Techniken, insbesondere mithilfe der molekularen Genetik, die Verwandtschaftsverhältnisse zwischen den Primaten (und selbstverständlich auch anderen Tieren) untersuchte. Es stellte sich dabei heraus, dass der Mensch, *Homo sapiens*, und die beiden Schimpansenarten der Gattung *Pan* (die »normalen« Schimpansen, *Pan troglodytes*, und die Bonobos, *Pan paniscus*) viel enger miteinander verwandt sind als die Schimpansen mit der nächstverwandten Großaffengruppe, den Gorillas. Menschen bilden zusammen mit den Schimpansen eine *Abstammungseinheit* – wir sind im weiteren biologischen Sinne Schimpansen. Die Aufzweigung innerhalb dieser Schimpansenartigen in einen Zweig, der zu den Menschenartigen führte, und einen, der zu den beiden Schimpansenarten führte, fand vor ungefähr 7 Millionen Jahren in Afrika statt.

Betrachten wir das Verhalten der Schimpansen, so entdecken wir in der Tat viele Gemeinsamkeiten, und zwar teils mit den »eigentlichen« Schimpansen und teils mit den Bonobos. Gorillas und Orang-Utans sind demgegenüber sowohl in ihren Lebensbedingungen als auch in ihrem Verhalten ziemlich anders als die Menschen und die Schimpansen. In Bezug auf Aggressivität, Kriegsführung, Vergewaltigung, Ränkeschmieden und sonstiges Negative sind wir zweifellos den »normalen« Schimpansen ähnlicher, in unserer Sexbesessenheit (wenn es denn eine ist) den Bonobos.

Dennoch ist die Liste der Feststellungen »nur der Mensch ist…« bzw. »nur der Mensch hat…« lang. Dies betrifft so verschiedene Dinge wie den Besitz von Bewusstsein, Geist, Verstand, Vernunft, Sprache, Erfindungskraft, Nachdenken über sich selbst, Kreativität, Kunst, Wissenschaft, Gewissheit der eigenen Sterblichkeit, den Glauben an ein höheres Wesen und ein Leben nach dem Tode. Man muss diese Behauptungen nicht gleich als pure Selbstverherrlichung des Menschen abtun, denn auf den ersten Blick sieht es tatsächlich so aus, als erhebe sich der Mensch in seinen intellektuellen Fähigkeiten weit über die Tiere. Kein Schimpanse – so scheint es jedenfalls – hat jemals ein Kunstwerk geschaffen oder Wissenschaft entwickelt, obwohl Schimpansen evolutiv mindestens ebenso viel Zeit dazu hatten wie wir. Es gibt bei ihnen keine Hütten und Häuser, keinen Ackerbau und keine komplexen Staatengebilde. Interessanterweise finden wir so etwas durchaus im Tierreich, und zwar in bewundernswerter Weise, wie bei den staatenbildenden Insekten, aber eben nicht bei den mit uns näher verwandten Säugetieren.

Es ist schwer, mögliche Gründe für diese unleugbaren Unterschiede zu untersuchen. Wie soll man denn feststellen, ob ein Schimpanse oder gar eine Ratte Bewusstsein hat oder über sich selbst nachdenkt? Man kann die Tiere schließlich nicht fragen. In der Tat brauchte es großen Erfindungsreichtum und Scharfsinn, sich Experimente auszudenken, mit deren Hilfe einigermaßen schlüssig untersucht werden kann, ob Tiere Fähigkeiten besitzen, die der Mensch nur sich selbst zuschreibt.

Ein Grundgedanke hierbei ist, dass man verschiedene Tiere vor Probleme stellt, die der Mensch nur mit Bewusstsein, mit der Fähigkeit, sich in andere hineinzuversetzen, mit Nachdenken über sich selbst, Selbsterkennen und bewusster Handlungsplanung bewältigen kann, und dann prüft, ob die entsprechenden Tiere dies auch können. Man kann auch untersuchen, wann und wie sich solche Fähigkeiten im Laufe der kindlichen Entwicklung ausbilden, und sehen, ob einige dieser Entwicklungsstadien sich nicht bei Tieren finden lassen. Schließlich kann man prüfen, ob bei den Tieren, die solche Fähigkeiten zeigen, auch dieselben Hirnzentren beteiligt sind wie beim Menschen. Dies setzt allerdings voraus, dass die Gehirne der untersuchten Tiere dem menschlichen Gehirn hinreichend ähnlich sind. Das macht die Sache bei allen wirbellosen Tieren, z. B. den Insekten, den Spinnentieren, den Weichtieren und so weiter sehr schwer, aber auch bei Wirbeltieren, die relativ einfache Gehirne haben. Hier ist man überwiegend auf Verhaltensversuche angewiesen.

Was Verhaltensforscher und Neurobiologen in mühsamen Untersuchungen herausgefunden haben (oder dies zumindest glauben), sind folgende Einsichten. Alle Wirbeltiere und wohl auch Wirbellose mit größeren Gehirnen (z. B. Tintenfische) besitzen etwas, das die Psychologen *fokussierte Aufmerksamkeit* nennen, nämlich das genauere Studieren eines Objekts oder eines Geschehens und eine damit einhergehende Steigerung der Detailwahrnehmung. Wenn ein Salamander ein ihm bisher unbekanntes Beutetier lange von der einen oder anderen Seite betrachtet, sich abwendet und dann wieder zuwendet, ehe er zuschnappt – oder es lässt, dann kann man sich des Eindrucks nicht erwehren, dass diese Tiere sich die Sache aufmerksam anschauen. Wir Menschen tun so etwas *nicht* ohne Aufmerksamkeitsbewusstsein. Fokussierte Aufmerksamkeit ist also offenbar im Tierreich weit verbreitet.

Fast alle Wirbeltiere und auch viele Wirbellose können bestimmte Dinge schnell lernen und Kategorien bilden, d. h. Dinge und Geschehnisse nach Oberbegriffen wie »Beute«, »Feind«, »Artgenosse« gruppieren. Dies können nachgewiesenermaßen Säuglinge mehr oder weniger unmittelbar nach der Geburt, und dafür scheint kein großer Cortex nötig zu sein.

Unter den Wirbeltieren haben sich neben den Säugetieren vor allem die Vögel als intelligent erwiesen. Sie können komplizierte räumliche Dinge »im Geiste drehen« (was man »mentale Rotation« nennt), rechnen, Konzepte lernen und logische Schlüsse ziehen. Das hat man bei Amphibien und Reptilien noch nicht gefunden, am ehesten noch bei Fischen, die zum Teil ebenfalls vergleichsweise große und sehr komplizierte Gehirne haben.

Sich selbst im Spiegel zu erkennen gilt als eine besondere geistige Leistung. Jeder, der einen Hund hat oder hatte, weiß, dass diese Tiere sich nicht im Spiegel erkennen können. Als meine Hündin Lupetta zum ersten Mal ihr Spiegelbild sah, knurrte sie diesen anderen Hund an, verlor aber bald das Interesse an diesem Artgenossen. Ähnlich ist es bei kleinen Affen, die wie andere Tiere auch durchaus den Gebrauch von Spiegeln erlernen können, etwa um hinter Gegenstände schauen zu können, wo sie eine Belohnung vermuten, sich aber nicht im Spiegel erkennen. Eindeutig bewiesen ist das Selbsterkennen im Spiegel nur bei Schimpansen, bei Delfinen (bei denen es lange umstritten war), Elefanten und – wie mein Kollege Professor Onur Güntürkün von der Universität Bochum gezeigt hat – bei Rabenvögeln. Bei diesen Tieren gelingt das, was man bei kleinen Kindern den »Rouge«- oder »Nivea-Test« nennt. Man lenkt das Tier oder Kind ab und verabreicht einen Creme-Klecks auf Stirn oder Brust und lässt sie sich dann im Spiegel ansehen. Die Frage ist nun: Reagieren Tier und Kind auf den Klecks im Spiegel oder auf den Klecks am eigenen Körper? Kleine Kinder bestehen diesen Test, wenn sie zwischen 15 und 24 Monaten, im Mittel 18 Monate alt sind. Vorher greifen sie nach dem Klecks im Spiegel. Es ist schwierig anzunehmen, dass bei kleinen Kindern das Selbsterkennen im Spiegel etwas ganz anderes ist als bei Schimpansen, Delfinen und Rabenvögeln. Warum sollte es sich bei den Tieren um eine bloße Konditionierung handeln (die Frage ist: worauf?), beim Kleinkind aber nicht?

Zu den Dingen, die wir Menschen ebenfalls nicht ohne Bewusstsein tun können, gehört die Fähigkeit, durch Ausprobieren oder Zuschauen den Gebrauch von Werkzeugen zu erlernen. Berühmt sind die Versuche des Psychologen Wolfgang Köhler, der während seiner Internierung auf Teneriffa im Ersten Weltkrieg bei Schimpansen spontanen Werkzeuggebrauch nachwies. Diese Tiere steckten Stöcke ineinander oder stapelten Kisten aufeinander, um an leckeres Futter zu kommen. Dass Schimpansen dies tatsächlich können, wurde seither vielfach bewiesen. Freilebende Schimpansen fertigen in ihrem Heimaturwald Stöckchen unterschiedlichen Durchmessers an, die sie dann mit sich tragen, wenn sie zu Termitenhügeln gehen. Dort angeln sie dann nach den leckeren Termiten, was natürlich besonders gut geht, wenn man für ganz unterschiedliche Löcher unterschiedlich dicke Stöckchen dabei hat.

Dass viele Tiere Werkzeuge benutzen, ist seit langem bekannt, das planmäßige *Herstellen* von Werkzeugen galt dagegen als Alleinstellungsmerkmal des Menschen. Es findet sich im Tierreich aber keineswegs nur bei Schimpansen, denn vor einigen Jahren wurde in der Zeitschrift *Science* berichtet, dass die neukaledonische Krähe (ein Rabenvogel) sich spontan Drähte zurechtbiegen kann, um leckere Dinge aus einer Flasche zu angeln. Dies unterstreicht die große Intelligenz dieser Tiere. Umstritten ist, ob der kunstvolle Nestbau mancher Vögel bewusst geplant abläuft oder doch weitgehend angeboren ist wie der Netzbau der Spinnen, das Fliegen der Bienen nach dem Sonnenkompass oder die Orientierung von Zugvögeln nach dem Magnetfeld der Erde oder nach Sternbildern. Ein Anzeichen für bewusstes Handeln könnte sein, ob und inwieweit Tiere sich bei diesen Kunstfertigkeiten Ersatzlösungen einfallen lassen, wenn ihnen das eine oder andere Material fehlt oder die gewohnte Bauweise sich in einer bestimmten Umgebung nicht verwirklichen lässt und Kreativität erforderlich ist. Das ist bei vielen Vögeln tatsächlich der Fall. Wir Menschen können Routinehandlungen ohne Aufmerksamkeitsbewusstsein ausführen, aber für das Umschalten auf neue Verhaltensweisen benötigen wir Bewusstsein.

In eine ähnliche Richtung geht die Frage, ob Tiere bewusste Zielvorstellungen entwickeln, nach denen sie dann handeln. Für die Orientierung in einer gewohnten Umwelt ist dies nicht unbedingt nötig, denn Tiere können sich genauso wie Menschen von einem Merkmal in der Umwelt zum anderen hangeln, ohne das Endziel geistig präsent zu haben. Das ist bei dem Schimpansen, der verschiedene Stöckchen fabriziert, um sie dann zu einem Termitenhügel zu tragen, anders, denn ohne eine bewusste Vorstellung des weit entfernt liegenden Termitenhügels und dessen, was man dort mit den Stöckchen machen will, geht es nicht. Wenn Tiere sich an einer bestimmten Stelle geduldig auf die Lauer legen, dann ist dies schwerlich ohne bewusste Vorstellung dessen möglich, worauf man da wartet, insbesondere wenn man dabei mit anderen Artgenossen in flexibler Weise kooperieren muss. In Verhaltensversuchen mit Makakenaffen, die im Labor meines Bremer Kollegen Professor Andreas Kreiter durchgeführt werden, muss sich der Affe für kurze Zeit komplizierte Dinge merken, ehe er nach einer gewissen Verzögerungszeit auf eine Stimulussituation in wechselnder Weise reagiert. Dies spricht dafür, dass zumindest einige Tiere bewusste Zielvorstellungen entwickeln können.

Viele Affen besitzen die Fähigkeit, in Rechnung zu stellen, was Artgenossen sehen können und was nicht. Manchmal will ein junger Affe den Blicken des dominanten Männchens oder des neidischen Kollegen entgehen und bewegt sich so vorwärts, dass er in deren totem Winkel bleibt. Ebenso beliebt ist es unter Affen, Artgenossen zu täuschen, indem man Warnrufe (»Leopard, Leopard!«) ausstößt, woraufhin alle davonstieben und man genüsslich die zurückgelassene Banane verspeisen kann. Affenkinder tun zuweilen so, als seien sie von einem Erwachsenen misshandelt worden, um die Mutter gegen diesen in Rage zu bringen (das macht offenbar Spaß). Tiere täuschen Verletzungen vor, um das Mitleid der anderen zu erregen oder sich einen Vorteil zu verschaffen. Natürlich kann man immer sagen, dass die Tiere dies alles tun, ohne sich dessen bewusst zu sein, was sie da tun, aber wir Menschen könnten so etwas nicht unbewusst.

Heftig umstritten ist unter den Fachleuten die Frage, ob nichtmenschliche Tiere über das In-Rechnung-Stellen der Perspektive anderer hinaus dasjenige berücksichtigen, was andere Artgenossen *denken* und *fühlen*. Wir möchten bei unserem Hund gern annehmen, dass er uns versteht, aber raffinierte Experimente zeigen, dass zumindest in den meisten Fällen unser geliebtes Haustier es gelernt hat, auf bestimmte Verhaltensweisen von uns mit bestimmten Reaktionen zu antworten, und dass ihm ein tieferes Verständnis unseres Verhaltens abgeht. Hunde können nach allem, was wir wissen, nicht abschätzen, ob wir etwas Bestimmtes wissen oder nicht, auch wenn sie sich nachweislich äußerst gut in unsere Gefühlslage versetzen können.

Das scheint – oder schien – jedoch bei den Schimpansen der Fall zu sein, die der amerikanische Verhaltensforscher Daniel Povinelli und seine Mitarbeiter untersuchten. Es ging hier darum, dass ein Schimpanse unter mehreren Behältern denjenigen auszuwählen hatte, der eine Belohnung enthielt. Dem Schimpansen blieb eigentlich nichts anderes übrig, als zu raten, aber zwei ihm bekannte Personen, eine Frau und ein Mann, deuteten zur »Hilfe« auf unterschiedliche Behälter, und der Schimpanse musste nun überlegen, welchem Rat er nun folgen sollte. Allerdings hatte er zuvor gesehen, dass der Mann den Raum verlassen hatte, *bevor* die Frau die Belohnung in einen der Behälter gelegt hatte (in *welchen* Behälter, das konnte der Schimpanse nicht sehen). Es musste ihm klar sein, dass nur die Frau wissen konnte, in welchem Behälter die Belohnung lag. Entsprechend wählte der Schimpanse die Dose aus, auf die die Frau zeigte. Er hatte – so schien es – das Wissen der Frau und das Nichtwissen des Mannes bei seinen Überlegungen in Rechnung gestellt.

Während Povinelli anfangs die Meinung vertrat, diese Leistung sei mit dem vergleichbar, was man in der angelsächsischen kognitionswissenschaftlichen Literatur »Theory of Mind« oder »Mentalizing« nennt, rückt er seit einiger Zeit wieder davon ab. Er vertritt nun die Meinung, dass sich diese Fähigkeit ausschließlich beim Menschen findet. Primaten (und nur sie) haben danach zwar ein Verständnis für die sozialen Beziehungen zwischen Dritten (z. B. für komplexe Verwandtschaftsverhältnisse), aber sie erfassen ihre soziale Umwelt nicht in »intentionalen« Begriffen, die beim Menschen mit Zuständen des Wollens, Meinens, Wünschens, Wissens und Glaubens zu tun haben. Nach Povinelli lernen Schimpansen genauso wie mein Hund Lupetta letztlich nur, wie sie sich verhalten müssen, um von den Menschen, bei denen sie aufwachsen, belohnt zu werden; Einsicht in das, was andere denken und wollen, fehlt ihnen. Dieser Standpunkt Povinellis ist allerdings umstritten, und andere Forscher meinen, dass die Fähigkeit, sich in die geistige Welt anderer Artgenossen hineinzuversetzen, auch bei Schimpansen zu finden ist. Der in Leipzig tätige Affenforscher Michael Tomasello war lange Zeit derselben Meinung wie heute David Povinelli, ist inzwischen aufgrund neuer Experimente von seiner Skepsis abgerückt. Er vertritt inzwischen die Meinung, dass Schimpansen gewisse Anteile und Vorstufen der »Theory of Mind« besitzen, die in etwa denen eines vierjährigen Kindes entsprechen.

Eine weitere Frage lautet, ob Tiere wie wir Menschen durch *Nachdenken* Probleme lösen können. In Abbildung 8 sieht man eine Schimpansin namens Julia, die es zu meiner Studienzeit in Münster zu einiger Berühmtheit brachte. Ihre intellektuellen Fähigkeiten wurden vom Münsteraner Zoologen Bernhard Rensch und seinen Mitarbeiterinnen und Mitarbeitern jahrelang studiert. Eine der eindrucksvollsten Leistungen, die Julia vollbrachte, war das Bewältigen von Labyrinthen. Dabei musste sie zwischen zwei Eingängen zu einem Labyrinth wählen, wovon nur einer aus dem Labyrinth herausführte. Rensch und sein Mitarbeiter Döhl steigerten den Kompliziertheitsgrad der Labyrinthe langsam, bis Julia schließlich mit einer Version konfrontiert wurde, bei der auch wir Menschen einige Zeit überlegen müssen. Julia studierte das komplizierte Labyrinth zwei Minuten lang, bis sie schließlich mit einem Ruck den richtigen Weg zum Ausgang wählte. Rensch schreibt hierzu:

Die angeführten Beobachtungen lassen den wohl berechtigten Schluß zu, daß bei schwierigen Wahlsituationen im tierischen Hirn gewissermaßen experimentell vor dem Einschalten von motorischen Innervationen assoziative verknüpfte Erregungsgruppen und diesen parallele Vorstellungsreihen ablaufen, die miteinander daraufhin verglichen werden, ob sie zum erstrebten Ziele führen. Dieser Vergleich und die darauf basierende Entscheidung kommt offenbar zustande durch die stetig eingeschaltete Dominantvorstellung, eine richtige Lösung der Aufgabe zu finden. Das ist nun gewiß eine Interpretation, die völlig in Analogie zu psychischen Prozessen beim Menschen erfolgt. Aber im Hinblick auf die anatomisch, histologisch, zytologisch und physiologisch einander so weitgehend entsprechende Struktur und Funktion des Vorderhirns von Menschenaffen und Menschen hieße es, ein Problem von entscheidender Bedeutung verkennen, wollte man die Diskussion über mögliche und wahrscheinliche psychische Vorgänge bei den uns nächstverwandten Tieren mit einem Ignorabimus [d. h. einem »wir werden es nie wissen« – G. R.] abtun. Mit solchen längeren assoziativen Abläufen kommen jedenfalls tierische psychophysische Abläufe den menschlichen Denkvorgängen am nächsten. (Rensch, 1968)

Rensch war also nicht nur der Meinung, dass Schimpansen in etwa derselben Weise wie Menschen denkerisch-bewusst Probleme lösen, sondern dass sie – für ihn eine Selbstverständlichkeit – hierzu auch dieselben Hirnzentren benutzen. Allerdings besteht kein Zweifel, dass diese Fähigkeit zum denkerischen Problemlösen und Handlungsplanen selbst bei nichtmenschlichen Großaffen beschränkt ist. Wie Rensch selber feststellte, ist die *Zeitdimension* dieser Fähigkeit sehr begrenzt. Schimpansen können danach handlungsleitende Vorstellungen nur für kurze Zeit – maximal für wenige Stunden – im Bewusstsein behalten. Sie sind darin kleinen Kindern sehr ähnlich. Andere Säugetiere sind noch wesentlich schlechter in Hinblick auf die Fähigkeit, bestimmte Vorstellungen im Kopf zu behalten, ehe etwas getan wird; bei kleinen Affen und Hunden geht es eher nach dem Prinzip »aus den Augen, aus dem Sinn«. Auch beim Menschen entwickelt sich diese Fähigkeit nur sehr langsam: Ganz kleine Kinder haben Mühe, Dinge oder Geschehnisse auch nur für eine halbe Minute im Arbeitsgedächtnis zu behalten. Wir dürfen diese

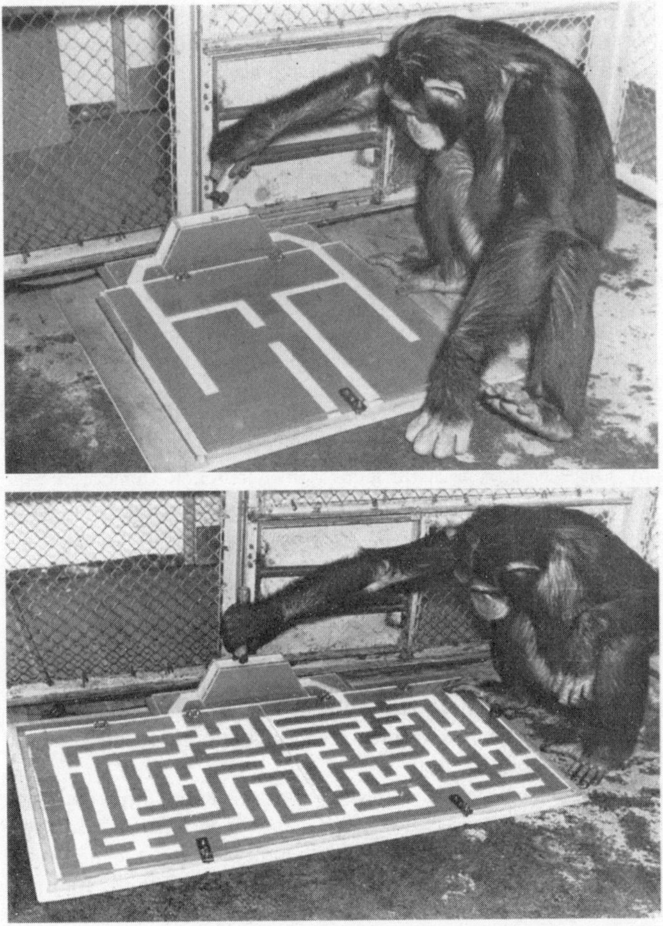

Abbildung 8: Die Äffin Julia beim Lösen einer Labyrinthaufgabe.
(Aus Rensch 1968.) Erläuterungen im Text.

Fähigkeit natürlich nicht mit Leistungen des Langzeitgedächtnisses verwechseln, das zum Beispiel beim Elefanten außerordentlich gut entwickelt zu sein scheint (auch hierzu hat Bernhard Rensch Pionierarbeit geleistet). Leider liegen mir zum Arbeitsgedächtnis des Elefanten keine gesicherten Erkenntnisse vor.

Eine Fähigkeit, die fast immer sofort genannt wird, wenn es um die Einzigartigkeit des Menschen gegenüber den Tieren geht, ist die Sprache. Die Frage, ob und in welchem Maße auch nicht-menschliche Tiere über Sprache verfügen und in welchem Maße die menschliche Sprache einzigartig ist, beschäftigt Philosophen und Wissenschaftler seit langem. Zu berücksichtigen ist hierbei der Umstand, dass Tiere einschließlich der uns nahestehenden Menschenaffen aufgrund der Beschaffenheit ihres Stimmapparates nur einen geringen Teil der rund 70 Sprachlaute produzieren können, aus denen die rund achttausend Sprachen bestehen, die es auf der ganzen Welt gibt. Das gilt vor allem für die Produktion von Vokalen. Diese Fähigkeit ist übrigens dem Menschen angeboren: Alle Kleinkinder dieser Welt können diese 70 Sprachlaute produzieren und schränken beim Sprechenlernen dieses Gesamtrepertoire auf das Lautrepertoire der Muttersprache ein. Das heißt: Menschenaffen können auch nach jahrelangem Training, und wenn sie nichts anderes gehört haben als menschliche Sprache, nicht so sprechen wie wir Menschen, obwohl sie durchaus über ein eigenes Lautrepertoire verfügen. Um ihr Sprachvermögen zu testen, muss man auf Gebärdensprache oder auf eine andere Zeichensprache umschalten, z. B. indem die Tiere auf Bilder oder Symbole deuten, die auf einer Tastatur angebracht sind.

Heute ist man sich über Folgendes relativ einig. Die menschliche Sprache ist nicht vom Himmel gefallen, sondern hat sich aus Vorstufen innerartlicher Kommunikation entwickelt, bei denen – zumindest was die Primaten betrifft – lautliche, mimische und gestische Signale miteinander kombiniert wurden. Auch die menschliche Sprache besitzt alle drei Anteile, selbst wenn die mimischen und gestischen Signale manchmal gar keinen Sinn machen. Man beobachte nur die Grimassen und Gestikulationen, mit denen viele Menschen die rein stimmliche Kommunikation am Telefon begleiten, um sich über diese enge Kopplung gewahr zu werden. Die menschliche Sprache unterscheidet sich von den tierischen Sprachen aber unter anderem dadurch, dass sie sich völlig auf rein lautliche Signale beschränken kann. Bei uns Menschen haben Mimik und Gestik eine die Bedeutung des Gesagten *unterstützende* Funktion, auf die im Notfall verzichtet werden kann, allerdings häufig unter Beeinträchtigung der Eindeutigkeit. Man kann am Telefon oder in einem Brief nicht alles in der Weise sagen, wie man es mit mimischer und gestischer Unterstützung kann.

Eine weitere Beschränkung der (nichtmenschlichen) tierischen Sprache ist die starke Kontextabhängigkeit. Viele tierische Laute werden nur in bestimmten Kontexten produziert und erhalten hierdurch ihre Bedeutung. Inwieweit es bei Tieren kontextunabhängige Bedeutungen von sprachlichen Signalen gibt, ist unklar; einige Hinweise auf einen »symbolischen« Gebrauch von Lauten scheint es zumindest bei Primaten zu geben, die sich etwa auf die Warnung vor abwesenden Feinden beziehen. Schließlich fehlt der tierischen Sprache völlig oder weitgehend das, was man Grammatik und Syntax nennt, nämlich die Möglichkeit, über Abänderungen eines Wortes (Deklination, Konjugation, Einfügen von Vor- und Nachsilben) und seiner Stellung im Satz die Bedeutung des Wortes und des ganzen Satzes zu ändern. Es gibt umstrittene Berichte, dass Schimpansen und Gorillas gelegentlich die Reihenfolge der Worte in kurzen Sätzen ändern, um unterschiedliche Bedeutungen zu erzeugen.

Insgesamt kommen Menschenaffen auch nach langem Training nicht über das Sprachniveau eines rund zweieinhalbjährigen Kindes hinaus, nämlich eine Sprache, die ganz oder weitgehend agrammatisch und asyntaktisch ist und aus nur zwei bis drei Worten besteht. Die typisch menschliche Form der Sprache mit prinzipiell beliebig langen Sätzen, mit Grammatik und Syntax entwickelt sich im Durchschnitt ab einem Alter von zweieinhalb Jahren, und dann in einer wahrhaft stürmischen Weise, wie alle Eltern bezeugen können.

Wir sehen also, dass es einige intellektuelle Fähigkeiten des Menschen gibt, die sich auch zumindest bei einigen (nichtmenschlichen) Tieren finden. Bewusstsein in Form eines aktuellen detailreichen Erlebens und von Aufmerksamkeit scheint bei vielen Tieren vorhanden zu sein und ist auch beim menschlichen Säugling unmittelbar nach der Geburt vorhanden. Was den Säuglingen und vielen Tieren offenbar fehlt, ist die Fähigkeit, diese bewussten Momentaufnahmen zu einer ununterbrochenen Kette, dem »Strom des Bewusstseins«, zu verbinden. Hierzu benötigt man ein ausgedehntes *episodisches* Gedächtnis, das sich beim Kleinkind erst zum Ende des ersten Lebensjahres auszuformen beginnt. Von ihm wird im fünften Kapitel ausführlich die Rede sein. Es scheint aber, dass zumindest einige wenige Tiere wie Schimpansen einen solchen Strom des Bewusstseins besitzen und in Rechnung stellen können, was andere tun, sich im Spiegel erkennen, denkerisch Probleme lösen und vielleicht sogar über sich nachdenken können. Die menschliche Intelligenz ist also von der Intelligenz der Tiere nicht grundlegend verschieden, und während der Entwicklung des menschlichen Kindes werden in typischer Weise bestimmte Stadien durchlaufen, die sich alle bei unterschiedlichen Tieren finden – am deutlichsten bei unseren nächsten Verwandten, den Schimpansen.

Zweifellos ist der Mensch den anderen Tieren in anderer Hinsicht weit überlegen. Das betrifft zum einen die Fähigkeit zum denkerischen Problemlösen und entsprechend zur Handlungsplanung. Auch die klügsten Tiere können nur für ein paar Stunden und vielleicht noch zum nächsten Tag planen, und nicht anders ist dies bei menschlichen Kindern im Vorschulalter. Erst mit fünf oder sechs Jahren entwickelt sich bei ihnen eine längerfristige Vorstellung von Zukunft, und nicht zufällig spricht man zu diesem Zeitpunkt von der »Schulreife«. Die Fähigkeit zur Zukunftsplanung ist eng mit der anderen Fähigkeit verbunden, die den Menschen auszeichnet, nämlich der grammatikalischen und syntaktischen Sprache. Sie ist zwar nicht die Voraussetzung für Bewusstsein, wie in den Geistes- und Sozialwissenschaften häufig angenommen wurde, aber sie erleichtert die Geistesarbeit außerordentlich. Mit ihrer Hilfe können wir imaginierte Dinge wie die Geschehnisse der Vergangenheit und der Zukunft, aber auch tatsächlich existierende, jedoch aktuell nicht vorhandene Dinge so behandeln, als wären sie anwesend. Man kann auch annehmen, dass das menschliche Selbstbewusstsein, die Fähigkeit, über sich selbst nachzudenken, im Wesentlichen – wenngleich wohl nicht ausschließlich – mit dem Besitz einer Sprache im menschlichen Sinne verbunden ist.

Wie können wir uns all dies aus Sicht der Hirnforschung erklären? Wie im ersten Kapitel berichtet, unterscheidet sich das menschliche Gehirn nur unwesentlich im Aufbau von dem der nächsten Verwandten. Es ist mit seinen rund 1300 Gramm zwar erheblich größer als das der Schimpansen und Gorillas mit rund 500 Gramm, aber Hirngröße allein kann die geistige Überlegenheit des Menschen (wenn sie denn so besteht, wie hier geschildert) nicht erklären. Es gibt nämlich Tiere, die sehr viel größere Gehirne haben als der Mensch, zum Beispiel Wale und Delfine mit Gehirnen bis zu 10 Kilogramm und der afrikanische Elefant mit einem Gehirn bis zu 5 Kilogramm. Diese Tiere gelten zwar als ziemlich klug, aber kein Verhaltensforscher hat bisher zeigen können, dass sie so klug sind wie wir Menschen.

Klugheit hat eindeutig etwas mit der Großhirnrinde zu tun, und der Mensch hat davon sehr viel mehr als die anderen Primaten. Allerdings besitzen die großen Gehirne der Wale, Delfine und Elefanten sehr viel mehr Großhirnrinde als die Menschen, denn mit einer Gehirnvergrößerung nimmt die Großhirnrinde automatisch zu, und zwar leicht überproportional, d. h., die Großhirnrinde wächst etwas schneller als das restliche Gehirn. Wenn wir kurz überlegen, worauf es bei Intelligenz und Klugheit wirklich ankommt, dann könnten wir darauf kommen, dass es vielleicht die Zahl der Nervenzellen in der Großhirnrinde ist, die Dichte und Art ihrer Verknüpfung und die Schnelligkeit der Erregungsverarbeitung in den Netzwerken, die von den Cortexneuronen gebildet werden.

Sehen wir uns daraufhin die großen Gehirne der genannten Tierarten an, so machen wir eine überraschende Entdeckung: Wale und Delfine haben trotz ihres großen Cortex weniger corticale Neurone als wir Menschen, da ihr Cortex dünner ist als der unsere und die Neuronendichte außerdem geringer. Nach eigenen Berechnungen haben sie rund ein Viertel weniger corticale Neurone, als wir beim Menschen finden, der rund 15 Milliarden davon besitzt. Der Elefant hat ebenfalls einen viel größeren Cortex als der Mensch, aber wie bei den Walen und Delfinen ist er dünner, hat eine geringere Zelldichte und enthält entsprechend weniger Neurone als der Mensch.

Der Grundaufbau der Großhirnrinde ist trotz dieser und anderer Unterschiede bei den meisten Säugetieren ziemlich einheitlich, und dies betrifft auch die Art der Verdrahtung zwischen den Neuronen; man geht davon aus, dass jedes Cortexneuron mit rund 20 000 anderen Cortexneuronen direkt über Synapsen verknüpft ist. Stark unterschiedlich ist hingegen die Geschwindigkeit, mit der die Erregungen zwischen den corticalen Neuronen hin und her laufen. Diese hängt von der Dicke der Myelinscheide ab, welche die Axone der Nervenzellen umhüllt: Je dicker diese Myelinscheide, desto schneller breitet sich die Erregung über sie aus. Der Mensch hat zusammen mit dem anderen Menschenaffen die dicksten Myelinscheiden und entsprechend die schnellste Erregungsübertragung. Wale, Delfine und Elefanten hingegen haben ziemlich dünne Myelinscheiden, und entsprechend eine viel langsamere Erregungsübertragung. In Kombination mit dem größeren Abstand zwischen den corticalen Neuronen aufgrund der geringeren Zelldichte weisen sie eine viel langsamere Informationsverarbeitung in ihren Großhirnrinden auf als der Mensch. Obwohl die Zahl der Cortexneurone beim Menschen nicht gewaltig größer ist als bei den genannten großen Säugetieren, könnte dieser Unterschied in der Geschwindigkeit der Informationsverarbeitung der wichtigste Faktor für die überragende Intelligenz des Menschen sein, insbesondere was die Funktion des Stirnhirns angeht.

Betrachten wir nämlich die Fähigkeiten, in denen der Mensch alle anderen Tiere übertrumpft, dann handelt es sich fast ausschließlich um solche, die mit der Tätigkeit des Stirnhirns zu tun haben, genauer: des präfrontalen und orbitofrontalen Cortex. Der präfrontale Cortex des Menschen hat – wie bereits gesagt – mit dem Erfassen der handlungsrelevanten Sachlage, mit zeitlich-räumlicher Strukturierung von Wahrnehmungsinhalten zu tun, mit planvollem und kontextgerechtem Handeln und Sprechen und mit der Entwicklung von rationalen Zielvorstellungen. Der orbitofrontale Cortex überprüft hingegen die längerfristigen Folgen unseres Handelns und lenkt entsprechend dessen Einpassung in soziale Erwartungen.

Man könnte nun meinen, der präfrontale und orbitofrontale Cortex des Menschen sei besonders groß, und dies allein schon bilde die Grundlage menschlicher Intelligenz und Vernunft. Dies ist aber nicht der Fall, obwohl es immer wieder und selbst von Neurobiologen behauptet wird. Vielmehr wächst der prä- und orbitofrontale Cortex proportional zur Gesamtgröße der Großhirnrinde; große Gehirne mit großen Großhirnrinden haben automatisch große Stirnlappen, und das menschliche Gehirn bildet hierin überhaupt keine Ausnahme. Unser Stirnhirn ist so groß, wie es bei der Gesamtgröße unseres Gehirns sein müsste. Entsprechend haben Wale, Delfine und Elefanten viel größere Stirnhirne als wir Menschen.

Es kann also wiederum nicht bloß an der Größe liegen, sondern muss mit der besonderen neuronalen Organisationsform des präfrontalen und orbitofrontalen Cortex des Menschen zu tun haben, dass wir so klug sind. Zwei Regionen stechen dabei hervor: zum einen eine Region, welche die Brodmann-Areale 9 und 46 umfasst und als Ort des so genannten Arbeitsgedächtnisses angesehen wird (siehe Abbildung 5). Dieses Arbeitsgedächtnis ist mehr oder weniger identisch mit unserem Kurzzeitgedächtnis und bildet damit die Grundlage unseres Bewusstseinsstromes. Es muss für kurze Zeit alle Information bereithalten, mit denen wir beim Denken, Vorstellen und Erinnern geistig arbeiten. Es ist vor allem die Leistungsfähigkeit des Arbeitsgedächtnisses, die unsere Intelligenz bedingt, d. h. die Schnelligkeit und das Ausmaß, in dem wir mit geistigen Inhalten »hantieren« können. Das Arbeitsgedächtnis muss zu diesem Zweck das gesamte Expertenwissen, das wir uns angeeignet haben, aus den in der übrigen Hirnrinde lokalisierten Einzelgedächtnissen »herunterladen«, und es muss in der Lage sein, dieses Wissen in schneller Zeit möglichst zweckmäßig zu verarbeiten.

Auch andere Primaten und Säugetiere haben ein Arbeitsgedächtnis, aber es ist offenbar weniger leistungsfähig als das der Menschen. Das kann mit der internen Verdrahtung und damit der Schnelligkeit und Effektivität der Informationsverarbeitung der Areale 9 und 46 zu tun haben. Wie wir noch hören werden, gibt es beim Menschen zwischen der Schnelligkeit der corticalen Erregungsfortleitung und dem Ausmaß der Intelligenz einen deutlichen Zusammenhang. Hinzu kommt, dass das Arbeitsgedächtnis eine Unterstützung durch ein anderes Areal ganz in der Nähe erfährt, nämlich das Broca-Areal (genannt nach dem französischen Neurologen Paul Broca), das die Brodmann-Areale 44 und 45 umfasst (vgl. Abbildung 5) und das Zentrum für grammatikalisch-syntaktische Sprache darstellt. Nach gegenwärtiger Sicht ist das andere, im linken Temporallappen gelegene Sprachzentrum (ungefähr Brodmann-Areal 22 in Abbildung 5), das Wernicke-Zentrum (genannt nach dem Berliner Neurologen Karl Wernicke), zuständig für die primäre Bedeutung einzelner Wörter und kurzer Sätze. Ein solches Wernicke-Sprachzentrum findet sich, ebenfalls im linken Temporallappen, bei allen Säugetieren und ist für innerartliche vokale Kommunikation zuständig. Ein Broca-Sprachzentrum hingegen findet sich nur beim Menschen, und zwar ebenfalls auf der linken Seite der Großhirnrinde, aber im präfrontalen Cortex direkt unterhalb der für das Arbeitsgedächtnis zuständigen Areale.

Das Broca-Areal und damit die Fähigkeit zur syntaktisch-grammatikalischen Sprache scheinen eine recht junge »Erfindung« der Evolution zu sein – man schätzt, dass beides erst vor hunderttausend Jahren entstanden ist, wahrscheinlich aus einer Vorstufe, die wesentlich affektiv-emotionale Lautäußerungen, begleitet von Gestik und Mimik, umfasste. Der Evolution der syntaktisch-grammatischen Sprache liegt offenbar zum einen die Ausbildung der Fähigkeit zugrunde, Symbole sprachlicher wie nichtsprachlicher Art in ihrer zeitlichen Reihenfolge zu erkennen und systematisch abzuwandeln. Zum anderen ergab sich eine Umgestaltung unseres Sprechapparats, die unter anderem in einer Absenkung des Kehlkopfes bestand, und schließlich entwickelte sich eine neuartige Ansteuerungsmöglichkeit des Kehlkopfes, des Gaumens, der Zunge und der Lippen durch das Stirnhirn, die in dieser Weise bei den Primaten nicht vorhanden ist. Damit wurden ein viel reichhaltigeres Lautrepertoire und eine »willentliche« Steuerung des Sprechapparates möglich. Dies war ein Riesensprung in der menschlichen Kommunikation, und er übertrug sich auch auf das »innere Sprechen«, d. h. das Denken. Denken ist zwar auch nichtsprachlich möglich, aber es besteht kein Zweifel, dass sprachliches Denken nichtsprachlichem stark überlegen ist. Das Broca-Sprachzentrum bildet sich in seiner Feinstruktur innerhalb des dritten Lebensjahres aus. Entsprechend ist es kein Zufall, dass alle Kinder auf der Welt in dieser Zeit beginnen, eine grammatikalisch-syntaktische Sprache zu entwickeln. Parallel dazu und ebenso rasant bilden sie ihre geistigen Fähigkeiten aus.

Das zweite von mir genannte Zentrum im Stirnhirn, der orbitofrontale Cortex, entwickelt sich in seiner Feinstruktur noch viel später als der präfrontale Cortex, nämlich erst im Laufe der Pubertät und damit zu einer Zeit, in der die Jugendlichen in der Regel sprichwörtlich zur Vernunft kommen. Wie berichtet, versetzt uns der orbitofrontale Cortex in die Lage, die Konsequenzen unseres Handelns längerfristig zu bedenken, und zwar insbesondere im Hinblick darauf, ob diese Konsequenzen sozial erwünscht oder unerwünscht sind. Hierzu gehört auch die Fähigkeit, egoistisch-impulsives Verhalten zu zügeln. In Situationen von Stress, Bedrohung oder Beleidigung eher ruhig zu bleiben, wenn Hypothalamus und Amygdala »Abhauen!« oder »Draufhauen!« fordern, ist dasjenige, was vernünftige Menschen auszeichnet. Wir erlernen solch besonnenes Verhalten durch Versuch und Irrtum, aber auch durch Imitation und Erziehung. Auch im Ausmaß der Imitation und der Erziehbarkeit sind wir den anderen Tieren weit überlegen.

Ein weiterer Aspekt, der den Menschen von den anderen Primaten deutlich heraushebt, ist seine lange Jugendzeit. Der Mensch kommt hilflos auf die Welt, und diese Periode der Hilflosigkeit dauert fast so lange wie die gesamte Jugendzeit anderer Primaten. Mit drei bis vier Jahren sind die meisten Primaten voll entwickelt, und das gilt auch für ihr Gehirn. Beim Menschen treten erst mit knapp drei Jahren im Zusammenhang mit der Entwicklung einer syntaktisch-grammatischen Sprache und eines autobiographischen Gedächtnisses typisch menschliche Eigenschaften auf, rational-abstraktes Denken beginnt mit fünf bis sechs Jahren, und die Phase der Sozialisierung ist erst mit 15 bis 18 Jahren abgeschlossen. Dies ist auch die Zeit, in der die Hirnentwicklung langsam zu einem Ende kommt, und zwar mit dem Ausreifen des orbitofrontalen Cortex. Das menschliche Kindes- und Jugendalter dauert also mehr als doppelt so lang wie bei anderen Primaten. Dies bedeutet, dass der Mensch sehr viel länger der Sozialisation ausgesetzt ist und das Gehirn entsprechend länger jugendlich und damit lernfähig bleibt.

Wir sehen, dass es keine *fundamentalen* Neuerungen sind, die uns Menschen so klug machen, sondern eine *Kombination* von Eigenschaften, die sich gegenüber unseren nächsten Verwandten in geringerem oder größerem Maße evolutiv weiterentwickelt haben. Man kann hierbei natürlich auch an den stark verfeinerten Handgebrauch des Menschen denken, dessen Bedeutung für die menschliche Intelligenz und Leistungsfähigkeit aus neurobiologischer Sicht noch gar nicht verstanden ist, und an seinen aufrechten Gang, und vielleicht gibt es doch irgendetwas Neurochemisches, das im menschlichen Gehirn besonders vorhanden ist. Vieles hiervon ist noch rätselhaft und damit Gegenstand künftiger Forschung. Eines aber ist klar: Wir sind das Ergebnis einer langen biologischen Entwicklung, und auch unser gegenwärtiger Geisteszustand ist Teil dieser Entwicklung.

4. Wahrnehmung: Abbildung oder Konstruktion?

Über die Frage, wie die Inhalte unserer Wahrnehmung mit den tatsächlichen Geschehnissen in der Welt zusammenhängen, also über den *Wahrheits-* und *Realitätsgehalt* unserer Wahrnehmungen, wird nachgedacht, seit es Philosophie gibt. Die Antworten auf diese *erkenntnistheoretische* Frage sind sehr verschieden. Die einen Erkenntnistheoretiker gehen davon aus, dass die Inhalte unserer Wahrnehmung die Welt »realistisch«, d. h. mehr oder weniger den Tatsachen entsprechend wiedergeben, und deshalb nennt man sie *Realisten.* Andere nennt man *Idealisten,* weil für sie die Wahrnehmungsinhalte im Wesentlichen Erfindungen unseres Geistes sind und keinen ursächlichen Bezug zu einer ungewissen Realität haben. Die Frage nach dem Wahrheitsgehalt der Wahrnehmung stellt sich für einen Idealisten demnach nicht.

Es gibt natürlich alle erdenklichen Zwischenstufen, die man kritischen Realismus, hypothetischen Realismus, radikalen oder realistischen Konstruktivismus nennt, je nachdem, wie sehr deren Vertreter Wahrnehmungsinhalte als »harte Tatsachen« ansehen, bei denen unsere Geistestätigkeit nur eine geringe Rolle spielt, oder wie sehr sie davon überzeugt sind, dass unsere Vorerfahrungen, Vorstellungen, Erwartungen und Gedanken einen erheblichen Einfluss auf unsere Wahrnehmungen haben. Schließlich gibt es noch die Skeptiker, die meinen, die Frage, wie Welt und Wahrnehmung zusammenhängen, sei unsinnig, denn die darauf gegebenen Antworten könnten gar nicht objektiv überprüft werden.

Gehen wir von unserer Alltagserfahrung aus, dann sind solche philosophischen Bemühungen um den Realitätsgehalt unserer Wahrnehmungen nicht sofort einsichtig. Die Dinge und Geschehnisse meiner Welt liegen ja unmittelbar vor mir, ich sehe, höre, rieche, schmecke und ertaste sie. Sie werden offenbar von mir so wahrgenommen, wie sie sind. Die Kaffeetasse mit dem Zwiebelmuster vor mir ist eine Kaffeetasse mit Zwiebelmuster – was soll sie sonst sein?

Man muss schon genauer hinschauen, um zu entdecken, dass es überhaupt Probleme mit der Wahrnehmung gibt. Dies kann man sich ganz gut anhand der Farbwahrnehmung klarmachen, denn mit dem interessanten und komplizierten Problem der Farben haben sich Wahrnehmungsforscher und Erkenntnistheoretiker seit langem beschäftigt.

Farbwahrnehmung – ein komplizierter Vorgang

Bei Tageslicht sieht unsere Welt bunt aus, während diese Farbenpracht umso mehr verschwindet, je dunkler es wird. Über diese Tatsache denken wir normalerweise nicht nach, obwohl wir nicht selten mit der Schwierigkeit konfrontiert werden, bei Dunkelheit Farben zu erkennen. Niemand wird aber annehmen, dass bei Dunkelheit die Dinge sich tatsächlich verändern, vielmehr gehen wir davon aus, dass der Verlust der Farbigkeit der Welt bei Dunkelheit mit Eigenschaften unseres Sehsystems zusammenhängt.

In der Schule haben wir gelernt, dass es in der Netzhaut unseres Auges zwei unterschiedliche Typen von lichtempfindlichen Sinneszellen, *Photorezeptoren* genannt, gibt, nämlich *Zapfen*, die farbempfindlich sind, und *Stäbchen*, die nur Graustufen vermitteln. Die Zapfen arbeiten nur bei Tageslicht und Dämmerlicht etwa bis zu einer Helligkeit einer Vollmondnacht, während die Stäbchen bei Tageslicht ebenso wie bei Dämmerlicht aktiv sind, bis hinunter zu einer Helligkeit, die weit unter der einer sternklaren Nacht liegt. Allerdings müssen sie dabei lange Gelegenheit gehabt haben, sich an die Dunkelheit anzupassen.

Das sichtbare Licht umfasst elektromagnetische Wellen mit Wellenlängen zwischen rund 400 und 700 Nanometern (d. h. Millionstel eines Millimeters). Licht nahe der unteren Grenze nennt man entsprechend »kurzwelliges Licht«, das uns blauviolett erscheint, und Licht nahe der oberen Grenze »langwelliges Licht«, das uns rot erscheint. An das kurzwellige Licht schließt sich das *ultraviolette* Licht an, das für unser menschliches Auge unsichtbar ist, von dem wir aber einen Sonnenbrand kriegen, und an das langwellige Licht die *infrarote* Strahlung, die wir als Wärme empfinden. Unsere Netzhaut besitzt drei Zapfentypen, nämlich einen für kurzwelliges Licht, einen für mittlere Wellenlängen und einen für langwelliges Licht, wobei die Empfindlichkeitsbereiche der beiden letzteren Rezeptoren beim Menschen eng beieinanderliegen.

Man könnte nun meinen, Farbensehen beruhe darauf, dass bei

blauem Licht nur der erste Zapfentyp erregt wird, bei grünem Licht nur der zweite und bei rotem Licht nur der dritte. Man spricht schließlich von Blau-, Grün- und Rotrezeptoren. Dass die Sache nicht so einfach ist, kann man daran sehen, dass man mit einem einzigen Zapfentyp von Photorezeptoren gar keine Farben wahrnehmen kann. Hätten wir nur den kurzwelligen Zapfentyp, so würden wir die Welt nicht etwa ganz blau, sondern »unbunt« bzw. Grau in Grau sehen, so als ob unsere Netzhaut nur Stäbchen hätte. Für das Farbensehen müssen mindestens zwei Zapfentypen vorhanden sein, denn es kommt beim Wahrnehmen einer bestimmten Farbe auf das jeweilige Verhältnis der Erregung unterschiedlicher Zapfentypen an. Das menschliche Auge verfügt, wie gesagt, über drei Zapfentypen. Diese überlappen in ihrem Empfindlichkeitsbereich beträchtlich. Licht einer bestimmten Wellenlänge erregt entsprechend meist alle drei Zapfentypen, wenngleich unterschiedlich stark, und es ist das entstehende *Mischungsverhältnis* der Erregungen von mindestens zwei Zapfentypen, das die wahrgenommene Farbe festlegt, und nicht die absolute Erregung eines Zapfentyps.

Die Sache ist aber noch komplizierter. Unsere Welt sieht für uns vom Tagesanbruch bis zur Dämmerung hinsichtlich der Farbe der Gegenstände relativ gleich aus: Bilder, Äpfel und Autos ändern sich farblich nicht merklich. Eigentlich sollten sie das aber, denn wenn wir physikalische Messungen des Tageslichts machen, so stellen wir fest, dass sich der Anteil lang-, mittel- und kurzwelligen Lichtes, seine so genannte *spektrale Zusammensetzung*, im Tagesverlauf stark ändert. Morgens und abends dominiert das langwellige Licht, weil der mittel- und kurzwellige Anteil des Lichtes der tief stehenden Sonne durch die Luftschichten stärker gestreut wird als mittags (man erinnere sich an die grandiosen Sonnenauf- und -untergänge, bei denen alles in Rot eingetaucht erscheint). Deshalb müssten auch die Farben der Gegenstände, die das Sonnenlicht reflektieren, sich im Tagesverlauf stark ändern, was sie aber nicht tun. Sie scheinen stets ein und dieselbe Farbe zu besitzen, und dies nennt man »Farbkonstanz«.

Das Phänomen der *Farbkonstanz* wird uns auch dadurch bewusst, dass wir je nach Tages- oder Kunstlichtbedingungen beim Fotografieren unterschiedliche Filmsorten verwenden müssen; unser Sehsystem hat dies nicht nötig. Wie die Farbkonstanz in unserem Sehsystem zustande kommt, ist nicht ganz geklärt. Ein plausibler

Erklärungsversuch geht von der Tatsache aus, dass wir beim Sehen zum einen direkt das Sonnenlicht in seiner aktuellen spektralen Zusammensetzung wahrnehmen, die sich wie erwähnt im Laufe des Tages ändert, und zum anderen das von Oberflächen reflektierte Licht, bei dem ein Teil der Wellenlängen in Abhängigkeit von der physikalisch-chemischen Beschaffenheit der Oberfläche verschluckt wird. Dieses reflektierte Licht verändert sich notwendigerweise in Abhängigkeit von den Veränderungen des Tageslichtspektrums, das auf die Oberfläche fällt. Diese Veränderung kann nun unser Farbwahrnehmungssystem »herausrechnen«, da es das jeweilige Spektrum des Sonnenlichts kennt. Der Vorgang ähnelt dem, was die Arbeitsmarktstatistiker eine »Saisonbereinigung« der Arbeitslosenzahlen nennen, denn hier werden die jahreszeitlich bedingten Schwankungen der Arbeitslosenzahl ebenfalls herausgerechnet.

Wir lernen daraus, dass es bei der Farbwahrnehmung keinen einfachen Zusammenhang zwischen der Wellenlänge des Lichtes, das von Gegenständen reflektiert wird und auf unsere Netzhaut fällt, und einer bestimmten Farbempfindung gibt. Jedoch ist diese Beziehung zwischen Welt und Wahrnehmung keineswegs zufällig, sondern kann offenbar gesetzmäßig formuliert werden. Noch schwieriger wird die Sache aber dadurch, dass wir gelegentlich Farben auch dann wahrnehmen, wenn es sie »physikalisch-objektiv« gar nicht gibt. Wenn wir etwa eine Fläche mit einer bestimmten intensiven Farbe, z. B. Blau, für ca. 1 Minute anstarren und dann unseren Blick auf eine weiße Fläche lenken, so sehen wir für einige Zeit dort die Umrisse der Fläche abgebildet, das so genannte *Nachbild*, allerdings in ihrer »Gegenfarbe«, in unserem Beispiel Gelb. Bei einem grünen Gegenstand erscheint entsprechend ein rotes Nachbild, bei einer roten Fläche ein grünes Nachbild und bei einer gelben Fläche ein blaues Nachbild. Ist die Fläche dunkel, so erscheint auf einem dunklen Hintergrund ein helles Nachbild, und umgekehrt.

Dieses erstaunliche Phänomen hängt mit der Tatsache zusammen, dass bei unserer Farbwahrnehmung zwei Prinzipien miteinander verbunden sind, nämlich zum einen die Existenz von drei Zapfentypen für die geschilderten drei Wellenlängenbereiche, und zum anderen das *Gegenfarbenprinzip*, das darauf beruht, dass sich jeweils zwei Farbwahrnehmungsbereiche, nämlich Gelb und Blau sowie Grün und Rot, und darüber hinaus die beiden Graustufen Hell und Dunkel, gegenseitig »bekämpfen«, sich *antagonistisch* zueinander verhalten. Entsprechend spricht man auch vom *Farban-tagonismus.*

Eine mögliche Erklärung für das Gegenfarbenprinzip lautet, dass das für Blau zuständige Wahrnehmungssystem durch das längere Starren auf eine blaue Fläche »ermüdet« und dass beim anschließenden Schauen auf eine weiße Fläche das für die Gegenfarbe, nämlich Gelb, zuständige System, das beim Anblick von Blau unterdrückt war, eine Zeitlang die Oberhand gewinnt. Übrigens kann man im Bereich der Bewegungswahrnehmung etwas ganz Ähnliches beobachten. Starren wir einige Zeit lang ein Muster an, das sich immer in eine Richtung bewegt (z. B. ein Band mit Querstreifen, das von unten nach oben läuft), und schauen wir dann auf eine weiße Fläche, dann scheint sich dort etwas Streifenartiges in die Gegenrichtung zu bewegen, nämlich von oben nach unten. Auch dies wird mit der Ermüdung von »antagonistischen« Wahrnehmungsmechanismen, hier für die Bewegungsrichtung, erklärt.

Unser visuelles System konstruiert in beiden Fällen etwas, das gar nicht »objektiv« vorhanden ist. Deshalb können Farbwahrnehmung und Bewegungswahrnehmung wie viele andere Wahrnehmungsinhalte keine Kopien realer Gegebenheiten sein. Immerhin – so wird der erkenntnistheoretische Realist sagen – gibt es *gesetzmäßige* Beziehungen zwischen dem physikalischen Phänomen des Lichtes und seinen Wellenlängen einerseits und der subjektiven Wahrnehmung andererseits, auch wenn diese kompliziert sind. Wir haben ja die Sache soweit verstanden, dass wir den Effekt der Gegenfarb- und Gegenbewegungstäuschung vorhersagen können. Die Gegenfarben und Gegenbewegungen gibt es ja nur, weil zuvor das Auge mit einer bestimmten Farbe oder Bewegung gereizt wurde. Gäbe es keine externe Welt mit bestimmten Eigenschaften, dann könnte es auch keine solchen Täuschungen geben!

Wahrnehmung als aktiver Prozess

Man könnte viele weitere Beispiele nennen, aus denen klar wird, dass Wahrnehmung ein *aktiver* Prozess ist und keine bloße Widerspiegelung der Dinge. Das dürfte auch der Realist zugeben, wenn er ein *kritischer* und kein *naiver* Realist ist, denn es geht den Tieren und uns Menschen bei der Wahrnehmung ja nicht darum, die Welt so zu erfassen, wie sie in allen Details beschaffen ist. Dies wäre erstens völlig unmöglich, denn nur ein kleiner Teil dessen, was in der Welt passiert, kann überhaupt unsere Sinnesorgane erregen, und zweitens wäre es auch völlig unnütz, denn nur weniges in der Welt ist für uns von Bedeutung. Die Sinnesorgane beschränken unsere Wahrnehmung schon durch ihre Bau- und Funktionsweise auf einen sehr kleinen Ausschnitt des Gesamtgeschehens in der Welt. Dieser ist allerdings meist derjenige, der von besonderer Bedeutung für unser Überleben ist und entsprechend der Bereich, in dem die Sinnesorgane am besten arbeiten. Das sollte uns nicht überraschen, denn die Strukturen der Welt, der Arbeitsbereich der Sinnesorgane und der Bereich der für unser Überleben wichtigen Dinge haben sich im Laufe der Evolution einander angepasst – zumindest so gut, wie es eben ging.

Dies erklärt, warum Lebewesen in unterschiedlichen Umwelten zum Teil ganz unterschiedliche Sinnesorgane oder zumindest Sinnesorgane mit ganz unterschiedlichen Arbeitsbereichen entwickelt haben. Man denke nur an die Ultraschallortung der Fledermäuse und Delfine, die Infrarotortung der Grubenottern, Wärmerezeptoren bei Brandkäfern, den Geruchssinn der Hunde, den Magnetsinn der Vögel und so weiter. Auch nach Anschauung eines kritischen Realisten arbeiten die Wahrnehmungssysteme eindeutig selektiv, d. h., die unwichtigen Dinge werden weggefiltert und die wichtigen verstärkt, aber es bleibt ein »objektiver« Kernbestand in unserer Wahrnehmung, ohne den die sensorischen Anpassungsleistungen gar nicht erklärlich wären.

Wahrnehmung beruht also nicht auf einer direkten Abbildung der Welt, einer bloßen Kopie, aber doch auf einer systematischen, wenngleich ausschnitthaften, hervorgehobenen und abgeschwächten Repräsentation der Welt im Gehirn, die mit der spezifischen Überlebenssituation des Organismus eng zusammenhängt. Wie könnte der Organismus auch überleben, wenn er nicht das *Wesentliche* seiner Umwelt erfasste?

Es ist nicht verwunderlich, dass unter Philosophen ebenso wie unter Wissenschaftlern der kritische Realismus der am weitesten verbreitete erkenntnistheoretische Standpunkt ist. Allerdings stellt die Aussage des kritischen Realisten, der Organismus erfasse in seiner Wahrnehmung vornehmlich dasjenige, was für sein Überleben notwendig ist, einen logischen Zirkelschluss dar. Wir stellen fest, dass die heute lebenden Organismen im Großen und Ganzen gut überleben. Daraus schließen wir, dass ihre Wahrnehmung dasjenige erfasst, was diesem Überleben dient. Dies drehen wir nun um und konstatieren, dass der Organismus nur deshalb gut überlebt, weil sein Wahrnehmungs- und Erkenntnisapparat das für das Überleben Wesentliche erfasst. Dies ist die Grundbehauptung der so genannten Evolutionären Erkenntnistheorie, die eine kritisch-realistische Erkenntnistheorie ist.

Diesen Zirkelschluss könnten wir am saubersten auflösen, wenn wir in der Lage wären, die Objekte und Ereignisse der Welt – bildlich gesprochen – in der einen Hand zu halten und unsere Wahrnehmungsleistungen in der anderen und beide dann zu vergleichen. Dann würden wir sehen, in welcher Beziehung sie zueinander stehen, d. h., ob unsere Wahrnehmung tatsächlich die Welt im Wesentlichen richtig wiedergibt (wenngleich ausschnittweise und über- bzw. unterbetont) oder ob es gar keine direkte Beziehung zwischen ihnen gibt, wie die erkenntnistheoretischen Idealisten behaupten. Letzteres würde allerdings die Rolle, welche die Wahrnehmung bei der Sicherstellung des Überlebens spielt, ziemlich rätselhaft erscheinen lassen.

Ein solcher direkter Vergleich ist aber nicht möglich, denn er verlangt die paradoxe Fähigkeit, die Welt unabhängig von unserer Wahrnehmung wahrzunehmen. Unsere Wahrnehmungswelt ist nun einmal die einzige Welt, die wir wahrnehmen können; die von unserer Wahrnehmung unabhängige oder »objektive« Welt ist nicht »dahinter«, sie existiert *erlebnismäßig* überhaupt nicht, auch wenn wir mit gutem Grund annehmen, dass sie irgendwie vorhanden ist. Dies nennt man den *erkenntnistheoretischen Zirkel*; er verhindert, dass wir die Beziehung zwischen Welt und Wahrnehmung in ihrer tatsächlichen Beschaffenheit, ihrem Wahrheitsgehalt, überhaupt feststellen können. Ein solcher Zirkel entsteht immer dann, wenn Leistungen, die jemand vollbringt, nicht von irgendeinem Außenstehenden beurteilt werden, sondern von demjenigen, der sie vollbringt. Dies ist der Fall, wenn man den Schüler seine eigenen Schulleistungen beurteilen oder einen Mitarbeiter selbst darüber entscheiden ließe, ob er aufgrund seiner Leistungen befördert werden soll. Wir tun gut daran, so etwas zu unterbinden, denn eine solche Eigenbeurteilung geht immer schief. Das aber ist genau das Dilemma jeglicher Erkenntnistheorie: Mithilfe unserer

Wahrnehmung und unseres Denkens sollen wir den Wahrheits- und Realitätsgehalt unserer Wahrnehmung und unseres Denkens überprüfen.

Es gibt jedoch einen gewissen Ausweg aus diesem Dilemma, besser gesagt einen Umweg, den wir bereits zu Beginn dieses Kapitels beschritten haben, nämlich im Zusammenhang mit der Farbwahrnehmung. Wir können uns nämlich mithilfe sinnesphysiologischer Methoden in begrenztem Umfang von den Fesseln unserer *unmittelbaren* Wahrnehmung und deren Täuschbarkeit befreien, indem wir feststellen, dass die von uns wahrgenommenen Farben gar nicht in der physikalischen Welt existieren, sondern dass es Unterschiede im Wellenlängenspektrum des sichtbaren Lichtes sind, die auf komplizierte Weise unsere Farbwahrnehmungen bedingen. In ähnlicher Weise können wir feststellen, dass es objektiv keine Töne und Geräusche gibt, sondern unterschiedliche Schwingungen von Luftmolekülen, die wir als Schalldruckwellen bezeichnen und die auf ebenso komplizierte Weise Töne, Geräusche, Melodien und Worte in unserem Gehirn entstehen lassen.

Natürlich ist uns dabei klar, dass die Forschungsresultate der Sinnesphysiologie ebenfalls nicht die objektive Wahrheit darstellen, denn die Messungen, die wir als Sinnesphysiologen machen, finden wiederum in unserer Wahrnehmungswelt und damit unter deren Bedingungen statt. Wir können diesen Bedingungen nicht gänzlich entfliehen, denn schließlich müssen wir Zeiger ablesen, Zahlenkolonnen durchgehen und Grafiken interpretieren. Was wir aber tun können, ist nichts anderes als eine *zweite* Wahrnehmungswelt zu schaffen, die genauer und standardisierter ist als die erste und zumindest anders aufgebaut, und die wir »naturwissenschaftlich« nennen. Diese beruht auf Messmethoden und Methoden der Hypothesen- und Theoriebildung und ihrer Überprüfung.

Wir sind entsprechend in der Lage, diese beiden Welten, die der unmittelbaren Wahrnehmungsinhalte und die der mithilfe naturwissenschaftlicher Messungen erfassten Ereignisse, miteinander zu vergleichen und festzustellen, inwieweit sie zusammenhängen. Wir wissen bereits, dass dieser Zusammenhang meist lose und manchmal gar nicht direkt vorhanden ist, wenn es nämlich physikalische oder chemische Ereignisse gibt, auf die unsere Instrumente reagieren, unsere Sinnesorgane aber nicht, oder wenn unsere Sinnesorgane und die nachgeschalteten Systeme im Gehirn Wahrnehmungen hervorbringen, denen gar keine physikalischen oder chemischen Reize entsprechen, wie dies bei den Farb- und Bewegungsnachbildern der Fall ist.

Wie verlässlich arbeiten unsere Sinnessysteme?

Wir können als erkenntnistheoretisch interessierte Wahrnehmungsforscher nicht nur die Beziehung zwischen Reizen der Umwelt und unserer subjektiven Wahrnehmung studieren, sondern auch die Eigenschaften des Wahrnehmungsapparates, der zwischen der Welt und unseren Wahrnehmungen liegt. Nach herkömmlicher Anschauung wird dieser Wahrnehmungsapparat von physikalischen und chemischen Ereignissen der Welt erregt, und diese Erregungen rufen dann unsere Wahrnehmungserlebnisse hervor. Sie vermitteln also zwischen Umwelt und subjektiver Wahrnehmung. Sollte die Anschauung des kritischen Realisten zutreffen, dass unsere Wahrnehmungen deshalb überlebensfördernd sind, weil sie die Ereignisse der Welt – zumindest die überlebensrelevanten – mehr oder weniger zutreffend wiedergeben, so müsste dies in einer *mehr oder weniger verlässlichen Arbeit* des Wahrnehmungsapparates erkennbar sein, ohne dass wir von einem strikten Abbildcharakter der Wahrnehmung ausgehen müssen. Wie verlässlich arbeiten also unsere Sinnessysteme? Nehmen wir hierzu als Beispiel das visuelle System, das am besten von allen Sinnessystemen untersucht ist. Um seine Verlässlichkeit zu beurteilen, müssen wir uns vergegenwärtigen, aus welchen Merkmalen unsere visuellen Wahrnehmungen überhaupt bestehen. Die grundlegendste Eigenschaft ist natürlich, dass es sich um einen Seheindruck handelt und nicht um Hören, Tasten, Riechen und Schmecken. Dies nennt man die *spezifische Sinnesmodalität.* Innerhalb dieser Sinnesmodalität des Sehens gibt es nun Helligkeiten, Farben und Bewegungen, die man *primäre visuelle Qualitäten* nennen kann. Darüber hinaus gibt es *sekundäre Qualitäten*, die sich aus den primären Qualitäten durch Kombination und Vergleich zusammensetzen wie Helligkeits- und Farbkontraste, Bewegungsmuster und -geschwindigkeiten und deren Abänderungen sowie den Ort dieser Ereignisse. Hieraus wiederum ergeben sich *tertiäre Qualitäten* wie Konturen, Gestalten und räumliche Tiefe sowie komplexe dreidimensionale Anordnungen von ruhenden und bewegten farbigen oder unbunten Gestalten, also ganze Szenen. Diese Szenen sind dann die eigentlichen Inhalte unserer visuellen Wahrnehmung.

Sollte der kritische Realist recht haben, so müsste es für all diese Inhalte hinreichend verlässliche Entsprechungen zwischen *drei* und nicht nur zwei Instanzen geben, nämlich erstens der Welt, so wie wir sie mit unseren Messinstrumenten erfassen, zweitens dem visuellen Wahrnehmungssystem und drittens unseren subjektiven Seheindrücken, denn diese Seheindrücke entstehen ja nicht direkt aus den Einwirkungen der Welt auf die Sinnesorgane, sondern aus den Erregungszuständen des Gehirns.

Am ehesten stellen wir eine systematische Entsprechung auf der Ebene der primären visuellen Qualitäten fest. Studieren wir die Aktivität der Photorezeptoren in unserer Netzhaut und der nachgeschalteten visuellen Neurone, so stellen wir fest, dass zumindest einige von ihnen relativ verlässlich mit ihrem Erregungszustand auf Veränderungen der physikalischen Helligkeit reagieren, wenigstens in einem weiten Bereich, der von einer sternklaren Nacht bis zur Mittagssonne im Sommer reicht. Die Erregung von Photorezeptoren durch eine selbststrahlende oder reflektierende Lichtquelle nimmt in einer annähernden logarithmischen Funktion in dem Maße zu, wie die Zahl der von den Photorezeptoren pro Zeiteinheit aufgenommenen Lichtquanten zunimmt. Dies empfinden wir dann subjektiv als Zunahme der Helligkeit.

Unter natürlichen Bedingungen ist allerdings die Helligkeitswahrnehmung komplizierter und hängt nicht von der absoluten, sondern von der *relativen* Intensität des Lichtes ab, das von Oberflächen reflektiert wird, wie es etwa bei Tageslicht oder bei künstlichem Licht der Fall ist. Nehmen wir etwa ein helles und ein dunkles Stück Karton in die Hand und messen in heller Sonne die Intensität des reflektierten Lichtes und schätzen unsere Helligkeitsempfindung ab. Bei unseren Messungen stellen wir natürlich fest, dass der helle Karton sehr viel mehr Licht reflektiert als der dunkle. Wenn wir nun die Messung in der Dämmerung wiederholen, dann messen wir, dass der helle Karton nach wie vor eindeutig heller aussieht als der dunkle, aber jetzt physikalisch viel weniger Licht reflektiert als der dunkle Karton bei Tageslicht. Wenn die subjektive Helligkeit eindeutig von der absoluten Menge reflektierten Lichtes abhinge, dann müsste die Fläche jetzt dunkel aussehen, was sie aber nicht tut. Das helle bzw. dunkle Aussehen der beiden Flächen kann also gar nicht direkt mit der absoluten Menge des reflektierten Lichtes zusammenhängen.

Auf die Lösung dieses Rätsels kommen wir, indem wir feststellen, dass bei Dämmerung der dunkle Karton noch viel weniger Licht abstrahlt als der helle. Das *Verhältnis* der Menge des von einer Oberfläche reflektierten Lichtes unterschiedlicher Oberflächen bewirkt also, ob sie hell oder dunkel erscheinen, und zwar jeweils »korrigiert« in Bezug auf die Umgebungshelligkeit. Es erscheinen diejenigen Oberflächen am hellsten, die bei einer gegebenen Gesamthelligkeit das meiste Licht reflektieren, und diejenigen am dunkelsten, die dies am wenigsten tun. Dies nennt man »Helligkeitskonstanz«, und diese wird genauso wie die bereits erwähnte Farbkonstanz von unserem visuellen System konstruiert.

Über den Zusammenhang zwischen der zweiten Grundqualität des Lichtes, seiner Wellenlänge, und der Farbwahrnehmung haben wir bereits ausführlich gesprochen. Wenn wir in einem visuellen Experiment die spektrale Zusammensetzung eines Lichtreizes von kurzwellig nach langwellig ändern, dann erleben wir einen Übergang von Blauviolett über Grün, Gelb und Orange nach Rot. Wir müssen aber auch berücksichtigen, dass wir jede Farbwahrnehmung durch eine fast beliebige Farbaddition und -subtraktion hervorrufen können. Dabei gibt es – wie jeder Farbenpraktiker weiß – zuhauf unvorhersehbare Effekte. Wir können also von einer subjektiven Farbwahrnehmung überhaupt nicht verlässlich auf das Wellenlängenspektrum schließen, das von der Oberfläche eines Gegenstandes reflektiert wird, denn es könnte durch eine große Zahl ganz unterschiedlicher spektraler Kombinationen zustande gekommen sein.

Mit der Wahrnehmung der primären Qualitäten Lichtintensität und Wellenlänge, denen subjektiv Helligkeit und Farbe entsprechen, hat es sich bei der Aktivität einzelner Photorezeptoren auch schon, denn nur auf die Intensität (bzw. deren Änderung) und die Wellenlänge des Lichtes können die einzelnen Photorezeptoren unserer Netzhaut reagieren. Bei der dritten primären visuellen Qualität, der Bewegung, kommen wir bereits in Schwierigkeiten, denn ein einzelner Photorezeptor kann gar keine Bewegung wahrnehmen, das können nur mehrere Photorezeptoren, nämlich mindestens zwei, die auf eine bestimmte Weise mit einer nachgeschalteten Nervenzelle verbunden sind. Diese Verschaltung, die als

»Bewegungsdetektor« dienen kann, sorgt dafür, dass die nachgeschaltete Nervenzelle (vornehmlich eine Retinaganglienzelle) dann erregt wird, wenn die ihr vorgeschalteten Photorezeptoren *nacheinander* durch Lichtpunkte gereizt werden. Verbindet man eine kleine Fläche von Photorezeptoren mit einer Retinaganglienzelle und verschaltet sie in besonderer Weise, dann kann man neben der Bewegung als solcher auch die Geschwindigkeit und die Richtung bzw. die Bahn »errechnen«. Wir sehen also, dass so einfache visuelle Merkmale wie Bewegung, Bewegungsrichtung und Geschwindigkeit gar nicht primär gegeben sind, sondern von Netzwerken »errechnet« bzw. konstruiert werden. Es handelt sich allerdings um ziemlich einfache Konstruktionen.

Kontraste zwischen unterschiedlichen Helligkeiten und Farben sind eine wichtige Grundlage der Objektwahrnehmung: Wo es keine Kontraste gibt, nehmen wir auch keine Gegenstände und Gestalten wahr. Die neuronalen Verschaltungen, die der Helligkeits- und Farbkontrastwahrnehmung zugrunde liegen, sind ebenfalls nicht besonders kompliziert; sie benötigen die bereits genannten »antagonistisch« arbeitenden Nervenzellen in unserer Netzhaut und im nachgeschalteten visuellen System des Gehirns. Kontraste allein ergeben aber noch keine Gestalten bzw. Objekte, sondern erst dann, wenn sie sich in einer ganz bestimmten Weise zusammenfügen, zum Beispiel wenn Linien oder Farben eine Fläche begrenzen. Dies geschieht in unserem Sehsystem meist völlig automatisiert, ja, geradezu zwanghaft. Gelegentlich sehen wir Kontraste und Gestalten auch dort, wo sie physikalisch gar nicht vorhanden sind, wie dies bei der in Abbildung 9 dargestellten Kanizsa-Täuschung der Fall ist. Die Netzwerke, die mit Gestaltwahrnehmung befasst sind, konstruieren die Kontraste automatisch hinzu. Sehr schön sehen wir dies, wenn wir in die Wolken schauen und überall Formen und Gesichter entdecken.

Am deutlichsten sehen wir Objekte, wenn sich ihre Konturen bewegen. Ruhende Objekte haben die Tendenz, mit ihrer Umgebung zu verschmelzen und unsichtbar zu sein (dies ist der Grund dafür, dass sich Tiere und Menschen, die nicht gesehen werden wollen, ganz ruhig verhalten). Bewegung vor einem Hintergrund lässt eine Gestalt geradezu hervorspringen. Meine Salamander starren häufig lange eine Grille an, der sie sich auf Schnappdistanz angenähert haben und die so »schlau« ist, sich nicht mehr zu bewegen.

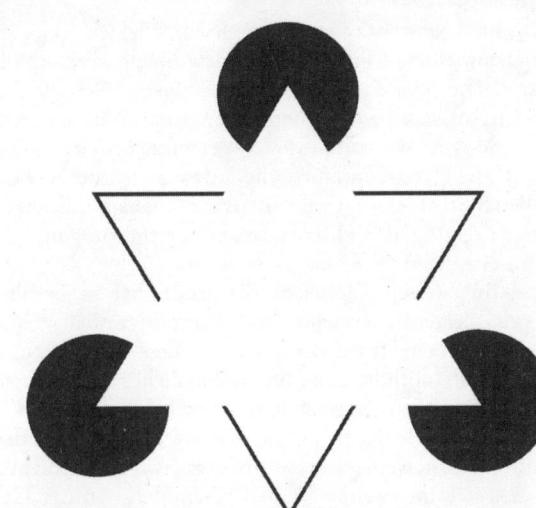

Abbildung 9: Kanizsa-Täuschung. Man hat die Illusion eines Dreiecks, das ein anderes Dreieck sowie drei schwarze Scheiben überdeckt, obwohl »objektiv« gar keine Umrisse vorhanden sind. Weitere Erläuterungen im Text.

Wahrscheinlich verschmilzt sie mit dem Hintergrund. Sie schnappen aber blitzschnell zu, sobald sich die Grille wieder regt (oder auch nur ihre Fühler sich bewegen).

Objekterkennung über Bewegung geschieht im Sehsystem meist völlig automatisiert, aber dies ist beim Salamander wie bei uns bereits eine ziemlich komplizierte Angelegenheit. Hierbei müssen nicht nur bestimmte Ansammlungen von Bildpunkten als Gestalt interpretiert werden, was meist Erfahrung voraussetzt, sondern bei Bewegungen verformt sich diese Gestalt häufig stark, besonders wenn es sich um belebte Objekte wie eine Grille oder eine Person handelt. Wenn mein Salamander die von ihm verfolgte Grille einmal von der Seite, dann wieder von vorn oder von hinten sieht, einmal auf die laufenden Beine, ein andermal auf die sich bewegenden langen Fühler schaut, dann muss sein visuelles System ziemlich komplizierte Transformationsberechnungen anstellen, um die Identität des Objekts festzustellen. Dasselbe geschieht bei uns, wenn wir eine bestimmte Person durch ein Dickicht oder in einer Menschenmenge verfolgen. Ist es noch dieselbe Person, die da wieder auftaucht, oder eine andere? Die Fähigkeit, Gestalten unter wechselnden Ansichten wiederzuerkennen, ist grundlegend für unser Sehen und wird »Gestaltkonstanz« genannt. Im Gegensatz zur »Farb- und Helligkeitskonstanz«, die auf relativ unteren Ebenen des visuellen Systems erzeugt werden, ist die »Gestaltkonstanz« eine hochstufige Leistung, denn hier kommen Vorerfahrung und damit Gedächtnisleistungen ins Spiel.

Wie wir im zweiten Kapitel bereits gehört haben, beruht ein anderer grundlegender visueller Wahrnehmungsinhalt, nämlich *räumliche Tiefe*, ebenfalls auf komplizierten Berechnungen unseres visuellen Systems mithilfe ganz unterschiedlicher Hilfsmittel (retinale Disparität, Bewegungsparallaxe, Linsenakkomodation, Texturgradienten und Helligkeit), ohne dass wir hiervon irgendetwas merken; und ebenso wenig merken wir etwas von dem großen Aufwand, den – wie im zweiten Kapitel geschildert – unser Gehirn treiben muss, um eine stabile visuelle Umwelt zu konstruieren. Wir merken deshalb nichts davon, weil die daran beteiligten visuellen Netzwerke – nach allem, was wir wissen – dies aufgrund von Schaltungen leisten, die entweder genetisch determiniert sind oder sich in einem sehr frühen Entwicklungsstadium verfestigen. Dennoch handelt es sich um Konstrukte, die keine direkten Abbilder der Welt sind.

Dies heißt, dass die grundlegenden Anteile unserer visuellen Wahrnehmung wie Bewegungen, Helligkeiten, Farben, Formen, Gestalten und der uns umgebende Raum nicht direkt von den Bewegungen, Wellenlängenunterschieden, Kontrasten und räumlichen Anordnungen in der Welt abgeleitet, sondern das Produkt von Berechnungen und Konstruktionsleistungen in neuronalen Netzwerken sind. Da diese Konstruktionsleistungen aber verlässlich arbeiten, halten wir sie fälschlich für Zustände der bewusstseinsunabhängigen Welt. Auch unsere sinnesphysiologischen und physikalischen Messungen sagen uns letztlich nicht, welche *objektiven* Vorgänge unseren Wahrnehmungen zugrunde liegen, sie zeigen uns nur, dass zwischen dem gemessenen physikalischen (oder chemischen) Reiz und unseren Wahrnehmungsinhalten keine anschauliche Ähnlichkeit herrscht. Wenn man den Physiker fragt, was Bewegung, Raum, Zeit oder Ursache wirklich ist, dann wird er – sofern er philosophisch vorgebildet ist – dies als keine sinnvolle Frage ansehen, sondern auf Gleichungen deuten, die helfen, Phänomene in systematischer und logisch konsistenter Weise zu interpretieren.

Die Unspezifität neuronaler Aktivität und der Ortscode

Eine Art von Wahrnehmungsinhalt haben wir noch gar nicht behandelt, die eigentlich die wichtigste ist, nämlich die *Sinnesmodalität*, also der erlebte Unterschied zwischen Sehen, Hören, Tasten, Riechen und Schmecken. Eigentlich sollte dies kein großes Problem sein, denn alles, was vom Auge über den Sehnerv ins Gehirn gelangt, ist Sehen, und Entsprechendes sollte für das Ohr und Hören, die Haut und Tasten, die Riechschleimhaut und Riechen, die Zunge und Schmecken gelten. Die einfachste und lange Zeit von Wahrnehmungstheoretikern favorisierte Erklärung für die Unterschiede in den Sinnesmodalitäten lautet, dass die verschiedenen Sinnesmodalitäten durch ganz unterschiedliche Sinnesrezeptoren zustande kommen. Immerhin spricht man ja von Licht- (oder Photo-)rezeptoren im Unterschied etwa zu Druck- oder Geruchsrezeptoren. Was liegt näher als zu glauben, dass Sehen dadurch zustande kommt, dass die Erregung von Photorezeptoren durch das Licht den Seheindruck und die Erregung von Geruchsrezeptoren durch Geruchsmoleküle den Geruchseindruck hervorrufen.

Das ist aber überhaupt nicht der Fall. Registrieren wir nämlich beim Sehen die neuronale Aktivität in der visuellen Rinde und vergleichen sie mit derjenigen in der Hörrinde beim Hören und tun Entsprechendes beim Tasten, Riechen und Schmecken, dann können wir in der Aktivität der Sinnesrezeptoren bzw. der nachgeschalteten Neuronen keinerlei Unterschiede feststellen. Die Aktionspotentiale und die graduierten Potentiale der aktivierten Nervenzellen sind dieselben in den verschiedenen Sinnessystemen, und dasselbe gilt für die neurochemischen Vorgänge an den Synapsen. Es gibt überhaupt keine neuronale Aktivität, die für Sehen, Hören, Tasten, Riechen, Schmecken spezifisch wäre, ebenso wenig wie für die einzelnen Farben, für Melodien, Druck und Schmerz, und dasselbe gilt auch für solche neuronalen Aktivitäten, die mit Denken, Vorstellen und Erinnern zu tun haben. Die Rezeptoren reagieren zwar spezifisch auf bestimmte Umweltreize, aber sie geben darauf sozusagen immer dieselbe Antwort. Es ist genauso wie in einem Computer, der alle höchst unterschiedlichen Eingänge in »Nullen« und »Einsen« codiert, denen man überhaupt nicht ansehen kann, womit sie ursprünglich zu tun hatten.

Dies ist die »Unspezifität« oder »Neutralität« neuronaler Erregungen gegenüber ihrer Herkunft und Bedeutung. Sie hat ihren Entdeckern im 19. Jahrhundert großes Kopfzerbrechen bereitet, aber der größte unter ihnen, der Physiker und Physiologe Hermann von Helmholtz, fand die Lösung des Rätsels. Sie lautet, dass Modalitäten und Qualitäten von Sinnesreizen durch den *Ort der Verarbeitung* im Gehirn festgelegt werden und nicht durch die Beschaffenheit der damit verbundenen neuronalen Aktivität. Dies kann man dadurch beweisen, dass man mit einer (unschädlichen und schmerzfreien) elektrischen Erregung mithilfe einer Reizelektrode im visuellen Cortex visuelle Halluzinationen, im auditorischen Cortex auditorische und im somatosensorischen Cortex somatosensorische Empfindungen hervorruft – meist allerdings nur ziemlich einfache. Dieses Prinzip gilt übrigens auch für subcorticale Zentren: Elektrische Stimulation von Teilen des Hypothalamus ruft Wut hervor, von Teilen der Amygdala Furcht, von Teilen des mesolimbischen Systems Lustgefühle usw. Der *Ort* der Erregung legt den Inhalt fest, und zwar unabhängig davon, woher die Erregung stammt.

Die Gültigkeit dieses *Ortsprinzips* oder *Ortscodes* wird dadurch gewährleistet, dass das Gehirn sich in seinem Wachstum in einer ganz bestimmten Weise verknüpft, die – von entwicklungsmäßigen »Unfällen« abgesehen – dafür sorgt, dass die von der Netzhaut stammende Erregung über den Thalamus zum Hinterhauptscortex gelangt, die vom Innenohr stammende Erregung über das Mittelhirndach und den Thalamus zum Temporalcortex und die von der Haut und den Muskeln stammende Erregung wiederum über den Thalamus zum vorderen Parietalcortex. Dabei darf entsprechend nichts »durcheinander«kommen, sonst versagt die verlässliche räumliche Zuordnung. Verändert man in einem sehr frühen Entwicklungsstadium diese Verbindungsbahnen und lässt die Erregungen vom Auge im Temporalcortex und die vom Ohr im Hinterhauptscortex enden (solche Experimente lassen sich nur bei ganz bestimmten Versuchstieren machen), dann sieht das Tier tatsächlich mit dem für das Hören vorgesehenen Cortex und umgekehrt. Etwas Ähnliches findet im Übrigen bei Personen statt, die sehr früh erblindet sind. Hier dehnt sich der somatosensorische Cortex in den Bereich des »nutzlos« gewordenen visuellen Cortex hinein aus, und es kommt zu einer Uminterpretation der corticalen Aktivität.

Wir sehen, dass es »objektiv« gar keine Seh-, Hör-, Tast-, Geschmacks- und Geruchswelt gibt, sondern dass diese Welten sprichwörtlich in unserem Gehirn erzeugt werden. Natürlich gibt es Gegebenheiten in der gehirn- und bewusstseinsunabhängigen physikalisch-chemischen Welt. Dinge, aufgrund derer das Gehirn diese Welten konstruiert, aber – wie wir gehört haben – tut es dies überhaupt nicht eins zu eins, sondern verkürzt, füllt auf, dichtet hinzu oder erfindet schlicht Dinge, die »gar nicht existieren«, bis »Dichtung« und »Wahrheit« gar nicht mehr voneinander zu trennen sind.

Die bisherigen Beispiele für die Konstruktionsleistungen unseres Gehirns betrafen relativ einfache Wahrnehmungsleistungen. Eine Konstruktionsebene ganz neuer Art betreten wir, wenn wir die große Erfahrungsabhängigkeit unserer Wahrnehmung berücksichtigen. Dass unsere Wahrnehmungsleistungen zum Teil in dramatischer Weise von unserer Erfahrung abhängen, merken wir, wenn wir uns in neue Umgebungen begeben und dann längere Zeit benötigen, um uns wahrnehmungsmäßig darin zurechtzufinden. Anfangs sind wir wie blind und haben Mühe, all die Dinge und ihre spezifischen Anordnungen zu erkennen. Später, wenn wir mit dieser Umgebung vertraut sind, sehen wir mit einem Blick, dass alles an seinem Platz ist. Untersuchen wir diesen Vorgang genauer, so erkennen wir, dass wir vertraute Umgebungen wie unser Arbeits- oder Wohnzimmer gar nicht mehr im Einzelnen wahrnehmen, sondern dass unserem visuellen System wenige Anhaltspunkte genügen, um ein vollständiges Bild der Umgebung zu konstruieren, und zwar aus dem Gedächtnis heraus. Wir merken davon meist nichts, und dies hat die zuweilen verhängnisvolle Konsequenz, dass wir Abweichungen vom Gewohnten völlig übersehen.

Viele erfahrungsabhängige Prozesse finden allerdings in früher Jugend statt, zum Teil unmittelbar nach der Geburt. Unser Gehirn lernt dabei, wie die visuelle Welt aufgebaut ist, d. h., wie Objekte sich hinsichtlich ihrer Merkmale wie Helligkeit, Farbe, Form und Bewegung unterscheiden, dass sie nicht wirklich verschwinden, wenn sie nicht mehr sichtbar sind, dass sie dieselben bleiben, auch wenn sie sich ändern. Das Gehirn lernt Gesichter und die Körper und ihre Bewegungen unterscheiden und so fort. Dieses Lernen geschieht auf eine sehr schnelle und *exemplarische* Weise, weil hierfür jeweils spezifische vorgefertigte Netzwerke existieren, die nur darauf warten, »informiert« zu werden. Sie verfestigen sich mehr und mehr und können später nur mit großem Aufwand verändert werden, so dass ihre Leistungen wie angeboren aussehen. Wachsen Tiere und Menschen jedoch in Umgebungen auf, in denen bestimmte Mindestinformationen über Farben, Gestalten und Bewegungen nicht vorhanden sind, dann zeigen sich schwere Defizite der Wahrnehmung, denn es fehlte den Sinnessystemen das nötige Reizangebot zur richtigen Entwicklung.

Neurobiologischer und radikaler Konstruktivismus

Wir können aufgrund der geschilderten Tatsachen ohne Übertreibung sagen, dass bei komplexen Wahrnehmungen unser *Gedächtnis* das wichtigste Wahrnehmungsorgan ist. Aufbauend auf genetisch vorgegebenen oder früh verfestigten primären Interpretationshilfen wie den oben genannten ist jeder Wahrnehmungsprozess eine Hypothesenbildung über Gestalten, Zusammenhänge und Bedeutungen der Welt. Anders ausgedrückt: Die Art und Weise, wie im Prozess der Wahrnehmung unsere Umgebung in bedeutungsvolle Gestalten und Geschehnisse gegliedert wird, ist eine Folge von Versuch und Irrtum, von Konstruktions- und Interpretationsversuchen, von Bestätigung und Korrektur.

Diese Auffassung entspricht derjenigen des *erkenntnistheoretischen Konstruktivismus*. Dieser betont, dass es keinen abbildhaften Zusammenhang zwischen den Vorgängen in der Welt und den Inhalten unserer Wahrnehmung gibt. Die Vorgänge in der Welt bilden sich nicht direkt im Gehirn ab, sondern bewirken Erregungen in den Sinnesorganen, die zur Grundlage von Konstruktionsprozessen unterschiedlicher Komplexität und Beeinflussung durch Lernprozesse werden, an deren Ende unsere bewussten Wahrnehmungsinhalte stehen. Aus den Wahrnehmungsinhalten selbst lässt sich umgekehrt nicht die Beschaffenheit der bewusstseinsunabhängigen Welt erschließen, weil das, was »von draußen« kommt, von dem, was das konstruktive Gehirn »hinzutut«, nicht verlässlich unterschieden werden kann. Diese Anschauung wird durch die sinnes- und neurophysiologische Forschung voll bestätigt.

Die Variante des »radikalen« Konstruktivismus, der unter Philosophen populär geworden ist, erweckt allerdings den Eindruck, als gebe es im Gehirn eine Instanz, die sich bewusst Modelle über die »Welt da draußen« macht, sie ausprobiert und sich gleichzeitig fragt, ob es diese Welt überhaupt gibt. Manche radikalen Konstruktivisten halten selbst diese Frage für sinnlos, weil sie objektiv nicht zu beantworten sei. Jede Aussage über die Existenz einer bewusstseinsunabhängigen Welt sei eine Aussage in der Bewusstseinswelt. Dieser Standpunkt wird in einem Zitat des Hauptvertreters des radikalen Konstruktivismus, Ernst von Glasersfeld, deutlich:

Der radikale Konstruktivismus beruht auf der Annahme, daß alles Wissen, wie immer man es auch definieren mag, nur in den Köpfen von Menschen existiert und daß das denkende Subjekt sein Wissen nur auf der Grundlage eigener Erfahrung konstruieren kann. Was wir aus unserer Erfahrung machen, das allein bildet die Welt, in der wir bewußt leben (von Glasersfeld, 1996).

Anders ausgedrückt: Was für einen Beobachter wie die Wahrnehmung externer Geschehnisse aussieht, ist in Wirklichkeit ein Prozess der internen Hypothesenbildung über die möglichen Bedeutungen der intern erfahrenen Veränderungen. Das System versucht dabei, bestimmte interne Mängel-, Bedürfnis oder Ungleichgewichtszustände auszugleichen. Die Umwelt existiert aber für das System nicht real, sondern ebenfalls nur als Konstrukt.

Richtig an diesem Standpunkt ist, dass das Nervensystem bzw. Gehirn keine Information im Sinne von Bedeutung und Wissen aufnehmen kann. Bedeutung entsteht, indem Umweltreize Erregungen in den Sinnesorganen hervorrufen, die mithilfe unterschiedlichster Mechanismen und auf den unterschiedlichsten Ebenen des Nervensystems und Gehirns miteinander verglichen und verrechnet und zunehmend mit Gedächtnisinhalten versetzt werden. Dennoch ist es falsch, diesen Konstruktionsprozess als eine reine Hypothesenbildung eines »denkenden« Subjekts zu sehen, wie er in der Wissenschaft abläuft, wo man Daten hin und her wälzt, bis sie sich möglichst widerspruchsfrei und mit dem höchsten Erklärungsgrad zusammenfügen. Wir müssen über unsere Wahrnehmungskonstrukte nicht nachdenken, und sie unterliegen auch nicht unserem Willen. So etwas würde uns zu Konstrukten verleiten, die gegebenenfalls »lebensgefährlich« wären.

Wenn nun unsere Wahrnehmungen also Konstrukte sind (wenngleich keine bewusst-willkürlichen) und keine Abbilder, wieso sind sie trotzdem in aller Regel verlässlich? Dies können wir am ehesten verstehen, wenn wir uns klarmachen, dass nicht unsere Wahrnehmungen, sondern unsere *Verhaltensweisen* »richtig« sein müssen, Man kann zeigen, dass zwischen den Gegebenheiten in der Umwelt und den Verhaltensweisen eine Passung vorhanden sein muss in dem Sinne, dass das Leben und Überleben in unserer natürlichen und sozialen Umwelt nach externen Kriterien der physischen Fortdauer und internen Kriterien des biologischen und psychischen Wohlbefindens gesichert ist. Ein Salamander muss nicht die Welt korrekt erkennen, um eine Fliege zu fangen, und wir müssen den physikalischen Raum nicht so abbilden, wie er tatsächlich ist, um uns in ihm zurechtzufinden. Es genügen – aus der Sicht des Beobachters – Annäherungsmodelle, die, wenn es darauf ankommt, verfeinert werden, so dass eine präzisere Verhaltenssteuerung möglich ist.

All dies ist in unseren Sinnessystemen und in unserem Gehirn vor vielen Millionen von Jahren geschehen, und deshalb sind diese Konstrukte so verlässlich. Andere Konstrukte erhalten ihre Verlässlichkeit über die sich verfestigenden Lernprozesse während der Frühstadien unserer Entwicklung, die zudem von stammesgeschichtlich bewährten Regeln geleitet werden. Anderes schließlich unterliegt dem Spiel der aktuellen Hypothesenbildung und Konstruktion, wenn wir mit neuen Gesichtern, Szenen, Sätzen und Sachverhalten konfrontiert werden und deren Bedeutung erfassen müssen. Aber auch dies geschieht in aller Regel unbewusst und automatisiert und immer unter Zuhilfenahme bewährten Gedächtnis-Materials. Das macht diese Konstrukte verlässlicher, als wenn sie bloße Kopien der Umweltereignisse wären.

Wir gelangen auf diese Weise zu einem neurobiologisch fundierten Konstruktivismus, den wir auch »realistischen Konstruktivismus« nennen können, weil er von der Annahme ausgeht, dass es die realen oder »objektiven« Bedingungen des Überlebens in einer bestimmten (einfachen oder komplexen) Umwelt sind, die brauchbare »Lösungen« der Wahrnehmungssysteme erzwingen. Dies erfordert in der Tat keine Eins-zu-eins-Abbildung der Welt im Gehirn, die – wie wir gehört haben – erstens gar nicht möglich und zweitens auch unsinnig wäre. Diese Art von neurobiologischem Konstruktivismus unterscheidet sich vom erkenntnistheoretischen Realismus durch die Auffassung, dass wir von unserer Wahrnehmung nicht verlässlich auf Umwelteigenschaften schließen können, und umgekehrt – dass wir im erkenntnistheoretischen Zirkel für immer verfangen sind. Er unterscheidet sich aber vom radikalen Konstruktivismus durch die Meinung, dass es sehr wohl vernünftig ist, sich als Wissenschaftler und Philosophen Modelle der Beziehung zwischen Umwelt, Wahrnehmungsapparat und subjektiver Wahrnehmung zu machen. Ob und inwieweit wir damit nicht doch einer »objektiven« Wahrheit näherkommen, wird uns im letzten Kapitel dieses Buches beschäftigen.

5. Die Spur der Erinnerungen

Gedächtnis und Erinnerung sind alltägliche Dinge und erscheinen doch merkwürdig, wenn wir darüber nachdenken. Wir schwelgen in Erinnerungen an schöne Ereignisse, an andere möchten wir am liebsten nicht mehr denken. Wir glänzen durch unser Wissen über bestimmte Dinge, und dann fällt uns der Name der Person nicht ein, die vor uns steht und die wir gut zu kennen glauben. Wir haben einem Kollegen mehrfach versprochen, ein bestimmtes Buch mitzubringen, und dann haben wir es in der Eile des morgendlichen Aufbruchs doch wieder vergessen.

Mit solchen Tücken unseres Gedächtnisses haben wir zu leben gelernt. Wie schlimm es tatsächlich ist, kein Gedächtnis zu haben, erleben wir erst, wenn nahe Angehörige nach einem schweren Unfall einen Gedächtnisverlust, eine *Amnesie*, haben oder wenn sie an der Alzheimer'schen Altersdemenz leiden. Der erste Fall ist allerdings nicht so tragisch wie der zweite. Menschen mit unfallbedingter Amnesie wissen zwar Dinge in einem ganz bestimmten zurückliegenden Abschnitt ihres Lebens nicht mehr, der vom Zeitpunkt des Unfalls in die Vergangenheit zurückreicht, und diese Erinnerungslücke kann Tage, Monate oder gar Jahre umfassen. Sie sind aber meist in der Lage, Dinge wieder zu lernen, die in dem »verloren gegangenen« Abschnitt passiert sind. Mit der Zeit schrumpft meist auch die Gedächtnislücke etwas. Erinnerungen tauchen wieder auf, und es bleibt ein bestimmter Rest unerinnerbarer Lebensgeschichte übrig. Man nennt diese Art von Gedächtnisverlust »retrograde Amnesie«, was nichts anderes bedeutet als »in die Vergangenheit zurückreichender Gedächtnisverlust«. Hierbei ist das betroffen, was man *Altgedächtnis* nennt und alles beinhaltet, was man einmal gelernt oder erfahren hat und im so genannten Langzeitgedächtnis abgelegt ist.

Ganz anders sieht die Sache bei der Alzheimer'schen Altersdemenz aus. Hier ist nicht nur das Altgedächtnis betroffen, d. h., die Patienten können sich nicht nur nicht mehr an frühere Geschehnisse erinnern, sondern sie können auch neue Dinge nicht mehr lernen, sie können kein *Neugedächtnis* ausbilden. Kaum ist ihre Aufmerksamkeit von einem Geschehen auf etwas anderes gelenkt, dann ist das soeben Erlebte auch schon aus dem Gedächtnis verschwunden; es bleibt sozusagen nichts hängen. Diese schwere Gedächtnisstörung nennt man »anterograde Amnesie«, d. h. voranschreitenden Gedächtnisschwund, denn sie betrifft die Unfähigkeit, neue Dinge auch nur für kurze Zeit im Gedächtnis zu behalten. Diese Patienten stellen einen Topf auf den Herd und vergessen ihn, drehen den Wasserhahn im Bad auf und denken nicht mehr daran, ihn wieder zuzudrehen; sie wissen irgendwann nicht mehr, wo sie wohnen, wer die Angehörigen sind, die sie umgeben, und schließlich wissen sie nicht mehr, wer sie sind.

Ich habe dies zum ersten Mal bei einem von mir sehr verehrten Germanistikprofessor an der Universität Münster erlebt, der nach seiner Emeritierung zuweilen noch im Germanistischen Seminar war und bei dieser Gelegenheit eine ehemalige Mitarbeiterin freundlich und für alle hörbar begrüßte: »Frau X., wie geht es Ihnen denn? Erzählen Sie doch einmal!«. Die junge Dame fühlte sich offensichtlich geschmeichelt und gab bereitwillig Auskunft. Eine halbe Stunde später trafen sich beide wieder auf dem Gang des Seminars, und der Emeritus war völlig überrascht, die Mitarbeiterin nach langen Jahren wieder zu sehen und rief: »Frau X., das ist ja eine Überraschung! Wie geht es Ihnen denn?« Die junge Dame war völlig verwirrt und meinte, ihr ehemaliger Chef wollte sich einen Spaß machen, bis sie merkte, dass er es ernst meinte, und gab in großer Verlegenheit noch einmal Auskunft. Vom Oberassistenten erfuhren wir dann, dass der Herr Professor seit kurzem unter starkem Gedächtnisschwund leide. Für mich war das damals ein richtiger Schock, denn ich hatte ihn wegen seines umfassenden Wissens sehr bewundert. Von der Alzheimer'schen Krankheit sprach damals allerdings niemand.

Die meisten von uns verfügen nicht über ein perfektes Gedächtnis, sondern auch wir haben manchmal kleine retrograde oder anterograde Amnesien, wenn uns bestimmte Dinge nicht einfallen, von denen wir wissen, dass wir sie wissen, oder wenn wir manchmal Schwierigkeiten haben, neue Dinge zu lernen. Besonders beeindruckend ist die Tatsache, dass es zwischen den einzelnen Menschen starke Unterschiede in ihren Gedächtnisleistungen gibt. Die einen kennen Hunderte von Telefonnummern auswendig und merken sich mühelos Dutzende von Bankkonto-Nummern und Geheimzahlen, verirren sich aber zwischen Küche und Wohnzimmer, bei anderen ist es genau umgekehrt. Die einen kennen die Vor- und Nachnamen von Mitgliedern einer Gruppe, kaum dass sie mit ihnen eine Stunde zusammen waren, während die anderen auch nach Wochen kaum jemanden beim Namen nennen können. Die einen können Jahreszahlen und Geburtstagsdaten herauf- und herunterbeten, erinnern sich aber an kaum eine Melodie aus einer Oper.

Allgemein aber gilt: Im Gesichterwiedererkennen sind die meisten Menschen ziemlich gut, bei der räumlichen Orientierung mittelmäßig, und beim Erinnern von Namen und Zahlen haben die meisten Menschen Probleme. Wir können zwar durch gewisse Tricks diese schlechten Gedächtnisleistungen erheblich verbessern, aber wie wir sehen werden, umgehen wir diese Defizite dabei nur und beheben sie nicht eigentlich. Dies deutet zum einen auf starke genetische Unterschiede in den Gedächtnisleistungen hin, aber auch darauf, dass es ganz unterschiedliche Typen von Gedächtnissen gibt, die relativ unabhängig voneinander arbeiten können.

Beim Stichwort »Gedächtnis« denken wir meist an das Lernen in der Schule und auf der Universität oder das Memorieren von Namen, Zahlen und Wegbeschreibungen. Das ist aber nur eine grundlegende Art von Gedächtnis, die man *deklaratives Gedächtnis* nennt, also das, worüber man mehr oder weniger gut berichten kann. Ein ganz anderes Gedächtnis ist das *emotionale Gedächtnis*, das die Gefühle umfasst, die wir haben, wenn wir Dinge oder Personen wiedersehen oder uns an bestimmte Geschehnisse erinnern. Ein dritter Typ ist das *Fertigkeitsgedächtnis* oder *prozedurale Gedächtnis*. Dieses Gedächtnis benötigen wir bei Fertigkeiten, die wir irgendwann einmal gelernt haben und nunmehr routinemäßig ausführen, wie etwa Fahrradfahren oder das Spielen von Musikinstrumenten.

Gedächtnis hat immer mit dem Gehirn zu tun; ohne Gehirnvorgänge keine Gedächtnisleistungen. Wie wir noch sehen werden, sind die drei verschiedenen grundlegenden Gedächtnisarten, das deklarative, das emotionale und das prozedurale Gedächtnis, mit der Aktivität ganz unterschiedlicher Zentren des Gehirns verbunden. Ebenso unterteilen sich diese grundlegenden Gedächtnisarten in viele Untergedächtnisse.

Am besten untersucht ist das deklarative Gedächtnis, weil es für Schule, Ausbildung und die meisten beruflichen Tätigkeiten wichtig ist. Es wird auch *explizites* Gedächtnis genannt, weil man »explizit«, d.h. in Details, darüber reden kann. Es gliedert sich in drei große Untergedächtnisse. Der erste Bereich heißt *episodisches* Gedächtnis und umfasst alle Geschehnisse, die mit wichtigen Ereignissen in unserem Leben zu tun haben. Es ist in seinem Kern unser *autobiographisches* Gedächtnis. Es sagt uns, was wir gestern Abend oder vorige Woche Mittwoch oder im Mai vor einem Jahr getan haben, oder was andere Personen taten, mit denen wir zu tun haben.

Der zweite Bereich heißt *semantisches* Gedächtnis (ein unglücklicher Begriff, denn »semantisch« heißt »bedeutungshaft«, und das ist das episodische Gedächtnis doch auch) und betrifft unser Wissen, das wir in der Schule, in der Universität, während der Berufsausbildung gelernt oder uns durch Lesen, Zuhören oder Zuschauen angeeignet haben. Besser nennen wir es *Faktengedächtnis*. Es betrifft das Wissen, dass Caesar im Jahre 44 vor Christus von Brutus ermordet wurde, Wasser aus Sauerstoff und Wasserstoff zusammengesetzt ist, Sigmund Freud der Begründer der Psychoanalyse war, Licht rund dreihunderttausend Kilometer in der Sekunde zurücklegt und der Wal ein Säugetier und kein Fisch ist und so weiter. Dieses Faktenwissen unterteilt sich wieder in *Weltwissen*, also all das, was man einfach wissen muss, um sich in der Welt zurechtzufinden, und *Expertenwissen*, das wir für bestimmte Tätigkeiten, meist beruflicher Art, benötigen. Hierbei ist es meist unnötig zu wissen, wann, wo und von wem wir diese Kenntnisse erworben haben – wir wissen das auch meist gar nicht mehr –, sondern wir müssen nur über dieses Faktenwissen verfügen. Allerdings nehmen einige Gedächtnisforscher ein eigenes Untergedächtnis an, das uns eben die »Quelle des Wissens« vermittelt und deshalb *Quellengedächtnis* heißt. Es ist ein Mittelding zwischen episodisch-autobiographischem Gedächtnis und Faktengedächtnis.

Die dritte Art von deklarativem Gedächtnis ist das *Vertrautheitsgedächtnis*. Es ist aktiv, wenn wir im Fernsehen einen Film anschauen, der uns irgendwie bekannt vorkommt, oder wenn wir mit einer Person, einem Gesicht, einem Namen, einem Geschehnis oder einer Umgebung konfrontiert sind, wir aber keine Einzelheiten wissen. Es ist übrigens dasjenige Gedächtnis, das uns einen Streich spielt, wenn wir ein »Déjà-vu-Erlebnis« haben: Wir sind irgendwo, wo wir offenbar noch niemals waren, oder erleben etwas, das uns ganz unbekannt sein muss, und haben doch das eigentümliche, traumartige Gefühl, dies alles komme uns bekannt vor. Dieses Erlebnis tritt insbesondere auf, wenn wir müde sind oder einen niedrigen Blutzucker- oder Sauerstoffspiegel haben. Dann spielt das Vertrautheitsgedächtnis »verrückt« und gibt uns eine Fehlmeldung. Es gibt für dieses eigenartige und beängstigende Déjà-vu-Phänomen also eine natürliche Erklärung und Gleiches gilt für das Gegenteil, wenn Dinge, die Personen eigentlich genau kennen müssten, ihnen plötzlich völlig unbekannt sind. Dies tritt vor allem nach einem Schlaganfall auf, und Patienten erkennen plötzlich ihre nächsten Familienangehörigen nicht mehr. Dies nennt man im Unterschied zur Amnesie eine »Agnosie« (z. B. eine *Prosopagnosie*, die den Fortfall des Gesichtererkennens umfasst), aber im Grunde handelt es sich auch um eine Amnesie.

Die drei deklarativen Gedächtnisarten arbeiten im Prinzip unabhängig voneinander, gehen aber auch ineinander über. So war ich zum Beispiel als junger Mensch zum erstenmal in B. und konnte mich auch nach Wochen noch ganz gut an diesen Besuch und eine Reihe von Einzelheiten erinnern. Jahre später weiß ich noch, dass ich einmal in B. war, aber außer diesem Faktum kann ich mich an kaum ein Detail erinnern. Noch viel später, wenn ich zufällig wieder in B. bin und vergessen habe, dass ich schon einmal dort war, kommt mir das alles »irgendwie« bekannt vor. Es hat sich also ein Übergang vom episodisch-autobiographischen Gedächtnis zum Faktengedächtnis und von dort zum Vertrautheitsgedächtnis vollzogen. Die Frage ist natürlich, ob dies wirklich die Gedächtnisinhalte oder nur den Zugriff auf sie betraf, denn wenn ich wieder in B. bin, dann mag mir wieder einfallen, dass ich tatsächlich schon einmal dort war, und möglicherweise fallen mir auch plötzlich Details aus meinem früheren Besuch wieder ein.

Das *prozedurale Gedächtnis* oder *Fertigkeitsgedächtnis* arbeitet ganz anders als das deklarative. Dieses Gedächtnis wird auch implizites Gedächtnis genannt, weil man es normalerweise nicht »explizit« beschreiben kann und weil es sich dem Detailbewusstsein entzieht. Nehmen wir einmal eine Fähigkeit wie das Fahrradfahren; wir haben es mühsam gelernt, beherrschen es aber jetzt »im Schlaf«. Dies bedeutet, dass wir nicht mehr zu wissen brauchen, was wir machen müssen, um Fahrrad zu fahren. Nach einigem Nachdenken kämen wir drauf, dass wir dabei ständig ganz automatisiert mit dem Körper und dem Lenker Ausgleichsbewegungen des zu einer Seite fallenden Fahrrades machen (das geht ja auch im Stillstand).

Je schneller wir fahren, desto leichter geht dies, weil die aufrechte Position des Fahrrades durch die Kreiselbewegung des Vorder- und Hinterrades unterstützt wird.

Noch komplizierter ist es beim Klavierspielen. Die dabei nötigen Finger-, Hand- und Armbewegungen haben wir mühsam über Jahre gelernt. Geübte Klavierspieler können ohne Hinschauen mit großer Geschwindigkeit weite Sprünge greifen, ohne sich zu verspielen, und zwar auch dann, wenn sie vom Blatt spielen. Wie ihre Finger und Hände das tun, wissen sie wahrscheinlich nicht, aber es ist gut, nicht darüber nachzudenken, denn dann verspielen sie sich wahrscheinlich (bei mir ist das zumindest so – vielleicht nicht bei einem Horowitz oder Brendel).

Typisch für das Lernen von Fertigkeiten ist, dass es nicht immer wirklich »implizit« und damit dem Bewusstsein entzogen ist. Zu Beginn des Erlernens von Fertigkeiten müssen wir uns sehr konzentrieren. »Pass auf, sonst schaffst du's nicht!«, heißt es anfangs aus dem Mund des Vaters oder Lehrers beim Erlernen des Fahrradfahrens, Klavierspielens und vieler anderer manueller Fähigkeiten. So ist es unmöglich, Fahrradfahren und Klavierspielen zu lernen, ohne dass wir genau aufpassen, was wir da tun. Je besser wir aber werden, desto weniger ist Aufmerksamkeit nötig, und desto mehr wird sie sogar schädlich. Das Bewusstsein zieht sich sozusagen aus der Sache zurück. Gleichzeitig aber erleben wir eine merkwürdige Sinnentleerung des Gelernten. Zu Beginn ist alles noch aufregend und neu, und wir betrachten das zu Lernende im Detail und mit großem Interesse. Mit zunehmender Beherrschung der Aufgabe denken wir uns immer weniger bei dem, was wir da tun und sagen.

Dies wird uns ganz deutlich, wenn wir den Zustand, in dem wir einen Vortrag zum ersten Mal halten, vergleichen mit dem Zustand, in dem wir uns befinden, wenn wir denselben Vortrag schon viele Male gehalten haben. Er geht uns locker von den Lippen, aber wir wissen kaum mehr, was wir da sagen. Der Museumsführer, der Tag für Tag denselben Text herunterbeten muss, tut dies ohne jegliches Reflektieren der Bedeutung der Worte, die er spricht. Wir bezeichnen dies treffend mit »Herunterleiern«. Jede Ausbildung von Routinen geht notwendig mit einer solchen Sinnentleerung einher.

In der traditionellen Schule und zum Teil noch in meiner Jugend war Pauken noch einigermaßen beliebt (wenngleich mit abnehmender Tendenz), d. h. das Auswendiglernen von Jahreszahlen,

Namen und Lebensdaten bedeutender Persönlichkeiten und langen Gedichten wie der *Glocke* von Schiller. Auch heute noch besteht in manchen Ländern das Studium der Naturwissenschaften größtenteils darin, die Lehrbücher von Professoren auswendig zu lernen. Ein Labor haben die meisten Studenten während ihres Studiums nie von innen gesehen. Sie verfügen beim Abschluss ihres Studiums dann nur über ein bloß theoretisches Wissen, und sie haben den Stoff auch gedanklich nicht durchdrungen. Pauken ist weitgehend ein prozedurales Lernen und verläuft »mechanisch«. Der Sinn dessen, was man da auswendig lernt, wird nicht erfasst. Pauken ist notwendig, solange es kein Vorwissen gibt, an welches der neue Stoff sich anbinden kann. Sinnhaftes Lernen geht nämlich dann gut vonstatten, wenn die neuen Inhalte Anschluss an bereits vorhandenes Wissen finden können. Zu Beginn des Lernens von etwas ganz Neuem, zum Beispiel einer Fremdsprache, muss man grundlegende Dinge wie Vokabeln schlichtweg pauken, weil es gilt, einen ersten Bodensatz an Wissen zu bilden. Später stellt sich dann hoffentlich ein sinnhaftes Erfassen des Gelernten ein. Neuer Sinn und neue Bedeutung entstehen nämlich durch *Kombination* neuer Inhalte mit vorhandenen sinnhaften Gedächtnisinhalten.

Zum impliziten Lernen gehört auch die Ausbildung von Gewohnheiten, bei denen es ebenso geht wie mit dem Erwerben von Fertigkeiten und dem Pauken. Am Anfang sind Dinge ungewohnt und verlaufen holprig, man vertut sich häufiger und denkt viel über das nach, was man tut. Später läuft es immer besser, und zum Schluss tut man ziemlich komplizierte Dinge ohne nachzudenken. Auch hier findet eine Sinnentleerung statt; die Dinge verselbständigen sich. Die meisten Menschen tun Dinge, weil sie zu Gewohnheiten geworden sind, und haben den ursprünglichen Anlass dieser Gewohnheiten oft völlig vergessen. So etwas nennt man dann Tradition. Dieser Prozess wird dadurch verstärkt, dass Traditionsbildung emotional positiv besetzt ist, denn sie erleichtert die Handlungssteuerung erheblich. Tradition erhält dadurch einen Wert in sich, auch wenn sie gar keinen anderen Sinn mehr macht.

Zwei andere Gedächtnisleistungen werden ebenfalls von Lernpsychologen zum impliziten Gedächtnis gezählt, nämlich das »Priming« und die klassische Konditionierung. Beide haben mit den anderen impliziten Gedächtnisleistungen aber nur das eine gemeinsam, dass sie nicht »explizit« sind. »Priming« heißt hier so viel wie »Starthilfe«, und jeder kennt diesen Effekt. Wenn mir ein bestimmter Name absolut nicht einfallen will, dann hilft es oft, das Alphabet durchzugehen. Bei einem bestimmten Buchstaben habe ich das komische Gefühl, der Name könnte damit anfangen (»er muss irgendwie mit H beginnen«); ich suche ein wenig weiter herum und komme wieder zu dem Buchstaben, und schwupp fällt mir der Name ein. Manchmal fallen mir auch Bruchstücke des Namens vorher ein (»Heit …, Heim …«). Dieses Priming funktioniert, weil unser Wort- und Namensgedächtnis den Anfangsbuchstaben von Namen besonders gut abspeichert. Priming hat eine starke Nähe zum Vertrautheitsgedächtnis und ist nur insoweit »implizit«, als es eine wichtige Brücke zu unbewussten Gedächtnisleistungen bildet.

Klassische Konditionierung beruht auf dem wiederholten zeitlichen Zusammentreffen primär neutraler Reize mit einem primär bedeutungshaften Reiz, mit der Folge, dass der neutrale Reiz zum »Ankündiger« des bedeutungshaften Reizes wird. Das berühmte Glockenzeichen sagt dem Hund von Iwan Pawlow erst einmal gar nichts. Tritt es aber systematisch kurz vor oder zusammen mit der Darbietung von Futter auf, dann beginnt der Hund allein auf das Glockenzeichen hin zu sabbern. Allerdings hat sich diese scheinbar einfache Sache der klassischen Konditionierung als viel komplizierter herausgestellt, als früher in der Lernpsychologie angenommen, aber das soll hier nicht interessieren. Wichtig ist, dass dieser Vorgang auch bei vermindertem Bewusstsein abläuft (allerdings umso besser, je aufmerksamer Mensch und Tier sind).

Emotionales Lernen wird häufig ebenfalls als ein Typ der klassischen Konditionierung angesehen und damit zum impliziten Lernen bzw. Gedächtnis gezählt. Ich halte diese Zuordnung aber für falsch. Ich gehe davon aus, dass emotionales Lernen bzw. Gedächtnis eine eigene Art von Gedächtnis ist, insbesondere weil sich hier bewusste und unbewusste Prozesse in charakteristischer Weise durchdringen. Davon wird im achten und neunten Kapitel dieses Buches noch die Rede sein.

Wie wir gehört haben, erfordert das Erlernen von Fertigkeiten zumindest zu Beginn Aufmerksamkeit und Konzentration. Ob und inwieweit es ein völlig unbewusstes Lernen gibt, war in der Psychologie lange umstritten, aber die meisten Lernpsychologen würden dies heute annehmen. So können wir nicht nur durch unterschwellige Reize konditioniert werden, sondern wir können auch unbewusst Ordnungszusammenhänge erkennen, die uns bewusst gar nicht gegenwärtig sind. Richten wir uns nach diesen Zusammenhängen, dann scheint es uns, als würden wir raten. Ein sehr gutes Beispiel hierfür ist das Erlernen der Muttersprache: Durch ständige Praxis erlernen wir alle notwendigen Regeln der Aussprache, der Grammatik und Syntax, ohne dass wir uns diese explizit angeeignet hätten, wie wir das beim Fremdsprachenlernen tun. Wenn uns dann ein Ausländer fragt »Sag mal, warum sagt man im Deutschen einmal so und einmal so?« (z. B. »übersetzt« und einmal »übergesetzt«), dann können wir es nicht erklären – wir beherrschen also Regeln »implizit«, ohne sie je »explizit« gelernt zu haben.

Wahrscheinlich laufen viele Konditionierungsprozesse in unserem Leben in dieser unbewussten Weise ab, aber es ist experimentell schwierig zu unterscheiden, ob man etwas wirklich unbewusst wahrgenommen oder nur sehr schnell vergessen hat. Wichtig ist aber die Tatsache, dass solch unbewusstes, implizites Lernen nicht bei komplizierteren Sachverhalten funktioniert, sondern nur bei solchen, die »semantisch flach« sind, also relativ einfache Inhalte betreffen. Komplizierte Dinge können wir dagegen nur mit Bewusstsein und Aufmerksamkeit erlernen – zumindest zu Beginn. Deshalb können wir auch nicht in wirklich wichtigen Entscheidungen unseres Lebens von den »geheimen Verführern« der Werbeindustrie beeinflusst werden, vor denen so heftig gewarnt wurde, es sei denn, sie wiederholen ihre »Botschaften« ständig, dann haben sie eine Chance, in unser implizites Gedächtnis einzudringen.

Die Zeitstruktur des Gedächtnisses

Dass unser Gedächtnis eine ganz besondere Zeitstruktur hat, ist uns allen geläufig. Wir wollten uns eben etwas merken – und schon ist es nach wenigen Sekunden fort. Wir haben einem Vortrag interessiert zugehört, aber beim Verlassen des Saales können wir nur noch wenige Details wiedergeben, und am nächsten Tag haben wir das Meiste vergessen. Eigentlich schade. Wir haben für die Prüfung intensiv gelernt und beherrschen den Stoff (so glauben wir), aber ein paar Monate später ist alles (scheinbar) wieder weg. Wir erleben eine schöne Urlaubsreise und sind sicher, dass wir die Geschehnisse niemals vergessen werden, und im übernächsten Jahr ist das Meiste von anderen Erlebnissen verdrängt. Offenbar hat unser Gedächtnis ein kompliziertes Zeitverhalten.

Dies wird durch die Lernpsychologie bestätigt. Man unterscheidet ein *Momentangedächtnis*, das für ein bis zwei Sekunden das soeben Wahrgenommene mehr oder weniger naturalistisch festhält. Es ist, als würden wir immer noch auf das Bild schauen oder die Melodie hören. Diese allererste Phase des Gedächtnisses (manchmal »Ultrakurzzeitgedächtnis« oder »perzeptives Gedächtnis« genannt) wird abgelöst durch das *Kurzzeitgedächtnis*, auch *Arbeitsgedächtnis* genannt, das uns befähigt, Dinge, Namen, Sachverhalte für eine Zeitspanne von wenigen Sekunden bis zu einer halben Minute (so ganz grob) zu vergegenwärtigen und damit zu arbeiten. Dies genügt, um eine soeben nachgeschlagene Telefonnummer zu behalten und dann zu wählen, einen soeben gehörten Namen in ein Heft niederzuschreiben, das wir aus dem Schreibtisch ziehen müssen, und ein Argument des Diskussionspartners so lange zu behalten, bis er mit seinem Redebeitrag zu Ende ist.

Dieses Arbeitsgedächtnis ist in seinem Fassungsvermögen sehr begrenzt, d.h., wir können nur wenige und nur einfache Inhalte (vier bis sieben, sagen die Psychologen) gleichzeitig darin speichern. Auch sind die Inhalte sehr wackelig und entfallen uns sofort, sobald neue Dinge wahrgenommen werden, die diesen Inhalten ähnlich sind. Wenn ich mir eine Telefonnummer merken soll, dann ist eine weitere Nummer, die mir jemand zuruft, tödlich! Dasselbe ist mit Namen der Fall. Demgegenüber kann ich auf dem Weg vom Telefonbuch zum Telefon eine Nummer ganz gut behalten, wenn ich mir die Bilder an der Wand anschaue. Soll der Inhalt ein wenig länger im Arbeitsgedächtnis bleiben, dann muss ich ihn mir wiederholen oder Tricks anwenden, von denen noch kurz die Rede sein wird.

Lernen zielt in aller Regel auf langfristige Verankerung im *Langzeitgedächtnis* ab. Dieses Gedächtnis ermöglicht es, dass wir uns auch noch nach vielen Jahren an bestimmte Erlebnisse und Wissensinhalte erinnern. Dieses Wissen ist nicht wirklich völlig unwandelbar »abgespeichert«, sondern unterliegt komplizierten Veränderungen, aber es kann – besonders in höherem Alter – sein, dass uns plötzlich Erlebnisse aus der frühen Jugend wie soeben erlebt gegenwärtig sind. Dieses Langzeitgedächtnis erscheint in seinem

Umfang nahezu unbegrenzt. Es gibt Gedächtniskünstler, die praktisch alles, was sie einmal gehört, gesehen, gelesen und sonst wie erlebt haben, wieder erinnern können. Obwohl dies eine abnorme Begabung darstellt, sind doch die »Tricks«, die diese Leute bei ihren phänomenalen Leistungen anwenden, solche, die wir auch verwenden können, um unser Gedächtnis aufzumöbeln. Davon werden wir noch hören.

Das Langzeitgedächtnis besteht aus sehr vielen »Schubladen« oder *Modulen*. Praktisch jede größere Bedeutungseinheit hat ein eigenes Modul, eine eigene Schublade, und diese Schubladen sind hierarchisch geordnet. So gibt es ein Seh-, Hör-, Tast-, Geruchs- und Geschmacksgedächtnis. Innerhalb des Sehgedächtnisses gibt es dann unterschiedliche Gedächtnisse für Farben, Formen, Bewegungsweisen, Objekte, Gesichter, Gesten, Szenen, die sich dann weiter unterteilen. Im Hörgedächtnis gibt es unterschiedliche Gedächtnisse für Geräusche, Melodien, Rhythmus, Harmonie, Sprache usw. Innerhalb des Sprachgedächtnisses gibt es unterschiedliche Gedächtnisse für Substantive und Verben, für Namen von belebten und von unbelebten Objekten und so fort. Man weiß dies, weil es Patienten gibt, die einen völlig selektiven Gedächtnisverlust haben, sozusagen nur für eine Schublade, z. B. für Gesichter, für Melodien oder für Substantive. Diese armen Menschen müssen dann alles mit Verben umschreiben (»gib mir mal das, womit man schneidet!«).

Um langfristig erinnert zu werden, müssen Inhalte des Kurzzeit- bzw. Arbeitsgedächtnisses über einen »Zwischenspeicher«, ein intermediäres Gedächtnis, in das Langzeitgedächtnis überführt werden. Das ist offenbar ein komplizierter und wenig verstandener Prozess, der sich zwischen einigen Minuten und ein paar Stunden hinzieht. Das intermediäre Gedächtnis ist nicht so labil wie das Kurzzeitgedächtnis, aber auch nicht so stabil wie das Langzeitgedächtnis. Es stellt den wichtigsten Schritt beim schulischen oder akademischen Lernen dar. Wie aber das Verhältnis von Kurzzeitgedächtnis, intermediärem Gedächtnis und Langzeitgedächtnis genau aussieht, ob sie wirklich hintereinander geschaltet ablaufen oder parallel, aber zeitversetzt aktiv sind, ist umstritten.

Genaue Untersuchungen der Neuropsychologen während der vergangenen fünfundzwanzig Jahre haben gezeigt, dass die soeben erwähnten Typen des Gedächtnisses, also das deklarative, emotionale und prozedurale Gedächtnis, mit der Aktivität ganz unterschiedlicher Hirnzentren verbunden sind. Jahrelange Untersuchungen eines berühmten kanadischen Patienten mit den Namensbuchstaben H. M. bewiesen, dass für wesentliche Leistungen des deklarativen Gedächtnisses der Hippocampus und die umgebende Rinde notwendig sind. Diesem Patienten wurde aufgrund immer stärker werdender epileptischer Anfälle der Hippocampus beidseitig entfernt, als man noch nicht viel von dessen Funktion wusste.

Allerdings gelten der Hippocampus und die umgebende entorhinale, parahippocampale und perirhinale Rinde nicht als die eigentlichen Speicherorte des deklarativen Gedächtnisses, sondern als dessen »Organisatoren«, d. h., sie legen fest, was wo und wie abgespeichert wird. Als der eigentliche Speicherort wird die Großhirnrinde im engeren Sinne angesehen. Dabei gilt, dass Gedächtnisinhalte dort gespeichert werden, wo auch die Wahrnehmung dieser Inhalte stattfindet. Dies bedeutet, dass das visuelle Gedächtnis im Hinterhauptslappen, das auditorische Gedächtnis im oberen und mittleren Schläfenlappen angesiedelt ist und so weiter, und Gleiches gilt für die Untergedächtnisse für Farben, Formen, Gesichter, für Melodien und für Sprache. Dies erklärt, warum es Hunderte von Untergedächtnissen und Unter-Untergedächtnissen gibt. Diese Cortexareale werden dann auch bei Vorstellungen aktiviert, wie man mit bildgebenden Methoden zeigen kann.

Wie der Hippocampus und die ihn umgebende Rinde das Einspeichern und Abrufen organisieren, ist nicht ganz klar. Beide bestimmen offenbar die Zuordnung der Inhalte zu bestimmten Speicherplätzen und die für das Behalten äußerst wichtige Verknüpfung mit den bereits vorhandenen Inhalten in dem speziellen Gedächtnis ebenso wie mit Inhalten in anderen Gedächtnissen. Bekanntlich werden Dinge und Sachverhalte umso besser behalten, je anschlussfähiger sie an vorhandenes Wissen sind und je mehr sie mit andersartigen Gedächtnisinhalten verknüpft sind. An den Namen eines Menschen erinnere ich mich besser, wenn sein Aussehen, seine Stimme und Details seines Lebens in meinem Gedächtnis verankert sind.

Neuere Untersuchungen legen die Vermutung nahe, dass der Hippocampus für das episodische Gedächtnis und somit auch für das autobiographische Gedächtnis als Organisator zuständig ist, während der entorhinale, perirhinale und parahippocampale Cortex mit dem Fakten- und Vertrautheitsgedächtnis zu tun haben. Es gibt viele Hinweise darauf, dass der Hippocampus die episodisch-autobiographischen Inhalte in ihrer zeitlichen Reihenfolge markiert. Dies würde die Zeitlücken bei der retrograden Amnesie erklären. Die ursprüngliche Leistung des Hippocampus bei Säugetieren und Vögeln scheint das *Ortsgedächtnis* zu sein, insbesondere in Hinblick auf Orte, die man bei der Futtersuche nacheinander aufsuchen muss. Der Hippocampus und die umgebende Rinde sind als Organisatoren nicht mehr notwendig, wenn es sich um hochgradig verfestigtes (»konsolidiertes«) Wissen handelt wie der eigene Name, der eigene Wohnort, das Beherrschen der Muttersprache usw., also etwas, das wir »im Schlaf« können. Der Patient H. M. ohne Hippocampus wusste bzw. konnte dies nämlich alles noch. Man nimmt an, dass bei solch hochkonsolidierten Gedächtnisinhalten ein Selbst-Abruf im Cortex stattfindet.

Die an H. M. erhobenen Befunde zeigten, dass das prozedurale Gedächtnis nichts mit dem Hippocampus zu tun hat, denn die Fertigkeiten und Gewohnheiten dieses Patienten waren nach Verlust des Hippocampus unbeeinträchtigt. Man nimmt heute an, dass die Ausbildung von Fertigkeiten und Gewohnheiten mit dem motorischen Cortex, den Basalganglien und dem Kleinhirn zu tun hat, die alle unbewusst arbeiten. Nur zu Beginn des Erwerbs der Fähigkeiten und der Ausbildung der Gewohnheiten sind der bewusstseinsfähige präfrontale, temporale und parietale Cortex beteiligt. Mit zunehmender Konsolidierung nimmt deren Aktivität ab, und das Geschehen zieht sich zunehmend in die genannten Gebiete »zurück«. Dies erklärt auch die abnehmende Bedeutung des Detailbewusstseins. Auch davon wird später noch die Rede sein.

Über die zellulären Mechanismen des Gedächtnisses wird seit vielen Jahrzehnten geforscht. Schon vor über hundert Jahren hatten geniale Neurobiologen wie die beiden Wiener Sigmund Exner und Sigmund Freud (sie arbeiteten als junge Wissenschaftler zudem im selben Labor!) die Idee, Lernen und Gedächtnis könnte auf der

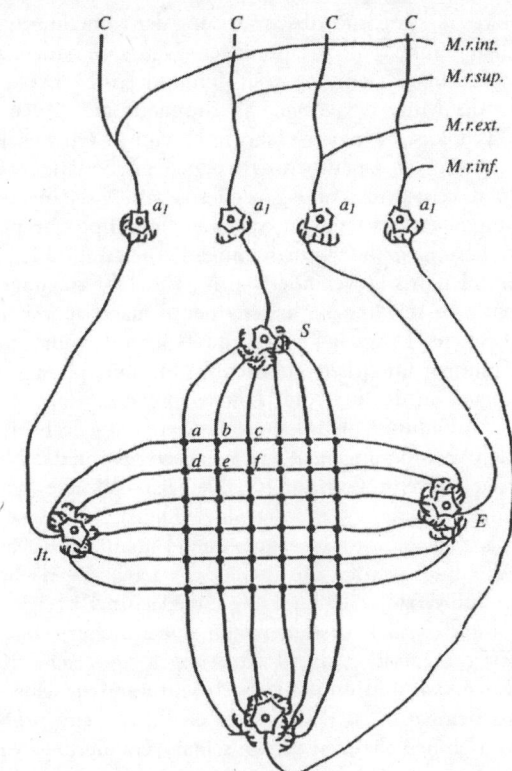

Abbildung 10: Netzwerk-Zeichnung von Sigmund Exner (1894). Das abgebildete Schema erklärt den Mechanismus der visuellen Bewegungswahrnehmung und Nervenzellen in der Netzhaut (Retina) und die damit zusammenhängende Steuerung der Augenbewegungen. Jf, Jt, E und S sind Nervenzellen, die durch Axone von Neuronen in der Netzhaut erregt werden, und zwar mit zeitlicher Verzögerung, die sich aus dem Abstand zu den retinalen Netzwerk-Knotenpunkten a-f ergibt. Diese werden je nach Bewegung des auf die Retina fallenden Objektbildes nacheinander erregt. Die motorischen Neurone a1-a4 aktivieren dann die entsprechenden Augenmuskeln (M.r.int., M.r.sup., M.r.ext., M.r.inf.), so dass das Auge der Bewegung automatisch folgt. Andere Fasern ziehen dann zum »Sehzentrum« des Gehirns, wo die bewusste Bewegungswahrnehmung erfolgt. (Aus Florey, in Roth und Prinz 1996.)

selektiven Verstärkung und Abschwächung der Kontakte zwischen Nervenzellen beruhen, die zusammen ein Netzwerk bilden. Abbildung 10 zeigt eine Zeichnung von Sigmund Exner. Diese Ideen wurden in der Mitte des vorigen Jahrhunderts durch den kanadischen Psychologen Donald Hebb noch einmal entwickelt und konnten inzwischen experimentell weitgehend bestätigt werden. Beim Lernen werden über eine ganze Reihe von Mechanismen die Übertragungseigenschaften von Synapsen im Hippocampus, im Cortex, im Kleinhirn und wo auch immer Lernen stattfindet, kurz-, mittel- und langfristig verändert, d.h., die Übertragungsstärke wird erhöht oder vermindert. Ersteres nennt man Langzeit-Potenzierung, Letzteres Langzeit-Depression. Während beim Kurzzeitgedächtnis immer kurzfristige und damit instabile physiologische Veränderungen an der Prä- und Postsynapse stattfinden, kommt es bei der Ausbildung von Inhalten des Langzeitgedächtnisses zu strukturellen Veränderungen an den Synapsen bzw. an den Nervenzellen. Synapsen vergrößern oder verkleinern sich, alte Synapsen verschwinden und neue werden gebildet. Dieser Prozess erfordert Stunden bis Tage, er wird aber zunehmend unanfällig gegen Störungen. Allerdings werden die Inhalte des Langzeitgedächtnisses lebenslang »umgebaut«. Unser Langzeitgedächtnis ist eben kein starrer Computerspeicher, sondern ein dynamisches Geschehen. Dies erklärt die Tatsache, dass Erinnerungen nie genaue Kopien früherer Ereignisse sind und trügerisch sein können, selbst wenn wir etwas scheinbar in allen Details zu erinnern meinen. Die mit dem Lernen einhergehenden synaptischen Veränderungen laufen teils »von selbst« ab und gehorchen dabei den Gesetzen einfacher zeitlicher und räumlicher Assoziation. Sie werden aber zugleich beeinflusst von kognitiven Zuständen wie Aufmerksamkeit und Vorwissen. Wie wir alle wissen, fördert kaum etwas so stark den Lernerfolg wie Aufmerksamkeit. Nicht umsonst sagen Eltern und Lehrer: »Konzentrier' dich, sonst kapierst du es nicht!«. Einen großen Einfluss haben auch positive und negative Gefühle. Sie führen dazu, dass sich bestimmte Geschehnisse auch unabhängig von ihrer Relevanz in unser Gedächtnis einbrennen. So können wir uns an viele irrelevante Details eines romantischen Abends am karibischen Palmenstrand erinnern, und bei einem schrecklichen Unfall sind solche Detailerinnerungen die Regel. Hier greift das limbische System massiv in die Gedächtniskonsolidierung ein. Dies geschieht dadurch, dass die Amygdala direkt die Vorgänge im Hippocampus beeinflusst.

Es ist auch so, dass wir uns besser an Dinge erinnern können, wenn wir uns in dieselbe positive oder negative Stimmung versetzen, die wir hatten, als wir diese Dinge lernten oder erlebten. Entsprechend sagen uns Psychologen, dass Dinge, die wir im alkoholisierten Zustand gelernt haben, uns in ebensolchem Zustand am besten einfallen (die vorsichtige Überprüfung sei dem geneigten Leser überlassen). Ebenso hilft es, sich an den Ort zu begeben, an dem etwas gelernt wurde, um unserer Erinnerung auf die Sprünge zu helfen. Hierbei wird das bereits erwähnte Orts- und Quellengedächtnis aktiviert, das dann das Wiedererinnern unterstützt. Generell gilt, dass der Kontext, in dem gelernt wird, zusammen mit den Wissens- oder Faktendetails abgespeichert wird.

Können wir unser Gedächtnis verbessern, und wenn ja, wie?

Hier gibt es eine schlechte und eine gute Botschaft. Die schlechte lautet: Wir können unser Gedächtnis nicht im eigentlichen Sinne verbessern. Jemand verbessert sein schlechtes Namens- oder Zahlengedächtnis nicht dadurch, dass er viele Namen oder Zahlen auswendig lernt. Auch das Ortsgedächtnis einer Person wird bekanntlich nicht durch Übung besser, sondern diese Person wird sich weiterhin ständig verfahren und verirren. Wie bereits erwähnt, ist der Umstand, in welchen Gedächtnisarten jemand gut oder schlecht ist, weitgehend genetisch vorgegeben.

Die gute Botschaft lautet: Es gibt Maßnahmen, mit denen man seinem schlechten Teilgedächtnis auf die Beine helfen kann. Den ersten Trick kennen wir eigentlich schon, denn er besteht darin, sich auf die Lerninhalte zu konzentrieren und sie möglichst plastisch zu erleben; dies steigert das Behalten enorm. Häufig lernen wir Dinge deshalb nicht gut, weil wir abgelenkt sind. Die meisten weiteren Gedächtnistricks beruhen darauf, dass wir *semantisch problematische* Gedächtnisse wie das Gedächtnis für Namen, Zahlen und Reihenfolgen primär sinnloser Ereignisse mit *hochsemantischen* Gedächtnisinhalten verbinden, nämlich solchen aus dem Gedächtnis für Gesichter, Bilder und Örtlichkeiten. Ein Beispiel: Wir haben mit einer Gruppe von fünf Menschen zu tun, deren Namen wir uns schnellstmöglich merken müssen. Nehmen wir einmal an, es handle sich um die Herren Schmidt, Schreiber, Metzger und Busch und eine Frau Weidemann. Wir sehen sie uns genau an und stellen fest, dass Herr Schmidt kräftig ist wie ein Schmied, Herr Schreiber hat große Ohren, hinter denen man gut einen Bleistift zum Schreiben verstecken kann. Herr Metzger hat eine Nase wie ein Fleischerhaken, und Frau Weidemann ist schlank wie eine Weidengerte. Natürlich wird es nicht immer so einfach sein wie in diesem Beispiel, aber man muss nur seine Phantasie walten lassen. Zum Beispiel könnte es sein, dass Frau Weidemann sehr beleibt ist, und wir assoziieren »Weidengerte« sozusagen als Kontrastprogramm. Hier gilt: Je bizarrer und lustiger die Assoziation, desto eher werden wir sie behalten.

Schwieriger wird es mit Zahlen. Diese sind erst einmal völlig ohne Sinn und deshalb schwer zu behalten. Der Trick besteht also darin, ihnen einen sekundären Sinn oder eine einigermaßen sinnhafte Struktur zu verleihen. Jeder von uns weiß, dass es hilft, wenn wir Abfolgen von Zahlen wie Telefon- oder Kontonummern in Zweiergruppen einteilen. Die Ziffernfolge 268 147 ist viel schwerer zu behalten als die Folge sechsundzwanzig-einundachtzig-siebenundvierzig, die wir uns mehrfach und rhythmisch laut vorsagen. Wir nutzen dabei nicht nur die Tatsache, dass *Gestaltbildung* das Behalten fördert, sondern wir verstärken unser notorisch schlechtes visuelles Zahlengedächtnis mit dem besseren sprachlich-auditorischen Gedächtnis. Eine weitere Möglichkeit der »Sinnstiftung« besteht darin, Ordnungen zwischen den Ziffern zu entdecken. Dies ist relativ einfach, wenn die Folge 246 753, 135 246 oder 192 837 heißt. Bei komplizierteren Ordnungen muss man sich die Ordnungsstruktur mühsam merken, was den Erleichterungseffekt stark behindert.

Ergibt sich keine unmittelbar sinnfällige Ordnung, so müssen wir zu anderen Tricks greifen. Einer besteht darin, dass wir jeder Ziffer von o bis 9 einen bzw. mehrere Konsonanten zuordnen. Eine gängige Zuordnung lautet: 1 = t, 2 = n, 3 = m, 4 = r, 5 = l, 6 = sch, 7 = k, g, 8 = f, v, pf, 9 = d, p, b und o = z, s. Dann schreiben wir entsprechend diesem Code die Konsonanten hintereinander auf und versuchen sie so mit Vokalen »aufzufüllen«, bis sie ein sinnfälliges Wort ergeben. Gegebenenfalls benutzen wir bei den Ziffern, denen mehrere Konsonanten zugeordnet sind, die Alternativen. Lautet die Geheimzahl unseres Bankkontos zum Beispiel 6592, so ergibt dies die Konsonantenfolge Sch-l-d-n. Was liegt näher, als daraus das zum Bankkonto höchst passende Wort »Schulden« zu bilden! Lautet die Ziffernfolge 3471, so können wir die Konsonantenfolge M-r-g-t einfach zum Vornamen unserer Frau, Freundin oder Cousine ergänzen – also einer Person, die uns lieb und insbesondere teuer ist. Wir können auch ganze Sätze bilden, indem wir der Geheimzahl 7753 (k-g-m-d) die Feststellung »kein Geld mehr da!« zuordnen. Wenn wir erst einmal eine gewisse Mühe darauf verwandt haben, uns den Ziffern-Konsonanten-Code zu merken, ist das Behalten kurzer Ziffernfolgen kein Problem mehr!

Bei längeren Ziffernfolgen wie Telefonnummern müssen wir einen anderen Trick anwenden. Hier weisen wir jeder Ziffer von 0 bis 9 einen möglichst einfachen, ähnlich klingenden Begriff zu. Dies kann etwa so aussehen: Ein(s) ist ein Schwein, zwei ist Heu, drei ist ein Schrei, vier ist eine Tür, fünf sind Strümpf', sechs ist eine Hex, sieben ist ein Sieb, acht ist die Nacht, neun ist eine Scheun', null ist ein Bull'. Wenn wir uns zum Beispiel die Ziffernfolge 921583 merken sollen, so formulieren wir den Merksatz »Eine Scheune mit Heu drin, dort sitzt ein Schwein in Strümpfen und stößt nachts einen Schrei aus«. Schließlich können wir jeder Ziffer auch einen Gegenstand zuordnen, der bildlich der Ziffer ähnelt, z. B. der 1 einen Kirchturm, der 2 einen Schwan, der 3 eine halbe Brezel und so weiter, und die Gegenstände zu möglichst komischen Geschichten reihen. Dabei gilt wiederum: je verrückter und bizarrer, desto besser.

Selbstverständlich gibt es noch eine Reihe weiterer bewährter Rezepte. Das berühmteste Rezept zum Erinnern der Reihenfolge von Dingen, Namen, Personen und Argumenten besteht darin, bestimmten Räumen eines uns sehr vertrauten Gebäudes bzw. (wenn das Gebäude nicht besonders groß ist) den Ecken und Nischen der Räume bestimmte Dinge fest zuzuordnen und die Räume dann in einer festgelegten Reihenfolge im Geiste zu durchschreiten. Mit einigem Training erreichen wir dann, dass die zu erinnernden Dinge in der richtigen Reihenfolge plastisch vor unserem Geiste auftauchen. Diese Tricks haben bereits die antiken Rhetoriker erfolgreich angewandt. Interessanterweise wenden Gedächtnisakrobaten bewusst oder unbewusst vor allem diesen Trick an, »Palast der Erinnerung« genannt, und natürlich auch die anderen genannten Tricks. Gedächtniskünstler haben nach allem, was wir wissen, hochgradig automatisierte Methoden des Sinnhaftig- und Anschaulichmachens von Merkinhalten. Wir müssen nur mit einiger Mühe eine solche Routine ausbilden, um ein bisschen näher an das heranzukommen, was sie können. Überdies hat mir ein bekannter Rechenkünstler verraten, dass er mehrere Stunden am Tag »trainiert« und die Ergebnisse vieler Rechenaufgaben, die er bei seinen Auftritten gestellt bekommt, auswendig kennt.

Vergessen dürfen wir allerdings nicht, dass Vergessenkönnen ebenso wichtig ist wie Behaltenkönnen. Gedächtniskünstler leiden nämlich darunter, all das sinnlose Zeug nicht vergessen zu können. Daran sollten wir uns gelegentlich erinnern, wenn wir über unser schlechtes Gedächtnis schimpfen.

6. Wer oder was bestimmt uns?

Ist menschliches Verhalten eher durch angeborene oder eher durch erworbene Eigenschaften bestimmt, durch Natur oder Kultur? Das ist seit vielen Jahrhunderten eine heftig diskutierte Frage.

Lange Zeit schien die Antwort ganz einfach zu sein: Tierisches Verhalten ist weitgehend angeboren, menschliches Verhalten weitgehend durch Umwelteinflüsse bestimmt. Es sind die *Instinkte*, die das tierische Verhalten beherrschen; Webspinnen, Bienen und Vögel bauen kunstvolle Nester, Singvögel schmettern komplizierte Gesänge und fliegen nach Sternenbildern bzw. nach dem Erdmagnetfeld, ohne dies erlernt haben zu müssen. Das Silbermövenküken pickt instinktiv nach dem roten Fleck auf dem Schnabel seiner Eltern, um Futter zu bekommen, das Stichlingsmännchen beginnt seinen Paarungstanz, sobald es ein Weibchen mit silbrig aufgetriebenem Bauch sieht, und greift »instinktiv« einen Reviereindringling an, sofern dieser eine rote Unterseite aufweist.

Dies und vieles andere wurde in den dreißiger bis sechziger Jahren des zwanzigsten Jahrhunderts von Verhaltensforschern wie Konrad Lorenz und Niko Tinbergen und ihren vielen Schülern mit scheinbar eindrucksvollen Experimenten demonstriert. Lorenz ging aber noch einen Schritt weiter und übertrug seine Erkenntnisse aus der tierischen Verhaltensforschung auf menschliches Verhalten. In dem Bestseller »Das sogenannte Böse« versuchte er zu beweisen, dass auch menschliches Verhalten, zum Beispiel Aggression und Gewalt, zum guten Teil von angeborenen Antrieben bestimmt ist, die sich unter anderem in einer sich periodisch anstauenden und entladenden Aggressivität ausdrückt, aber auch in Liebe, Freundschaft, Sexualität, Nahrungsaufnahme und Verteidigung. Dies alles gehöre – so Lorenz – zu unserem stammesgeschichtlichen Erbe.

Diese von Lorenz und Tinbergen begründete *vergleichende Verhaltensforschung* oder *Ethologie* richtete sich vor allem gegen die außerhalb des deutschsprachigen Raumes dominierende Lehre des *Behaviorismus*. Der Behaviorismus hatte sich in den USA zu Ende des 19. Jahrhunderts entwickelt und bestand im Anschluss an Arbeiten des russischen Physiologen Iwan Pawlow in der vornehmlich von Edward Thorndike, John Watson und Burrhus F. Skinner entwickelten Grundanschauung, menschliches und tierisches Verhalten sei weitestgehend bestimmt durch Umwelteinflüsse. Diese prägen sich dadurch ein, dass im Prozess der *Konditionierung* bestimmte Ereignisse (»Reize«) bestimmte Reaktionen hervorrufen. Dies geschieht zum einen dadurch, dass gelernt wird, über das zeitliche (und meist auch räumliche) Zusammentreffen bestimmter Umweltereignisse (z. B. ein Glockenzeichen) andere Ereignisse (z. B. Nahrung) verlässlich vorauszusagen. Dies nennt man, wie im vorigen Kapitel bereits dargestellt, *klassische Konditionierung*.

Daneben ist es vor allem Lernen aufgrund der positiven oder negativen Konsequenzen, von Belohnung und Bestrafung, welches das Verhalten entscheidend beeinflusst. Dies nennt man *operante Konditionierung*. Tiere und Menschen lernen – meist durch Ausprobieren (Versuch und Irrtum) – das vermehrt aufzusuchen oder zu tun, was angenehme Folgen hat, und das zu vermeiden, was unangenehme Folgen hat. Dies alles kann ohne jegliche Einsicht in das eigene Tun geschehen. Die Behavioristen glaubten, jegliches Verhalten von Mensch und Tier ließe sich durch geschickte Konditionierung beliebig verändern. Entsprechend gebe es zwischen den Menschen auch keine genetisch bedingten Unterschiede seitens der Intelligenz und der Begabungen. Was sich Menschen gern als besondere »mentale« Zustände zuschrieben, Bewusstsein, Denken und Handlungsplanung etwa, seien nichts anderes als etwas kompliziertere Folgen klassischer und operanter Konditionierung. Geistige Handlungsplanung sei nichts anderes als internes Probehandeln, Denken nichts anderes als stilles Sprechen zu sich selbst und so fort.

Beide Strömungen, die Verhaltensforschung der Lorenzschule wie auch der Behaviorismus, gerieten in den sechziger und siebziger Jahren auf unterschiedliche Weise in eine tiefe Krise. Was die Verhaltensforschung betrifft, so stellte sich heraus, dass viele ihrer »schlagenden« Experimente schwere methodische Fehler aufwiesen und grundlegende Begriffe der Instinkttheorie – vor allem der Instinktbegriff selbst – nicht in der strengen Weise aufrechterhalten werden konnten, da scheinbar rigides instinkthaftes Verhalten von Tieren und Menschen immer Anteile beinhaltet, die gelernt werden. Der Behaviorismus wiederum musste akzeptieren, dass tierisches und menschliches Verhalten keineswegs völlig verformbar ist. Aus der Tierdressur war lange bekannt, dass man bestimmten Tieren bestimmte Dinge gut und andere Dinge schlecht oder überhaupt nicht beibringen kann. Tiere wie Menschen besitzen angeborene Fähigkeiten – »Prädispositionen« –, die sie in die Lage versetzen, bestimmte Dinge schnell und präzise zu lernen.

Es stellte sich heraus, dass viele Anteile tierischen und menschlichen Verhaltens angeborene Grundlagen besitzen, dass aber zur vollen Reifung dieses Verhaltens Umwelteinflüsse nötig sind. Neben »angeboren« und »erlernt« gibt es zudem eine dritte Form der Verhaltensbestimmung, *Prägung* genannt, die von beiden anderen Formen Anteile enthält, und die Konrad Lorenz (wieder)entdeckt und erstmalig ausführlich beschrieben hat. Tiere und Menschen sind in früher Jugend, zum Teil noch im Mutterleib, für ganz bestimmte Umweltreize besonders empfänglich. Diese »prägen« sich dann dem Verhalten so ein, dass dieses sich in eine bestimmte Richtung entwickelt, aus der es nur schwer wieder herausgelenkt werden kann. Das gilt praktisch für alle Verhaltensweisen. Von besonderer Bedeutung sind allerdings negative frühkindliche Erlebnisse wie Gewalt, Vernachlässigung durch die Eltern, sexueller Missbrauch oder das Erleiden oder Miterleben eines schrecklichen Unfalls, die als »Psychotraumata« zu schwer reparierbaren Schädigungen der Psyche und auch des Gehirns der Kinder führen.

Dieses Mischungsverhältnis von angeboren und erlernt, insbesondere in Form frühkindlicher Prägungen, wird allerdings außerhalb der Biowissenschaften nur zögerlich akzeptiert. In den siebziger und achtziger Jahren des vorigen Jahrhunderts herrschte in weiten Kreisen der Sozial- und Erziehungswissenschaften die Überzeugung vor, der Mensch sei hinsichtlich seiner geistigen Fähigkeiten im Wesentlichen ein Produkt der Gesellschaft. Begabung – so hieß es – sei den Kindern nicht angeboren, sondern werde ihnen von Eltern und Lehrern vermittelt (Kinder werden »be-gabt«, so sagte man damals). Erst seit den neunziger Jahren nimmt man in den Sozialwissenschaften und den Erziehungswissenschaften ganz langsam und eher widerwillig Abschied vom Glauben an die Allmacht der Erziehung.

Die Dominanz eines Umweltoptimismus in Erziehung und Gesellschaft ist umso erstaunlicher, als seit langem in der Psychologie ernsthafte Versuche unternommen wurden, den Anteil von »angeboren« und »erlernt« im menschlichen Verhalten und bei menschlichen Fähigkeiten mit empirischen Methoden genauer zu bestimmen. Dies geschah und geschieht vor allem im Zusammenhang mit dem Begriff der »Intelligenz«. Was Intelligenz genau ist, ist umstritten. Man kann sich aber darauf einigen, dass es sich zum einen um eine allgemeine Lern-, Denk-, Vorstellungs-, Erinnerungs- und Problemlösefähigkeit handelt und zum anderen um den Besitz von Kenntnissen aus bestimmten Gebieten (»Expertenwissen«). Dem entspricht die Unterscheidung zwischen »fluider« und »kristalliner« Intelligenz, die auf den Psychologen Cattell zurückgeht.

Intelligenz wird allgemein als Vergleichswert angegeben, d. h., der berühmte »Intelligenzquotient« (IQ) sagt aus, in welchem Maße eine bestimmte Person in bestimmten kognitiven Leistungen und Fähigkeiten unter oder über dem Durchschnittswert ihrer Altersgruppe liegt, der auf 100 festgelegt wird. Ein IQ von 100 sagt also, dass man durchschnittlich begabt ist. Ca. zwei Drittel der Bevölkerung haben einen IQ im Normintervall zwischen 85 und 115; bei einem IQ von 130 und darüber spricht man von einer Hochbegabung, bei einem IQ von 70 und darunter von einer Minderbegabung. Menschen mit solch hohen oder niedrigen IQs machen jeweils 2 bis 3 Prozent der Bevölkerung aus.

Wie kann man nun feststellen, ob und in welchem Maße die Intelligenz eines Menschen angeboren oder durch Umwelteinflüsse, vor allem Erziehung, bestimmt ist? Forscher sind schon früh darauf gekommen, dass die Natur im Auftreten eineiiger Zwillinge ein hervorragendes Studienmaterial bietet. Eineiige Zwillinge entstehen dadurch, dass sich eine befruchtete Eizelle vor ihrer weiteren Ausdifferenzierung noch einmal vollständig teilt. Es entstehen daraus Menschen, die genetisch identisch sind. Oft sehen sie sich so ähnlich, dass selbst ihre Eltern sie nur mit Mühe auseinanderhalten können, und sie haben sehr ähnliche Neigungen und Begabungen, ganz im Gegensatz zu zweieiigen Zwillingen, die entstehen, wenn zufällig zur selben Zeit zwei Eizellen befruchtet werden und sich dann unabhängig voneinander entwickeln. Zweieiige Zwillinge sind sich genetisch gesehen nicht ähnlicher oder unähnlicher als normale Geschwister (d. h., sie haben die Hälfte der Gene gemeinsam), aber sie wachsen in etwa derselben Umwelt auf, was bei normalen Geschwistern nicht in diesem Maße der Fall ist. Schließlich gibt es noch Halbgeschwister, bei denen die genetische Verwandtschaft noch geringer ist (sie haben ein Viertel der Gene gemeinsam), und Adoptivkinder, die nicht mit ihren Stiefgeschwistern genetisch verwandt sind.

Bei all diesen Gruppen liegen also ganz unterschiedliche Mischungen zwischen genetischer Ähnlichkeit und Ähnlichkeit des Milieus vor. Von großem Interesse sind dabei Studien an eineiigen Zwillingen, die kurz nach der Geburt (aus welchen Gründen auch immer) getrennt wurden und nicht bei ihren leiblichen Eltern aufwuchsen, so dass bei gleichen Genen das Milieu unterschiedlich ist. Die natürliche Vergleichsgruppe sind dabei zum einen eineiige Zwillinge, die gemeinsam und bei ihren biologischen Eltern aufwuchsen, und zum anderen Adoptivkinder, die mit nichtverwandten Stiefgeschwistern aufwuchsen, und bei denen das Milieu ähnlich ist, die Gene aber grundverschieden sind.

Man misst nun bei diesen Gruppen den Intelligenzquotienten und gibt als Maß der Übereinstimmung der IQs der verglichenen Gruppen den so genannten Korrelationskoeffizienten an, der zwischen – 1 und + 1 liegen kann. Dabei bedeutet ein Korrelationskoeffizient von 0, dass die untersuchten Größen (z. B. der IQ des einen und des anderen eineiigen Zwillings oder der IQ der Zwillinge einerseits und der Adoptiveltern andererseits) nichts miteinander zu tun haben, ein Wert von + 1 völlige Übereinstimmung und einer von – 1 eine »Antikorrelation« (d. h., zwei Größen verhalten sich genau entgegengesetzt). Nach gängiger Auffassung in der Statistik deutet ein Korrelationskoeffizient um 0,2 einen schwachen, einer um 0,4-0,5 einen mittelstarken und 0,8 einen starken Zusammenhang an.

Die Zwillingsforschung hat mit einer Reihe von Problemen zu kämpfen. Erst einmal ist die Zahl eineiiger Zwillinge niedrig, und noch niedriger ist die Zahl derjenigen eineiigen Zwillinge, die kurz nach der Geburt getrennt wurden und in verschiedenen Milieus aufwuchsen. Die einschlägige Forschung nennt eine Zahl von 117 Paaren eineiiger Zwillinge, die zwischen 1937 und 1990 identifiziert wurden und entsprechenden Tests zur Verfügung standen. Gefunden wurde, dass die Intelligenz von getrennt aufgewachsenen eineiigen Zwillingen mit einem Koeffizienten zwischen 0,67 und 0,78 korreliert. Dies bedeutet, dass ihre Intelligenz zwar nicht völlig gleich ist, aber doch eine beträchtliche Übereinstimmung aufweist. Man muss dabei berücksichtigen, dass bei *gemeinsam* aufgewachsenen eineiigen Zwillingen der Korrelationskoeffizient keineswegs 1 ist, wie man meinen könnte, sondern 0,86, was auf der einen Seite durch Messfehler bedingt ist, andererseits aber auch zeigt, dass »identische Gene« nicht »identisches Verhalten« bedeutet. Bei Tests an genetisch *nicht-verwandten* adoptierten Kindern und ihren Adoptiveltern fand man hinsichtlich der Intelligenz eine sehr schwache Korrelation von 0,1 oder darunter, während die Intelligenz von Eltern und ihren leiblichen Kindern, die von ihnen zur Adoption freigegeben und also *nicht* von ihnen erzogen wurden, eine mittelstarke Korrelation von 0,4 aufwies.

Was bedeuten diese vielfach bestätigten Resultate? Sie lassen erst einmal den Schluss zu, dass dasjenige, was man unter Intelligenz versteht, in einem erheblichen Maße angeboren ist, und dass die Umwelteinflüsse dabei eine geringere Rolle spielen – wie anders kann man sonst erklären, dass es kaum eine Korrelation zwischen der Intelligenz von Adoptiveltern und der ihrer Adoptivkinder gibt! Dies ist so ziemlich das Gegenteil von dem, was viele Psychologen und Pädagogen jahrzehntelang behauptet haben, auch wenn diese Zahlen bereits lange bekannt waren.

Mehrere Gesichtspunkte sind jedoch zu bedenken. Erstens ist es nicht so, dass die Forschung an eineiigen Zwillingen den »reinen« Anteil der Gene, also des »Angeborenen« enthüllt. Eineiige Zwillinge teilen ja nicht bloß die Gene miteinander, sondern auch vielfältige Umwelteinflüsse in der vielleicht wichtigsten Phase ihres Lebens, nämlich der Entwicklung im Mutterleib, sowie die Geburtserfahrung und die Erlebnisse in den ersten Tagen, Wochen und Monaten nach der Geburt, und diese können sie ähnlicher machen, als sie rein biologisch sind. Die meisten Zwillingspaare werden auch nicht unmittelbar nach der Geburt getrennt, sondern erleben eine – wenngleich vielleicht kurze – Zeit miteinander, in der sie mehr oder weniger denselben Umwelteinflüssen ausgesetzt sind. Weiterhin werden eineiige Zwillinge, die getrennt wurden, meist nicht in völlig unterschiedliche Umwelten »verpflanzt«, sondern es sind eher Paare mit einem höheren Bildungsstand und Einkommen, die sich zu Adoptionen entschließen. Beide Faktoren zusammengenommen sind geeignet, die Ähnlichkeit seitens der Intelligenz zwischen getrennt aufgewachsenen eineiigen Zwillingen zu erhöhen – wie stark, das ist nicht genau bekannt. Dass dieser Einfluss aber nicht beträchtlich sein kann, zeigt die sehr geringe Korrelation zwischen der Intelligenz der Adoptiveltern und der Adoptivkinder.

Was Erziehung nach Ansicht von Experten hinzufügt, macht aus der Sicht der IQ-Statistik fünfzehn bis zwanzig Prozent der

Gesamtintelligenz aus. Dies mag gering erscheinen, bedeutet aber, dass zum Beispiel eine Person, die ohne jegliche geistige Förderung einen IQ von 90 aufweist und damit leicht »minderbemittelt« wirken kann, bei intensivster Förderung auf einen IQ von 105 oder gar 110 kommen könnte und damit einen überdurchschnittlich intelligenten, wenngleich im Normbereich liegenden Eindruck macht. Wir müssen dabei berücksichtigen, dass zwei Drittel aller Personen im IQ-Intervall zwischen 85 und 115 liegen und sich hier relativ kleine Veränderungen im Intelligenzquotienten deutlich bemerkbar machen.

Hochbegabte mit einem IQ von 130 und höher, die rund 2 Prozent der Bevölkerung ausmachen (solche mit einem IQ von 135 machen rund 1 Prozent aus) gelten häufig als »Sonderlinge« mit Persönlichkeitsdefiziten und sonstigen »Macken« und ganz einseitigen Begabungen. Eine solche Meinung ist aber nicht gerechtfertigt. Die Hochbegabtenforschung zeigt das Gegenteil: Die meisten Hochgegabten sind vielseitig interessiert (das müssen sie auch sein, wenn sie zum Beispiel eine sehr gute Abitur-Durchschnittsnote aufweisen), sprechen mehrere Sprachen, spielen meist mehrere Instrumente, sind bereits in jungen Jahren viel gereist, engagieren sich überdurchschnittlich häufig im sozialen Bereich und sind emotional ausgeglichener. Von diesen »normalen« Hochbegabten sind allerdings die Personen mit einer »Inselbegabung« zu unterscheiden, die in aller Regel im Bereich der Mathematik (einschließlich Schachspielen) und der Musik auftritt, oft auch in Kombination. Hier zeigen sich gelegentlich, wenngleich nicht automatisch, Defizite im Bereich der Sprache, der Emotionalität und der Empathie, was sie in die Nähe der »Autisten« rückt. Die Gründe hierfür sind unbekannt – vielleicht sind die genannten Defizite auch gar nicht ursächlich mit der Sonderbegabung verknüpft, sondern einfach eine Folge des hochgradig selektiven Interesses an Mathematik, Schachspielen und Musik, das alles andere in den Hintergrund drängt.

Was macht Gehirne intelligent?

Die Hirnforschung ist natürlich seit langem daran interessiert, herauszufinden, welche besonderen Eigenschaften die Gehirne intelligenter Menschen gegenüber denen von weniger intelligenten auszeichnen. Was man bisher gefunden hat, ist die Einsicht, dass es sich nicht um einen einzigen Faktor handelt. Insbesondere hat sich nicht das bestätigt, was man auf den ersten Blick erwarten würde, nämlich ein Zusammenhang zwischen Hirngröße bzw. Hirngewicht und Intelligenz nach dem Motto: je mehr Gehirn, desto schlauer! Die Korrelation zwischen dem Hirngewicht in einem Intervall zwischen 1000 und 2000 Gramm und dem Intelligenzgrad war bei vielen Untersuchungen entweder null oder nur schwach positiv. Erst wenn das Gehirn ein Gewicht unter 1000 Gramm hatte, traten meist, wenngleich keineswegs immer, erhebliche Beeinträchtigungen der Intelligenz auf. Deutlicher war der positive Zusammenhang, den Grazer Neuropsychologen zwischen Intelligenz und der allgemeinen Verarbeitungsgeschwindigkeit des Gehirns, genauer: der Leitungsgeschwindigkeit der Axone von Nervenzellen, feststellten, von der bereits die Rede war. Offenbar können derartige Gehirne sprichwörtlich schneller denken.

Der deutlichste Zusammenhang zeigt sich, wenn man die Funktion des Arbeitsgedächtnisses betrachtet, das im präfrontalen Cortex lokalisiert ist und die Fähigkeit umfasst, mehrere Dinge gleichzeitig für eine gewisse Zeit im »Kopf« zu behalten und mit ihnen beim Problemlösen zu hantieren. Wie bereits in Kapitel 5 berichtet, ist das Arbeitsgedächtnis in seinem Fassungs- und Verarbeitungsvermögen notorisch begrenzt, und es ist ratsam, beides durch »Tricks« und Übung zu steigern und es ansonsten möglichst wenig zu belasten. Untersuchungen amerikanischer Forscher mit bildgebenden Methoden zeigen, dass beim Problemlösen das Stirnhirn und damit auch das Arbeitsgedächtnis bei intelligenten Menschen weniger stark aktiviert wird als bei weniger intelligenten.

Dieser Befund ist zumindest auf den zweiten Blick verständlich. Intelligenten Menschen fällt schneller eine mögliche Lösung ein als weniger intelligenten; sie erkennen eher, »was Sache ist« und strengen ihr Gehirn deshalb weniger an. Sie halten sich damit kürzere Zeit im funktionellen »Flaschenhals« des kognitiven Gehirns auf. Woran dies liegt, ist unbekannt. Eine Möglichkeit ist, dass die neuronalen Netzwerke ihres Arbeitsgedächtnisses einfach besser und schneller arbeiten, oder dass diese Netzwerke mehr »Tricks drauf haben«, wie man die starke Begrenztheit des Arbeitsgedächtnisses umgehen kann.

Die Frage ist, ob und in welcher Weise man diese inzwischen gut bestätigten Befunde der Intelligenzforschung in Hinblick auf das Verhältnis von Natur und Kultur bzw. Gen und Umwelt verallgemeinern kann. Diese Frage ist nicht so leicht zu beantworten, denn nur wenige Persönlichkeitsmerkmale lassen sich so gut messen wie Intelligenz. Es könnte sein, dass andere Fähigkeiten des Menschen weit weniger »angeboren« sind. Um eine Beantwortung der Frage, wie man eine menschliche Persönlichkeit charakterisieren kann, haben sich Psychologen ebenfalls seit vielen Jahren bemüht. Durchgesetzt hat sich in der Persönlichkeitspsychologie eine Klassifikation in wenige Grundtypen der Persönlichkeit. Wichtig für diese Klassifikation ist nicht die Suche nach irgendwelchen Wesensunterschieden, wie etwa in der antiken Temperamentlehre, die die Menschen in Sanguiniker, Phlegmatiker, Choleriker und Melancholiker einteilte. Vielmehr wird heute die Auffassung vertreten, dass jeder Mensch eine Kombination einer Anzahl grundlegender Persönlichkeitsmerkmale darstellt, die ihrerseits mehr oder weniger ausgeprägt sein können und entsprechend eine Dimension mit zwei Endpunkten darstellen.

Die Auseinandersetzung darüber, welche und wie viele solcher grundlegenden Persönlichkeitsmerkmale anzunehmen sind, bestimmt seit mehr als 50 Jahren die Persönlichkeitspsychologie. Der bedeutende deutsch-englische Psychologe Hans-Jürgen Eysenck ging ursprünglich von nur zwei Dimensionen aus, und zwar von »Extraversion vs. Introversion« (meist einfach nur »Extraversion« genannt) und »Stabilität vs. Labilität« (oder einfach »Neurotizismus«). Später fügte er aufgrund intensiver Studien psychischer Erkrankungen eine dritte Dimension hinzu, die er »Psychotizismus vs. Impulskontrolle« (oder einfach »Psychotizismus«) nannte. Aufbauend auf diesem Ansatz gehen heute viele Persönlichkeitspsychologen auf Vorschlag der Psychologen Costa und McGrae von fünf Dimensionen oder Grundkategorien der Persönlichkeit aus, nämlich (1) Extraversion, (2) Verträglichkeit, (3) Gewissenhaftigkeit, (4) Neurotizismus und (5) Offenheit. Sie finden sich entsprechend in Typen und Gegentypen ausgeprägt.

Extravertierte Menschen sind gesprächig, aktiv, energisch, offen, gesellig und begeistern sich schnell für neue Dinge. Gegenteilig veranlagte, also *introvertierte* Menschen sind still, reserviert, scheu und in sich zurückgezogen. *Verträgliche* Menschen sind mitfühlend, herzlich bis weichherzig, großzügig, vertrauensvoll, hilfsbereit, nachsichtig und feinfühlig. Ihre Gegentypen sind unfreundlich, streitsüchtig, hartherzig, undankbar und knickrig. *Gewissenhafte* Menschen sind sorgfältig, planend, effektiv, verantwortungsvoll, zuverlässig, vorsichtig und praktisch veranlagt. Gegenteilig veranlagte Menschen sind sorglos, unordentlich, leichtsinnig, unverantwortlich und unzuverlässig. *Neurotizistische* Menschen sind angespannt, launisch, mutlos, instabil und zeigen viel Selbstmitleid. Ihr Gegentyp ist stabil, ruhig und zufrieden. *Offene* Menschen schließlich sind breit interessiert, einfallsreich, phantasievoll, intelligent, originell, wissbegierig, erfinderisch, geistreich und weise, während ihr Gegentyp einen mittelmäßigen, einseitig interessierten Eindruck macht und ein einfach strukturiertes, oberflächliches Denken zeigt.

Der bedeutende Britische Psychologe Jeffrey A. Gray revidierte ebenfalls das Konzept von Eysenck und kam, auch aufgrund neurobiologischer Studien, zu nur zwei Dimensionen, die er mit »Impulsivität« (entspricht der »Extraversion« Eysencks) und »Ängstlichkeit« (entspricht dem »Neurotizismus« und »Psychotizismus« Eysencks) bezeichnete. »Impulsivität« geht nach Gray einher mit einer hohen Empfänglichkeit für Belohnungen und einer geringen Furcht vor Misserfolgen bzw. dem Ausbleiben von Belohnungen, während »Ängstlichkeit« verbunden ist mit einer hohen Empfindlichkeit gegenüber Misserfolgen bzw. dem Ausbleiben von Belohnungen. Die Impulsiven machen sich frisch ans Werk, riskieren viel und ertragen auch Enttäuschungen, während die Ängstlichen das Risiko scheuen und auf »Nummer sicher« gehen, weil eben so viel schiefgehen könnte. Auf neurophysiologischer Ebene entspricht diesen persönlichkeitspsychologischen Dimensionen zum einen ein Annäherungs- und Antriebssystem und zum anderen ein Vermeidungs- und Abwehrsystem.

Ob man nun eher Eysenck, Costa und McGrae oder Gray oder ganz anderen Persönlichkeitspsychologen folgt und zwei, drei, fünf, sieben oder gar (wie Cattell es vorschlug) 16 Grundtypen bzw. Dimensionen annimmt, man geht allgemein davon aus, dass Persönlichkeit eine Merkmalskombination ist, die einen Menschen von anderen Menschen stabil unterscheidet. Aber wie stabil heißt

»stabil«? Dass im Laufe des Lebens stärkere Veränderungen in der Persönlichkeit stattfinden, und dass diese stark von der Umwelt abhängen, ist eine weit verbreitete Meinung und entspricht auch in der Regel unserem Selbstempfinden. Rückblickend stellen viele Menschen fest, dass sie »ganz andere Menschen« geworden sind als früher, nachdem sie dies oder jenes erlebt haben. Genaue Untersuchungen der Veränderung der Persönlichkeitsstruktur von Individuen über lange Zeiträume (so genannte Längsschnittstudien, die sich über mehrere Jahre, zum Teil über 20 Jahre und mehr erstrecken) sagen aber etwas ganz anderes. Danach bildet sich die Grundstruktur der Persönlichkeit, die gut mit den oben genannten fünf Grundtypen von Costa und McGrae erfassbar ist, schon sehr früh aus.

So wissen alle Eltern mit mehr als einem Kind, dass die grundlegenden Persönlichkeitsunterschiede, nämlich das *Temperament* ihrer Kinder, sich meist schon im ersten Lebensjahr ausbilden und gegen Erziehung und andere Umwelteinflüsse relativ resistent werden.

Menschen – so zeigen neue Langzeituntersuchungen von Persönlichkeitspsychologen wie dem Berliner Forscher Jens Asendorpf – suchen sich eher diejenigen Umwelten, die zu ihrer Persönlichkeit passen, als dass sie sich bestimmten Umwelten anpassen. Eine eher verschlossene Person wird nicht völlig extravertiert, wenn sie auf eine Gruppe lebensbejahender Menschen stößt, sondern sich erst einmal eine Umgebung suchen, in der sie in Ruhe gelassen wird, oder – wenn andere Motive sie zur Gesellschaft von extravertierten Menschen treiben – höchstens ein bisschen aus sich herausgehen. Insgesamt müssen wir die Veränderbarkeit unterschiedlicher Menschen als ein normalverteiltes Kontinuum ansehen: Manche Menschen sind kaum veränderbar, andere stärker, und die Mehrzahl von uns ist in einem eingeschränktem Maße veränderbar, und zwar abhängig von der Art der Veränderungen, die von ihnen verlangt werden, vom Lebensalter, von der Motivation zur Veränderung und von der Stärke der äußeren Einwirkungen.

So sind Veränderungen umso schwerer, je tiefer sie in unsere Persönlichkeitsstrukturen und unsere langjährigen Gewohnheiten eingreifen, je älter wir sind und je weniger wir zu solchen Veränderungen motiviert sind. Entsprechend gilt umgekehrt, dass wir uns in nebensächlichen Dingen leicht ändern, dass Änderungen im Kindesalter am leichtesten fallen und dann, wenn unsere ganze Motivation auf solche Änderungen ausgerichtet ist, d. h., wenn wir uns von den Änderungen »viel versprechen«. Ich werde darauf noch einmal zurückkommen.

Neigung zur Gewalt – angeboren oder erlernt?

Die Frage, in welchem Maße Menschen durch Gene, frühkindliche Erfahrungen und Erziehung in ihrem Verhalten festgelegt sind, ist natürlich von größter Wichtigkeit, wenn es um abweichendes, insbesondere kriminelles Verhalten geht. Wird man als Krimineller geboren, oder wird man durch Umwelteinflüsse kriminell? Inwieweit lassen sich Kriminelle zurück auf den rechten Weg führen, und wenn ja, wodurch? Diese Fragen haben die für die öffentliche Ordnung Zuständigen seit langem beschäftigt und sind inzwischen aktueller denn je, insbesondere im Zusammenhang mit Gewaltverhalten und Sexualstraftaten.

Bei den Bemühungen um eine halbwegs gesicherte Antwort müssen wir berücksichtigen, dass die meisten Straftäter nur einmal in ihrem Leben straffällig werden und nach der Entlassung aus dem Gefängnis nie mehr dort auftauchen. Dies mag nur zum Teil an der erzieherischen Wirkung der Strafanstalt liegen, zum größeren Teil wohl an der sozialen Ächtung, die meist mit einer Verurteilung zu einer Gefängnisstrafe verbunden ist. Zu vermuten ist überdies, dass viele Menschen aus Dummheit, Unvorsichtigkeit, Leichtgläubigkeit, Gelegenheit oder Not straffällig werden, und nicht aufgrund schwerer charakterlicher Defizite. Dieser großen Gruppe von Einmaltätern steht eine kleine Gruppe von nicht einmal 8 Prozent der Straftäter gegenüber, die zusammen etwa zwei Drittel aller Straftaten begehen, genauer: zwei Drittel der Tötungsdelikte und schweren Körperverletzungen und drei Viertel der Raubüberfälle und Vergewaltigungen. Es gibt eindeutig einen harten Kern von Tätern, die sich anscheinend durch keinerlei Straf- oder Erziehungsmaßnahmen von ihrem Tun abbringen lassen, und das gilt vor allem für Gewaltdelikte. Kaum aus dem Gefängnis entlassen, werden sie wieder straffällig.

Bei diesen Vielfachtätern wird zur Zeit intensiv erforscht, was sie zu ihrem bösen Tun treibt und wann im Laufe ihres Lebens die

Neigung zur Gewalt sichtbar wurde. Hier scheint man seit einiger Zeit im Zuge einer engen Zusammenarbeit zwischen Kriminologie, Persönlichkeits- und Sozialpsychologie sowie den Neurowissenschaften zunehmend fündig zu werden. Dabei zeigt sich, dass körperliche Gewalt vornehmlich, wenngleich nicht ausschließlich, ein männliches Phänomen ist, und dass sich die Neigung zu körperlicher Gewalt schon sehr früh zeigt. Bei Gewaltdelikten ist laut neuester Statistik das Verhältnis zwischen männlichen und weiblichen Personen rund vier zu eins, bei schweren Gewaltdelikten wie Mord, Totschlag, schwerer Körperverletzung zehn zu eins und bei Vergewaltigung und sexuellem Missbrauch von Kindern rund hundert zu eins.

Das bedeutet nicht, dass Frauen generell friedliebender sind als Männer, sondern lediglich, dass sie weniger häufig gewalttätige Handlungen begehen, die strafrechtlich verfolgt werden. Männer neigen in Konfliktsituationen eher zu körperlicher Gewalt, während bei Frauen verbale Gewalt und Beziehungsgewalt (Schikanieren, Intrigen spinnen) dominiert. Kriminologen und Kriminalpsychologen weisen auch darauf hin, dass Männer Tötungsdelikte eher im starken Affekt begehen, Frauen, meist unter starkem Leidensdruck, Tötungen hingegen eher planen – was immer dies über die Unterschiede zwischen Mann und Frau aussagt.

Untersucht man den Lebensverlauf von Vielfach-Gewalttätern, so stellt man in fast allen Fällen fest, dass diese Personen schon in früher Jugend zu Gewalttaten neigten, und zwar auch dann, wenn das Milieu keinen besonderen Anlass dazu gab oder zu geben schien. Forscht man noch weiter, so stellt man fest, dass ein erheblicher Teil der überwiegend männlichen Gewalttäter bereits im Alter von drei bis vier Jahren, also im Kindergartenalter, ein auffälliges Verhalten zeigen, das sich in Rüpeleien, Schikanieren von Schwächeren, kleinen Diebstählen, häufigem Lügen und Tierquälerei äußert. Insgesamt zeigt sich, dass etwa 5% der männlichen Jugendlichen ein solches sozial auffälliges bzw. abweichendes Verhalten an den Tag legen.

Untersucht man diese Personen genauer mit psychologischen und neurowissenschaftlichen Methoden, so findet man eine charakteristische Kombination von Auffälligkeiten, nämlich (1) eine motorische Hyperaktivität (die Kinder zappeln und rennen häufig herum), (2) eine verringerte Affekt- und Impulskontrolle (sie regen sich schnell auf und können nicht warten), (3) ein starkes Gefühl der Bedrohtheit, das sie häufig dazu veranlasst, als Erste zuzuschlagen (falls sie körperlich stark sind), (4) kognitiv-emotionale Defizite im Bereich des Erkennens von Gestik und Mimik, mangelnde Mitleid- und Empathiefähigkeit und (5) vor allem mangelndes Selbstvertrauen.

Erhalten diese Kinder nicht eine geeignete Therapie, dann ist die Wahrscheinlichkeit hoch, dass sie später gewaltkriminell werden. Es stellt eine sehr positive Entwicklung dar, dass die Öffentlichkeit und die staatlichen Geldgeber diesen Umstand zunehmend erkennen und entsprechend Gelder für Früherkennung solcher gefährdeten Kinder und für die Entwicklung und Anwendung geeigneter Therapien zur Verfügung stellen. Wichtig ist, dass solche Maßnahmen, abgesehen von äußerst drastischen Fällen, nicht ohne bzw. gegen den Willen der Eltern geschehen dürfen, sondern immer unter Einbeziehung der Eltern, die ja – wie wir noch hören werden – ein Teil des Problems sind.

Welches sind aber die eigentlichen Ursachen für die genannten Auffälligkeiten, die mit erhöhter Gewaltbereitschaft in Verbindung stehen? Hier hat es in den letzten Jahren einen wahren Durchbruch an Erkenntnissen gegeben. Kurz gesagt, findet man an (neuro)biologischen Hauptfaktoren neben dem Geschlecht (männlich) und dem Alter (meist Jugendliche und junge Erwachsene zwischen 15 und 25) bestimmte genetische Dispositionen, vorgeburtliche, geburtliche oder nachgeburtliche anatomische und physiologische Hirnschädigungen und einen niedriger Serotoninspiegel. An psychologischen und sozialpsychologischen Hauptfaktoren findet man fast durchweg traumatisierende psychische Belastungen in der Kindheit und Erfahrung von Gewaltausübung in der eigenen Familie und im engeren Lebensbereich

Besonders wichtig ist die Erkenntnis, dass diese genetischen, die hirnanatomischen und hirnphysiologischen und schließlich die psychologischen bzw. sozialpsychologischen Faktoren nicht unabhängig voneinander wirken. Bei den genetischen Faktoren handelt es sich nicht um »Verbrechergene«, nach denen man in der Kriminologie und Psychiatrie lange Zeit gesucht hat, sondern um genetische Abweichungen, »Gen-Polymorphismen« genannt. Diese sind meist nur in geringer Prozentzahl (1 Prozent oder mehr) in der Bevölkerung vorhanden und zeigen als solche bei ihren Trägern gar keine auffallende Wirkung, sondern nur in Kombination mit den anderen Faktoren.

Im Zusammenhang mit erhöhter Neigung zu Gewalt betreffen solche Gen-Polymorphismen fast immer direkt oder indirekt den Auf- und Abbau des Neurotransmitters Serotonin, und zwar dahingehend, dass Personen einen zu niedrigen Serotonin-Spiegel haben – sei es, dass zu wenig Serotonin produziert wird, sei es, dass das vorhandene Serotonin zu schnell abgebaut wird. Serotonin, so haben wir bereits gehört, wirkt beruhigend und besänftigend; es liefert der Psyche die Botschaft »nichts und niemand bedroht dich!«. Entsprechend führt ein niedriger Serotonin-Spiegel bei vielen Personen zu einem ständigen Gefühl großer innerer Unruhe und des Bedrohtseins. Dies äußert sich bei Mädchen und Frauen häufig in einer starken Tendenz zur Selbstverletzung, bei Jungen und Männern hingegen häufig zu gewalttätigem Verhalten, das als »reaktiv« bezeichnet wird, da es ja aus einem starken Gefühl des Bedrohtseins resultiert.

Dass Jungen und Männer eher zur Gewalt nach außen neigen statt zur Gewalt nach innen, wie es bei Mädchen und Frauen eher der Fall ist, hat ganz offenbar neben tiefsitzenden evolutiven Antrieben mit der schon genannten mangelnden Impulshemmung zu tun, die man bei ihnen ebenfalls findet. Anstatt abzuwarten und zu überlegen, ob die sich nähernde Person wirklich feindlich gesinnt ist oder überhaupt nichts von einem will (oder gar freundliche Absichten hat), schlägt man eben zu.

Das Spannende ist nun, dass ein niedriger Serotonin-Spiegel keineswegs zum größeren Teil direkt durch genetische Faktoren, sondern durch starke negative Umwelteinflüsse herbeigeführt wird. Hierzu gehören starker vorgeburtlicher (meist über die Mutter) und nachgeburtlicher Stress, starke Vernachlässigung durch die Mutter und entsprechende negative Bindungserfahrungen, sexueller Missbrauch in Kindheit und Jugend und andere psychische oder körperliche Gewalterfahrung.

Umgekehrt wirken solche negativen Umwelteinflüsse nicht automatisch traumatisierend, sondern hauptsächlich bei den Personen, die die Polymorphismen aufweisen, welche den Serotoninspiegel betreffen. Eine berühmte Studie von Forschern aus Neuseeland (die »Dunedin-Studie«) konnte dies vor einigen Jahren aufgrund von Untersuchungen an vielen hundert Personen nachweisen, die über viele Jahre hinweg in ihrer Persönlichkeitsentwicklung untersucht worden waren. Hier zeigte sich, dass bei den Kindern und Jugendlichen, die ohne größere psychische Belastungen aufgewachsen waren und Serotonin-bezogene Polymorphismen aufwiesen, die Neigung zu Gewalt gering erhöht war, und dasselbe war der Fall bei den Kindern und Jugendlichen, die schwere psychische Traumatisierungen erlebt hatten, aber keine Serotonin-Polymorphismen aufwiesen. Wenn aber beides zusammenkam, dann war die Gewaltbereitschaft um mehr als das Doppelte erhöht.

Diese Befunde wurden inzwischen vielfach bestätigt und zeigen, dass es in Hinblick auf Gewaltbereitschaft, aber auch (wie wir noch hören werden) bei psychischen Erkrankungen wie Angststörungen, Depression und Borderline-Persönlichkeitsstörung in aller Regel weder allein die Gene noch allein die Umwelt sind, sondern dass das Zusammentreffen beider Typen von Faktoren die Dinge schlimm macht.

Man stellt sich die Sache heute so vor, dass die genannten, das Serotonin-System betreffenden Gen-Polymorphismen eine erhöhte Verletzbarkeit (»Vulnerabilität«) für schwere psychische Belastungen darstellen. Treten solche psychischen Belastungen vor der Geburt, in Kindheit und Jugend nicht auf, dann kann die weitere psychische Entwicklung durchaus normal oder mit nur geringen Störungen verlaufen. Sind umgekehrt solche Gen-Polymorphismen nicht vorhanden, dann kann ein Mensch eine Menge psychischer Belastungen aushalten, ohne gewaltkriminell oder psychisch krank zu werden. Verhängnisvoll wird es, wie gesagt, wenn eine erhöhte genetisch bedingte Verletzbarkeit auf starken psychischen Stress trifft, insbesondere in Form starker Vernachlässigung oder Misshandlung in früher Kindheit.

Auch hier gibt es Möglichkeiten der Therapie, die allerdings – so sagen die Fachleute – früh eingesetzt werden müssen. Das Beste aber ist die Vorsorge und die Vorbeugung.

Bisher habe ich lediglich von der größten Gruppe von Gewaltverbrechern gesprochen, die man als »reaktiv-impulsive Gewalttäter« einstuft, und die insbesondere durch mangelnde Impulshemmung gekennzeichnet ist. Eine kleine Gruppe von Gewalttätern zeigt hingegen Störungen, die man mit »Psychopathie« oder »Soziopathie« bezeichnet, und die eine solche Impulsstörung nicht aufweisen. Im Gegenteil, sie fallen durch sorgfältig und oft auch intelligent geplante und vorbereitete besonders grausame, heimtückische, mitleidlose Taten auf und erregen unsere besondere Abscheu. »Wie kann ein Mensch nur so etwas tun?«, heißt es dann. Untersucht man solche »Psychopathen« oder »Soziopathen«, dann findet man bei ihnen starke Defizite in der Fähigkeit, die Gefühle ihrer Mitmenschen, wie sie durch die Mimik, Gestik, die emotionale Tönung der Stimme und die sonstige »Körpersprache« vermittelt werden, richtig einzuschätzen. Diesen Personen sind die Motive anderer Menschen unverständlich. Zugleich zeigen sie starke Störungen ihres eigenen Gefühlslebens; sie sind emotional tot. Sie haben aber gelernt, ihre Schwierigkeiten mit einem oberflächlichen Charme bis hin zur perfekten Fähigkeit, andere Menschen emotional zu manipulieren, zu kaschieren. Bei den Verbrechen, die sie begehen, zeigen sie eine große Gefühlskälte und das völlige Fehlen von Reue. Sie sind deshalb auch weitgehend oder gar völlig immun gegen Erziehungsmaßnahmen, da jegliche Einsicht in das eigene verbrecherische Tun fehlt.

Untersuchungen an Gehirnen solcher »Soziopathen« zeigen schwere Fehlfunktionen der Amygdala und des orbitofrontalen Cortex. Zeigt man ihnen furchterregende Bilder, die bei normalen Menschen eine starke Aktivierung der Amygdala zur Folge hat, so rührt sich bei ihnen nichts; ebenso bleiben andere vegetative Reaktionen wie eine Veränderung des Hautwiderstandes und des Herzschlags aus. Dies bedeutet, dass diese Menschen emotional wichtige, besonders negative und bedrohliche Dinge gar nicht erkennen und auch nicht aus den negativen Konsequenzen ihres Verhaltens lernen können. Es gibt hier besonders deutliche Zusammenhänge mit traumatischen frühkindlichen Erlebnissen wie schwerer psychischer Vernachlässigung, Isolation, körperlicher Misshandlung und sexuellem Missbrauch, die zur Ausbildung einer antisozialen Persönlichkeit führen. Das Schlüsselereignis ist hier wahrscheinlich eine extreme psychische Erniedrigung, die durchaus auch im frühen Kindesalter erfahren werden kann wie die Ablehnung durch die Mutter oder die Erfahrung brutaler Gewalt oder Vernachlässigung. Für diese Erniedrigung versucht sich dann die Psyche ein Leben lang zu rächen.

Aufgrund all dieser Erkenntnisse kann man sagen, dass unser Fühlen, Denken und Handeln in aller Regel weder allein durch die Gene noch allein durch die Umwelt bestimmt wird, sondern durch eine komplizierte Wechselwirkung zwischen (1) einer genetischen Grundausstattung und Eigenheiten der Hirnentwicklung, (2) der frühen psychischen Erfahrung, sei es bereits vor der Geburt oder in den ersten Wochen und Monaten danach, und (3) von den weiteren psychosozialen Erfahrungen in der Familie, im Freundeskreis und in der Schule. Spätere Einflüsse im Erwachsenenalter haben dagegen nur eine geringe und oberflächliche Wirkung.

Allerdings müssen wir bedenken, dass je nach Persönlichkeitsmerkmal die Einflüsse von Seiten der Gene, der Psyche und der Gesellschaft generell ganz unterschiedlich stark ausfallen und dann auch individuell stark schwanken können. Von der Intelligenz haben wir gehört, dass sie das am stärksten genetisch bedingte Persönlichkeitsmerkmal ist. Manche psychische Krankheiten wie Schizophrenie scheinen ebenfalls einen hohen genetischen Anteil zu haben. Bei anderen psychischen Krankheiten wie Angststörungen und Depression ist der genetische Anteil viel geringer und der Anteil der frühkindlichen Bindungserfahrung und frühen psychosozialen Erfahrung viel höher.

Ich glaube, dass diese Einsichten zu einer wahren Revolution unseres Menschenbildes führen, indem sie das unselige Schwarz-Weiß-Denken in den Kategorien Anlage/Umwelt, Natur/Kultur und so weiter überwinden, die bisher einem fruchtbaren Gespräch zwischen Biowissenschaften einerseits und Sozialwissenschaften andererseits entgegengestanden haben.

7. Geist und Gehirn

Nach traditioneller Auffassung ist der Besitz von Geist, Bewusstsein und Verstand neben der Sprache dasjenige, was den Menschen grundlegend von den Tieren unterscheidet. Der Geist erhebt den Menschen aus dem Reich der stofflichen Natur, dem sein Körper angehört. So kann er über sich selber und den Sinn seines Lebens nachdenken. Diese Gegenüberstellung von unstofflichem Geist und stofflicher Natur – ob mit oder ohne religiöse Vorstellungen – nennt man *Dualismus*, im Gegensatz zum *Monismus* oder *Identismus*, der keinen grundlegenden Unterschied zwischen Geist und Natur macht.

Die dualistische Sichtweise ist tief in unserem Denken und Fühlen verankert. Wie im zweiten Kapitel geschildert, empfinden wir unsere geistigen Zustände und Tätigkeiten wie bewusstes Wahrnehmen, Denken, Vorstellen, Erinnern und unser Ich-Gefühl als völlig anders geartet als die uns umgebende »materielle« Welt, aber auch – wenngleich in ganz anderer Weise – anders als unseren Körper. Die materielle Welt ist uns in unserer Wahrnehmung in ihren konkreten Inhalten gegeben; wir sehen, hören, ertasten, riechen und schmecken sie. Diese Inhalte sind in Raum und Zeit ausgedehnt. Gedanken, Vorstellungen und Erinnerungen scheinen hingegen keinen genauen Ort zu haben, und auch ihre zeitliche Beschaffenheit ist sehr merkwürdig – manchmal fliegen die Stunden und Tage dahin, ein andermal (wenn wir etwa auf einen dringenden Telefonanruf warten), kriechen die Minuten.

Der Dualismus hat eine enge Verbindung zu religiösen Vorstellungen, und beide speisen sich zum Teil aus denselben Quellen, nämlich der bereits genannten Selbsterfahrung unseres Geistes und der Traumerfahrung: Während des Traumes verlässt der Geist den Körper, der wie tot daliegt, und schweift in der Welt umher, ehe er beim Aufwachen in den Körper zurückkehrt und den Körper wiederbelebt. Also kann er nicht dieselbe Beschaffenheit haben wie der Körper! Der Dualismus ist aber gleichzeitig für alle Naturforscher ein Ärgernis, denn er macht eine Reihe von Dingen ziemlich unerklärlich. Man nimmt im Rahmen des Dualismus an, dass der Geist über den Willen den Körper bewegt wie ein Steuermann sein

Schiff. Der Körper ist damit das Werkzeug des Geistes. Dies erklärt aber nicht, warum umgekehrt Veränderungen des Körpers und insbesondere des ebenfalls materiellen Gehirns Veränderungen im Geist bewirken können.

Dieser Umstand war schon den antiken Ärzten bekannt. Sie wussten, dass Hirnverletzungen zu Ausfällen der Wahrnehmung, der Bewegungssteuerung, des Denkens, Vorstellens und Erinnerns, der Sprache und sogar der Gefühle und Affekte führen. Römische Gladiatoren mit ihren oft schweren Kopfverletzungen waren bevorzugte Studienobjekte der antiken Neurologen, vor allem des berühmten Arztes Galenos. Man stellte fest, dass Verletzungen im linken Schläfenlappen zu Sprachstörungen führen, solche im Hinterhauptslappen zu Erblindung und solche im Stirnhirn zu Persönlichkeitsstörungen. Diese Erkenntnisse waren jedoch sporadisch und wurden für fast zweitausend Jahre vergessen, ehe gegen Ende des 19. Jahrhunderts eine systematische Untersuchung des Zusammenhangs zwischen Hirnverletzungen und Störungen von Hirnfunktionen begann, die eine der wichtigsten Grundlagen der modernen Hirnforschung bildete und immer noch bildet.

Die antiken Ärzte und Naturphilosophen machten sich auch Gedanken über die Natur des Geistes. Während Platon als Dualist den Geist als ein immaterielles Wesen ansah, glaubten sie, dass Geist etwas sehr Feinstoffliches und Flüchtiges sei wie die Luft, die man atmet, oder der Weingeist, der beim Destillieren von Wein entsteht. Deshalb waren im Griechischen und Lateinischen die Bezeichnungen für Atem (griechisch *pneuma*) und für Weingeist (lateinisch *spiritus*) gleichbedeutend mit Geist. Dieser Geist existierte keineswegs nur im Gehirn, sondern als Lebensprinzip, Weltäther oder Weltseele (auch »psyche« oder »anima« genannt) überall. Pflanzen und Tiere hatten ihn in niederer Konzentration oder Form, und beim Menschen verdichtete sich der Geist auf besondere Weise.

Wie aber entsteht der Geist bzw. wie kommt er ins Gehirn? Hier gab es zwei Möglichkeiten. Als Atemluft (oder »Odem« – d. h. als belebendes Prinzip) gelangte der Geist entweder über den Riechtrakt direkt ins Gehirn, oder der Lebensgeist wurde über das Blut ins Gehirn abgegeben. Man entdeckte beim Sezieren, dass das Gehirn Hohlräume, *Ventrikel*, besaß und sehr stark von Blutgefäßen durchzogen war. Was lag da näher, als das Gehirn als eine Art Destille anzusehen, die aus dem Blut den sehr feinstofflichen »Geist« herausdestilliert und in die Ventrikel abgibt.

Von den genannten Ventrikeln gibt es vier Stück, nämlich zwei im Endhirn (einen Ventrikel links und einen rechts), einen im Zwischenhirn und einen im Verlängerten Mark. Im Mittelalter, als man keine eigenen Gehirnstudien betrieb, sondern nur die antiken Naturforscher las, überlagerten sich in seitlichen Abbildungen des Gehirns die ersten beiden Ventrikel, und so wurden aus den vier Ventrikeln drei. In einem ersten Versuch der Lokalisation geistiger Funktionen im Gehirn wies man den vier bzw. drei Ventrikeln unterschiedliche Funktionen zu. Nach der Lehre des bereits erwähnten antiken Arztes Galenos (129-201 n. Chr.) empfangen, wie in Abbildung 11 dargestellt, die ersten beiden Ventrikel (bzw. der erste Ventrikel) Sinnesinformationen und dienen der Integration der unterschiedlichen Sinnesempfindungen wie Hören, Sehen, Schmecken und Tasten. Sie sind deshalb auch Sitz des »Gemeinsinnes«, lateinisch *sensus communis* (was nichts mit der heutigen Bedeutung des Wortes zu tun hat). Der dritte bzw. zweite Ventrikel ist Ort des Denkens und damit von Verstand und Vernunft, und der vierte bzw. dritte der des Gedächtnisses.

Die Auffassung, dass die Ventrikel und nicht die Hirnmasse Sitz des Geistes sind, hielt sich bis in das 18. Jahrhundert, obwohl es schon zu Beginn der Neuzeit (z. B. bei Leonardo da Vinci) relativ naturgetreue Darstellungen des Gehirns und insbesondere der Großhirnrinde gab. Der Grund hierfür war relativ einfach: Die glibberige Masse, aus der das Gehirn besteht, sah ziemlich unstrukturiert aus und konnte daher unmöglich der Träger des immateriellen Geistes sein. Die Erkenntnis, dass diese Masse aus Zellen aufgebaut ist wie der Körper insgesamt, setzte sich erst in der zweiten Hälfte des 19. Jahrhunderts durch. Erst um die Wende vom 19. zum 20. Jahrhundert erkannte man die genaue Gestalt der Nervenzellen, nachdem man leistungsfähige Mikroskope und Fixier- und Färbemethoden entwickelt hatte, mit denen man Nervengewebe sichtbar machen konnte.

Diese Fortschritte in der Hirnforschung hatten allerdings den Nachteil, dass das Entstehen des Geistes im Gehirn noch rätselhafter wurde als zuvor. Wie können die eindeutig materiellen Nervenzellen den immateriellen Geist hervorbringen? Das war anschaulich noch weniger nachvollziehbar als beim feinstofflichen »Spiritus«.

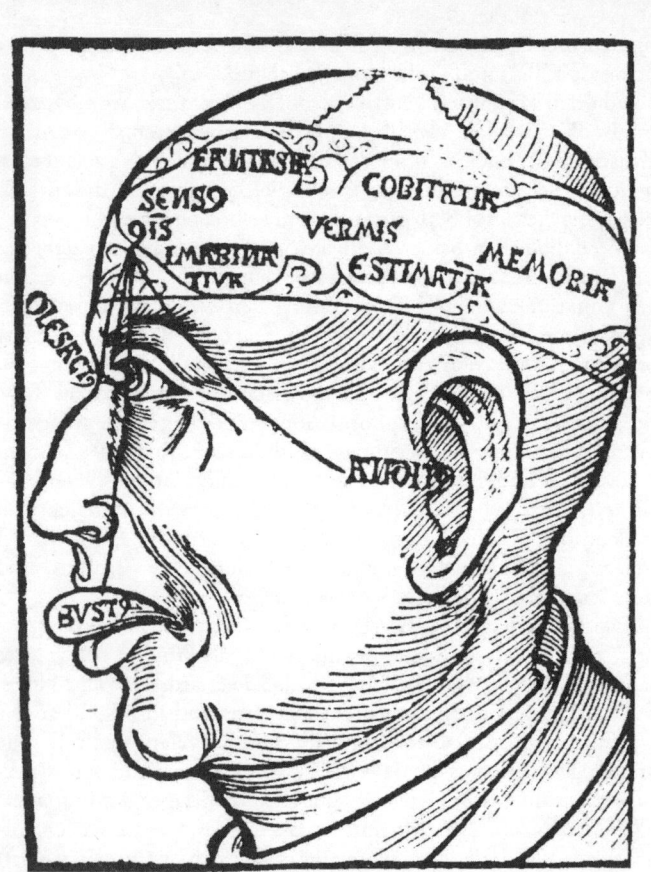

Abbildung 11: Darstellung der Hirnventrikel aus einem Chirurgie-Handbuch des 16. Jahrhunderts. Im vorderen Ventrikel laufen Eingänge von den Sinnesorganen (Schmecken: gustus; Riechen: olfactus; Hören: auditus; Sehen: visus; Tastsinn: tactus) zusammmen und werden durch den Gemeinsinn (sensus communis) mit Vorstellungskraft (fantasia) und Anschauungsvermögen (vis imaginativa) verbunden. Im zweiten Ventrikel, der durch einen Kanal (vermis) mit dem ersten verbunden ist, sind das Denkvermögen (vis cogitativa) und das Urteilsvermögen (vis estimativa) angesiedelt. Im dritten Ventrikel schließlich findet sich das Gedächtnisvermögen (memoria). (Aus Florey, in Roth und Prinz 1996.)

Eine Lösung glaubte man bereits zu Isaac Newtons Zeiten gefunden zu haben, als man entdeckte, dass es im Gehirn elektrisch zugeht. Elektrizität war nach damaliger Anschauung eindeutig »unstofflich« und konnte doch den Körper in Erregung versetzen. Reizte man wie Galvani einen Muskel elektrisch, dann zuckte dieser zusammen.

Diese Überzeugung, dass Geist irgendetwas Elektrisches ist, hat sich bis heute hartnäckig auch in den gelehrtesten Köpfen gehalten und wurde durch die Entwicklung der elektronischen Datenverarbeitung in Form des Computers genährt. Immer wieder erscheinen Artikel, die dem Geist elektrische oder elektromagnetische Eigenschaften zusprechen. Das ist aber aus Sicht der Neurobiologie ein Irrtum, denn im Gehirn geht es mindestens genauso chemisch zu wie elektrisch, und es löst auch nicht die Probleme des Dualismus, denn die elektromagnetischen Wellen (gleichgültig ob als Teilchen mit geringer Masse wie die Elektronen oder masselos wie die Photonen) unterliegen eindeutig den Naturgesetzen, was der Geist aus Sicht des Dualismus ja gerade nicht tut!

Es ergibt sich beim Verhältnis zwischen Geist und Gehirn also ein tiefes Dilemma. Auf der einen Seite ist nicht zu leugnen, dass beide miteinander zusammenhängen (wie *eng*, das ist noch zu klären) und sich gegenseitig beeinflussen, auf der anderen Seite ist das Wesen des Geistes völlig rätselhaft, denn es entspricht in keiner Weise dem, was wir sonst in der Natur antreffen. Um für dieses Dilemma eine plausible Lösung anbieten zu können, müssen wir erst einmal genauer bestimmen, was wir unter Geist verstehen wollen. Das ist nicht einfach, man kann sich aber darauf einigen, dass dasjenige, was Philosophen und Psychologen unter »geistigen Zuständen« verstehen, weitgehend identisch mit »individuellen Bewusstseinsinhalten« ist.

Was sind Geist und Bewusstsein?

Aufgrund von Selbstbeobachtung, Experimenten mit Versuchspersonen und des Studiums der Folgen von Verletzungen und Erkrankungen des Gehirns kommen wir zu der Erkenntnis, dass es *das* Bewusstsein überhaupt nicht gibt. Bewusstsein ist vielmehr ein Bündel inhaltlich sehr verschiedener Zustände, die gemeinsam haben, dass sie erstens *bewusst erlebt* werden, dass zweitens dieses Erleben *unmittelbar* ist, d. h. ohne irgendeine Instanz dazwischen, und dass sie drittens im Prinzip sprachlich berichtet werden können.

Grundsätzlich müssen wir zwischen Zuständen des *Aktualbewusstseins* und des *Hintergrundbewusstseins* unterscheiden. Das Aktualbewusstsein ist von ständig wechselnden Inhalten gekennzeichnet. Hierzu gehört vor allem das sensorische Erlebnisbewusstsein, das unsere sinnliche Welt einschließlich des Körpererlebens in unendlicher Vielfalt zum Inhalt hat: Wir sehen, hören, ertasten, riechen und schmecken etwas und fühlen die Zustände und Bewegungen unseres Körpers. Diese Inhalte sind meist detailreich und lebhaft, und wir empfinden sie als verschieden von unserem Ich, das diese Wahrnehmungserlebnisse *hat*.

Davon in eigentümlicher Weise verschieden ist das Erleben der eigenen Affekte, Gefühle und Wünsche. Sie sind einerseits eine Art von Wahrnehmung, andererseits aber ganz anders beschaffen, nämlich inhaltsarm, und in der Regel mit unserem Körper verbunden. So pocht uns das Herz bei großer Aufregung, schlottern uns die Knie und zittern unsere Hände bei großer Furcht. Schließlich gibt es die »rein geistigen« Tätigkeiten wie Denken, Vorstellen und Erinnern, die einerseits ebenfalls viel inhaltsärmer sind als die Wahrnehmungen, andererseits aber völlig unkörperlich erscheinen. Diese Unterschiede im Erleben sind wichtig, denn wir dürfen im täglichen Leben keineswegs Wahrnehmungen mit Gedanken und Vorstellungen verwechseln und beide nicht mit Gefühlen. Zweifellos gibt es aber Übergänge, und in der Regel treten Wahrnehmungen zusammen mit Gefühlen und Vorstellungen auf.

Eine besondere Form des Aktualbewusstseins stellt Aufmerksamkeit dar. Sie kann als *reaktive Aufmerksamkeit* durch äußere, überraschende und auffallende Ereignisse hervorgerufen werden oder als *aktive Aufmerksamkeit* innengelenkt sein. Sie verstärkt in eigentümlicher Weise Wahrnehmungen, Gefühle und Schmerzen (die tun bekanntlich erst richtig weh, wenn wir unsere ganze Aufmerksamkeit darauf richten) und geistige Tätigkeiten (wenn wir uns »konzentrieren«).

Das *Hintergrundbewusstsein* umfasst länger anhaltende Bewusstseinszustände, die den Rahmen für das Aktualbewusstsein bilden. Hierzu gehört das Erleben einer körperlichen und psychischen Identität, also das Gefühl, dass ich derselbe bin, der ich zuvor war, und dass ich eine Erlebnis- und Handlungseinheit bilde und nicht etwa aus verschiedenen Personen bestehe. Hinzu kommt das Bewusstsein, dass der Körper, in dem ich stecke, *mein* Körper ist und nicht ein fremder Körper. Ebenso gibt es das Bewusstsein, dass ich zu diesem Zeitpunkt an diesem Ort existiere und nicht woanders oder an zwei Orten gleichzeitig. Weiterhin gehört zum Hintergrundbewusstsein die Unterscheidung von Realität (d. h. des tatsächlich Wahrgenommenen) und Vorstellung (Gedanken, Wünschen, Absichten, Erinnerungen), und schließlich gehört dazu das Erleben der Autorschaft der eigenen Wahrnehmungen, Gefühle, Gedanken und Handlungen, d. h. das Gefühl, »ich bin es, der da wahrnimmt, fühlt, denkt, entscheidet und handelt«.

Man unterscheidet diese verschiedenen Bewusstseinszustände im Wesentlichen aus zwei Gründen. Zum einen gibt es Personen, die in einem dieser Bewusstseinszustände gestört, in den anderen aber völlig normal sind. So gibt es Patienten, deren Identitätsbewusstsein gestört ist und die glauben, mehr als eine Person zu sein, oder die nicht wissen, wer sie sind. Andere glauben, an mehreren Orten gleichzeitig zu sein, und finden nichts Merkwürdiges dabei. Wieder andere haben das Gefühl, dass sie nicht im »richtigen« Körper stecken, und noch andere glauben, dass ihre Gedanken und Handlungen von fremden Mächten gelenkt werden. Dies führt zu der Vorstellung, dass es sich bei diesen Bewusstseinsformen um mehr oder weniger eigenständige Funktionseinheiten oder »Module« handelt. Natürlich verbinden sie sich meist eng miteinander, so dass wir der Illusion verfallen, Bewusstsein sei ein einheitliches Gebilde.

Diese Annahme der *Modularität* von Bewusstseinszuständen wird zum anderen durch Befunde der Neurologie und Neurobiologie unterstützt, die zeigen kann, dass die Aktivität unterschiedlicher Teile des Gehirns mit unterschiedlichen Bewusstseinszuständen verbunden ist, und dass entsprechend die Verletzung oder Erkrankung dieser Teile Beeinträchtigungen der unterschiedlichen Bewusstseinszustände nach sich zieht.

Wo im Gehirn sitzt das Bewusstsein, und wie kann man dies feststellen?

Die Frage nach dem Sitz des Bewusstseins ist natürlich vielen Philosophen ein Ärgernis, und sie werden sofort darauf hinweisen, dass Bewusstseinszustände als Erlebnisinhalte keinen Ort haben können. Fragen wir also unverfänglicher: Welche Teile des Gehirns sind in welcher Weise mit subjektiv erfahrenen Bewusstseinszuständen verbunden? Diese Frage kann man auf folgende Weise klären: Man versetzt eine Versuchsperson in einen bestimmten Aktivitätszustand, indem man ihr ein Bild zeigt und sie auffordert, sich auf bestimmte Details des Bildes zu konzentrieren. Man kann sie auch auffordern, über sich selbst nachzudenken, im Kopf zu rechnen oder sich an etwas zu erinnern. Man kann ihr auch emotional bewegende Bilder zeigen, ihr leichte Schmerzen zufügen und so weiter. Mithilfe verschiedener Methoden kann man dann ihre Hirnaktivität registrieren und prüfen, inwieweit es einen Zusammenhang zwischen den hervorgerufenen inneren Zuständen und der Hirnaktivität gibt.

Der direkteste und verlässlichste Weg, dies zu tun, besteht darin, die Aktivität von Nervenzellen mithilfe ganz feiner Nadeln, so genannten *Mikroelektroden*, direkt im Gehirn zu messen. Dies macht man in aller Regel bei Versuchstieren, denen man den Schädel öffnet und das Gehirn freilegt. Beim Menschen ist dies jedoch nur in Ausnahmefällen möglich, zum Beispiel dann, wenn das Gehirn eines Patienten wegen eines operativen Eingriffs freigelegt werden muss. Hier können Mikroelektrodenmessungen helfen, den richtigen Eingriffsort für die Operation zu finden, aber man kann »nebenbei« auch die genannten Untersuchungen machen. Das ist im Übrigen völlig schmerzfrei. Ansonsten kommen beim Menschen nur Verfahren in Frage, bei denen die Hirnaktivität bei ungeöffnetem Schädel gemessen wird.

Das bekannteste und älteste dieser Verfahren ist die *Elektroenzephalographie* (EEG). Hierbei wird mithilfe von vielen (teilweise über hundert) Elektroden, die auf dem Kopf angebracht werden, durch den Schädel hindurch die elektrische Aktivität großer Netzwerke gemessen. Man kann damit Aktivitätsänderungen im Bereich von Bruchteilen einer Sekunde erfassen, aber die räumliche Auflösung ist ziemlich schlecht, auch wenn diese sich nachträglich mithilfe aufwändiger Rechenmethoden bessern lässt. Man kann mit dem

EEG im Wesentlichen auch nur die Aktivität der Großhirnrinde messen; subcorticale Vorgänge sind damit nicht oder nicht gut erfassbar. Ähnlich – wenngleich räumlich etwas genauer – funktioniert die *Magnetenzephalographie* (MEG), bei der nicht die elektrische, sondern die damit gekoppelte magnetische Aktivität von Nervenzellen registriert wird.

Ganz anders funktionieren die *Positronen-Emissions-Tomographie* (PET) und die *funktionelle Kernspintomographie* (englisch *functional magnetic resonance imaging*, abgekürzt fMRI). PET misst nicht direkt die elektrischen oder magnetischen Veränderungen der Hirnaktivität wie das EEG oder das MEG, sondern den damit gekoppelten Stoffwechsel bestimmter Substanzen wie Zucker (Glucose) oder Wasser; fMRI registriert die Erhöhung des Blutflusses bzw. Veränderungen des Sauerstoffgehalts des Blutes in aktiven Hirnzonen und in deren unmittelbarer Nähe, die mit der Steigerung des Stoffwechsels zusammenhängen.

PET und fMRI nennt man »bildgebende Methoden«, weil sie zu den schönen, bunten Bildern des Gehirns führen (man kann aber auch EEG- und MEG-Daten entsprechend in räumliche Darstellungen transformieren). Sie nutzen die Tatsache aus, dass bewusste geistige Aktivität, z. B. die Konzentration auf ein bestimmtes Geschehen, mit einer erhöhten neuronalen Aktivität von Nervenzellen in einer eng umgrenzten Hirnregion einhergeht. Dies wiederum ist mit einem erhöhten Zucker- und Sauerstoffverbrauch der Neurone verbunden. Sauerstoff wird benötigt, um durch den Abbau von Glucosemolekülen, die wir über die Nahrung aufnehmen, biologische Energie zu gewinnen. Dabei verbraucht das neuronale Gewebe sehr schnell die unmittelbar vorhandenen Reserven und schickt eine Botschaft an die Umgebung: »Ich brauche mehr!« Dies setzt eine erhöhte Durchblutung in Gang, die Sauerstoff und Glucose aus der Umgebung heranschafft, und zwar im Überangebot. Dies verändert nun die magnetischen Eigenschaften des Blutes, und diese Veränderung wird auf ziemlich komplizierte physikalische Weise registriert. Wenn schließlich unsere Konzentration nachlässt, oder wenn bestimmte Dinge mit der Ausbildung von Routine keinen besonderen Bewusstseinsaufwand mehr erfordern, dann gehen neuronale Aktivität, Stoffwechsel und Blutfluss entsprechend zurück. Bewusstsein ist also ein stoffwechselphysiologisch teurer Zustand. Das erleben wir, wenn uns intensives Nachdenken anstrengt oder wir in unserer Konzentration ermüden. Wir müssen dabei berücksichtigen, dass das Gehirn ein »teures Organ« ist, denn bereits im Ruhezustand verbraucht es etwa zehnmal mehr Stoffwechselenergie, als ihm von seinem Volumen her zukäme, und bei geistiger Anstrengung erhöht sich dieser Verbrauch noch weiter.

PET und fMRI sind viel genauer in der räumlichen Auflösung (bei fMRI liegt diese bei ca. einem Millimeter) als EEG und MEG, haben aber eine wesentlich schlechtere zeitliche Auflösung (bei fMRI ca. eine Sekunde). Man geht deshalb vermehrt dazu über, bei derselben Versuchsperson und derselben Versuchsanordnung EEG und fMRI zu kombinieren oder Untersuchungen mithilfe des MEG und des fMRI an derselben Person unter denselben Versuchsbedingungen nacheinander durchzuführen. So erreicht man eine sehr gute zeitliche und räumliche Auflösung.

Derartige Studien werden ergänzt durch tierexperimentelle Untersuchungen mithilfe von Mikroelektroden. Hier geht es vor allem um die Frage, was auf der Ebene kleiner Zellverbände und sogar einzelner Nervenzellen geschieht, wenn etwas bewusst erlebt wird. Dies kann mit den genannten Methoden beim Menschen nicht untersucht werden, da hierbei stets die gemittelte Aktivität von Millionen von Nervenzellen erfasst wird. Mikroelektroden-Ableitungen werden in diesem Zusammenhang hauptsächlich an Makakenaffen durchgeführt. Diese Tiere zeigen, wie in Kapitel 3 geschildert, durchaus einige der menschlichen Bewusstseinszustände wie etwa Konzentration auf ein komplexes bildliches Geschehen, während sie andere Bewusstseinszustände wie Ich-Bewusstsein und das Nachdenken über sich selbst offensichtlich nicht haben. Die Ableitungen geschehen für das Tier schmerz- und stressfrei; kein Affe würde bereitwillig in den »Affenstuhl« steigen und während eines längeren Versuches mit großer Konzentration ein kompliziertes Geschehen auf dem Bildschirm verfolgen, wenn er von Schmerz gepeinigt würde. Natürlich muss der Affe dafür belohnt werden, meist in Form von Orangensaft, den er sich sozusagen »erarbeitet«.

Sobald der Affe seine visuelle Aufmerksamkeit auf ein bestimmtes Geschehen richtet, zum Beispiel auf einen kleinen roten Punkt, der auf einem Bildschirm umherwandert, dann erhöht sich in einem kleinen Teil der Sehrinde die Aktivität der Nervenzellen. Gleichzeitig geraten diese Neurone kurzfristig in einen gemeinsamen Rhythmus, der ca. fünfzigmal in der Sekunde schwingt – sie *synchronisie-*

ren sich. Beide Vorgänge – die erhöhte Aktivität und die Synchronisation – führen (so die Meinung von Experten) dazu, dass sich die beteiligten Neurone vorübergehend zu einer *Funktionseinheit* zusammenschließen. Dies dauert so lange, bis die Aufgabe, z. B. das Erkennen eines Objekts, gelöst ist. Die neurochemischen Prozesse, die diesen schnellen Umverknüpfungen zugrunde liegen, sind stoffwechselphysiologisch »teuer«, und nur deshalb kann man sie beim Makakenaffen wie auch beim Menschen mit fMRI erfassen.

Bewusstseinszustände sind – nach allem, was wir wissen – an Aktivitäten der Großhirnrinde, des sechsschichtigen Neo- oder Isocortex, gebunden. Bewusstsein verschwindet, wenn die Großhirnrinde nicht mehr tätig ist, oder wenn bei Sauerstoff- und Zuckermangel, mechanischen oder neurochemischen Beeinträchtigungen die normalen corticalen Aktivitäten reduziert sind. Allerdings sind auch unter »Normalbedingungen« nicht alle corticalen Vorgänge von Bewusstsein begleitet. Dies ist zum Beispiel der Fall, wenn Erregungen »unterschwellig« bleiben, weil sie eine zu geringe Zahl corticaler Neurone erregen oder wenn die Aktivität der Neurone nicht hoch genug ist. Es gilt aber auch für viele Prozesse, die in den primären und sekundären sensorischen Arealen der Großhirnrinde ablaufen, *bevor* etwas bewusst wird. Allerdings merken wir von dieser unbewussten Vorverarbeitung von Sinnesdaten nichts, unser Gehirn spiegelt uns vor, wir würden die Dinge in der Welt ohne Verzögerung wahrnehmen. Alle Vorgänge außerhalb der Großhirnrinde, so kompliziert und wichtig sie auch sein mögen, sind *grundsätzlich* unbewusst. Woran dies liegt, ist eine bisher nicht ganz geklärte Frage. Sehr wahrscheinlich hängt die Bewusstseinsfähigkeit der Großhirnrinde mit ihrem eigentümlich gleichförmigen Aufbau, ihrer gigantischen Speicherkapazität und der Fähigkeit zu sehr schneller Umverknüpfung ihrer Netzwerke zusammen – alles Eigenschaften, welche die Hirnteile außerhalb der Großhirnrinde nicht besitzen.

Das Bewusstwerden von Wahrnehmungsinhalten ebenso wie von internen mentalen Zuständen wie Denken, Vorstellen und Erinnern ist zudem immer an die Aktivität der *assoziativen* Areale der Großhirnrinde gebunden, die den vorderen Anteil des Hinterhauptslappens (okzipitaler Cortex) sowie weite Teile des Scheitellappens (parietaler Cortex), des Schläfenlappens (temporaler Cortex) und des Stirnhirns (frontaler und präfrontaler Cortex) umfassen (siehe Abbildung 2 oben). Ob und inwieweit auch die primären und sekundären sensorischen Areale des Cortex am Bewusstsein beteiligt sind, war lange unklar. Nach neuesten Erkenntnissen scheint bewusste Wahrnehmung zu entstehen, nachdem Verarbeitungszentren außerhalb der Großhirnrinde und in den primären und sekundären sensorischen Arealen des Cortex *unbewusst* die »Rohbestandteile« der Wahrnehmung vorverarbeitet haben und diese Informationen zu den assoziativen Arealen senden. Dort treffen sie auf Inhalte des deklarativen Gedächtnisses. Die assoziativen Areale formen dann aus diesen primären Informationen und den hiermit vermischten Gedächtnisinhalten einen *sinnvollen, bedeutungshaften Zustand* und gestalten über rückwirkende Bahnen in den primären und sekundären Arealen die dazugehörenden Wahrnehmungsdetails. Dies ist dann – nach durchschnittlich 300 Millisekunden (bei komplexen Wahrnehmungen bis zu einer Sekunde) – der Moment, in dem Wahrnehmungsinhalte bewusst werden. Diese bestehen dann aus Bedeutung und aus Details. Das Bewusstwerden von Inhalten ist also ein vergleichsweise langsamer Prozess.

Wie eng hängen denn nun geistig-bewusste und neuronale Prozesse zusammen? Die Antwort lautet schlicht und einfach: so eng, wie es die heutigen Messmethoden feststellen können. Ganz bestimmte Aktivitäten in Teilen der Großhirnrinde entsprechen *genau* unserem bewussten Erleben, ob es sich nun um Problemlösen, das Verstehen eines Satzes oder das »Hereinfallen« auf optische Täuschungen handelt. Man kann nicht nur feststellen, wann jemand still zu sich spricht, sich unhörbar Musik vorspielt oder im Kopf rechnet, sondern auch, ob er dabei addiert oder subtrahiert. Dasselbe gilt für das Erleben von emotionalen Zuständen wie Schmerz, Furcht und Erwartung. Es gelingt, Unterschiede in der Hirnaktivität festzustellen, wenn jemand tatsächlich Schmerzen hat oder sich Schmerzen nur einbildet (die genauso weh tun können!), oder wenn jemand felsenfest überzeugt davon ist, etwas schon gesehen zu haben, oder unsicher ist.

Nach diesen Erkenntnissen kann man also aus der Kenntnis bestimmter Hirnvorgänge auf subjektives Erleben schließen und umgekehrt, natürlich immer nur im Rahmen der Genauigkeit der Registrierung der Hirnvorgänge einerseits und dem Bericht über die subjektiven Erlebnisse andererseits. Diese Einschränkung ist wichtig, denn zum einen sind mit der funktionellen Kernspintomographie nur Vorgänge in der Großhirnrinde wirklich gut erfassbar, weil dort die Hirndurchblutungsunterschiede zwischen Ruhezustand und Aktivitätszustand einigermaßen groß sind und es sich meist um ausgedehnte Hirnareale handelt. Bei subcorticalen Vorgängen z. B. in der Amygdala handelt es sich um sehr viel geringere Aktivitätssignale und zusätzlich meist um sehr kleine Hirnregionen. Hinzu kommt, dass motorische oder kognitive Aufgaben und Leistungen empirisch gut beschreibbar sind, psychisch-emotionale Vorgänge hingegen sich einer genauen Beschreibung meist entziehen. Es ist deshalb kein Wunder, dass im Bereich kognitiver und motorischer Funktionen der Nachweis des Zusammenhangs zwischen neuronaler Aktivität und subjektivem Erleben gut gelingt, während der bei der mindestens ebenso wichtigen Erforschung der neuronalen Grundlagen des Psychischen und psychischer Erkrankungen noch unbefriedigend ist. Darauf werde ich noch weiter eingehen.

Kürzlich gingen neue Forschungsergebnisse meines früheren Mitarbeiters und jetzigen Professors an der Berliner Humboldt-Universität John Haynes unter dem Schlagwort »Mind Reading« (»Gedankenlesen«) durch die Weltpresse. Was Haynes und seine Kollegen und Mitarbeiter mithilfe neuer Auswertemethoden zeigen konnten, war in der Tat erstaunlich: Wenn man künstliche neuronale Netzwerke darauf trainiert, die vorbewusste Aktivität in bestimmten Hirnbereichen der visuellen Wahrnehmung oder des Entscheidens zu erkennen, und zwar besser, als Menschen dies mit »unbewaffnetem Auge« könnten, dann kann man mit hoher Wahrscheinlichkeit bestimmte Bewusstseinsinhalte im Bereich von einer Sekunde bis mehreren Sekunden vorhersagen. Diese Vorhersagbarkeit wird noch dadurch gesteigert, dass man bei einer bestimmten kognitiven Aufgabe die Hirnaktivität einmal mit der funktionellen Kernspintomographie misst, die einem eine gute räumliche Auflösung liefert, und anschließend (oder gleichzeitig) mit dem EEG, das eine sehr gute zeitliche Auflösung ermöglicht.

Wie weit ein solches »Gedankenlesen« gehen wird, ist schwer vorherzusagen. Es mag sein, dass wir in ca. 10 Jahren die neuronalen Korrelate von Gedanken, Erinnerungen und Vorstellungen ziemlich genau werden erfassen können und einen mehr oder weniger perfekten »Lügendetektor« zur Verfügung haben. Es mag aber auch sein, dass eine bestimmte Grenze der Genauigkeit nicht überschritten werden kann, weil sich unterschiedliche Gedanken,

Erinnerungen und Vorstellungen nur in subtilen Unterschieden der Aktivität neuronaler Netzwerke im Gehirn ausdrücken, die zudem eventuell starken inter-individuellen Schwankungen unterliegen. Und es wird die Frage bleiben: Mit welcher Voraussagegüte werden wir uns zufriedengeben, mit 70, 80, 90 Prozent? Dies ist keine wissenschaftliche, sondern eine gesellschaftliche und politische Frage.

Die zellulären Grundlagen von Bewusstsein

Man kann inzwischen auch genauer angeben, was in der Großhirnrinde auf zellulärer Ebene passiert, wenn etwas bewusst erlebt wird. Dies wissen wir natürlich im Wesentlichen aus Experimenten an Makakenaffen, von denen wir vernünftigerweise annehmen dürfen, dass sie Bewusstsein haben. Die Tatsache, dass sich bei Bewusstseinszuständen kleinere oder größere Neuronenverbände des Cortex in ihrer Aktivität erhöhen, lässt uns fragen, was hieran stoffwechselphysiologisch so teuer ist. Genaue Untersuchungen zeigen, dass es nicht die auftretenden Aktionspotentiale sind, denn diese kosten praktisch nichts, da sie Entladungen entlang des Energiegefälles der Nervenzellmembran sind. Es wird hierbei Energie freigesetzt, die zuvor hineingesteckt wurde, nämlich beim Aufrechterhalten des Ruhemembranpotentials. Hingegen ist die Wiederherstellung des Ruhemembranpotentials sehr teuer, und teuer sind alle kurzfristigen Reorganisationsprozesse an den Synapsen, wie wir sie im Zusammenhang mit Lernprozessen im vorigen Kapitel kennengelernt haben.

Unser Bewusstsein – so sagen uns die Psychologen – schreitet im Takt von ein bis drei Sekunden voran; so lange dauert nämlich durchschnittlich ein einzelner Gedanke oder eine einzelne Vorstellung. Wenn wir nun die *neuromodulatorischen* Prozesse betrachten, die an den corticalen Synapsen im Zusammenhang mit der Ausschüttung der »Modulatoren« Dopamin, Serotonin, Noradrenalin und Acetylcholin ablaufen, so sehen wir, dass sie einen Zeitraum um eine Sekunde benötigen. Dies bedeutet, dass kurzfristige Veränderungen der synaptischen Übertragungsstärke ziemlich genau dieselbe Zeit benötigen wie die einzelnen geistigen Akte. Bewusstseinszustände beruhen entsprechend auf kurzfristigen Umverknüpfungen corticaler Netzwerke, und dies benötigt viel Energie. Die

Umverknüpfungen erschaffen neue bewusste Wahrnehmungsinhalte, Gedanken, Vorstellungen und rufen Erinnerungen in neuen Kontexten ab.

Wozu haben wir überhaupt ein Bewusstsein?

Die Frage nach der Funktion von Bewusstsein beschäftigt Philosophen, Psychologen und Hirnforscher seit langem. Traditionell gilt in der Philosophie Bewusstsein, insbesondere in Form des reflektierenden Denkens, als die höchste Stufe des Seins und als eigentliche Verwirklichung des Menschen. Dem steht die Ansicht anderer Philosophen gegenüber, die zu den »Epiphänomenalisten« gehören und sagen, dass Bewusstsein ein überflüssiges Beiwerk neurobiologischer Vorgänge ist. Kurz gesagt meinen sie, dass unser Gehirn all das ausführen kann, was es leistet, ohne dass es dabei Bewusstsein haben muss.

Für einen Neurobiologen und Neuropsychologen klingt ein solcher Epiphänomenalismus absurd, denn warum sollte das Gehirn einen solchen stoffwechsel- und neurophysiologischen Aufwand treiben für etwas, das nutzlos ist? So etwas hätte sich sehr wahrscheinlich in der Evolution gar nicht ausgebildet.

Wir können die Sache aber einfacher angehen und schlicht fragen, ob es denn Dinge gibt, die wir nicht ohne Bewusstsein tun können, während andere Dinge Bewusstsein nicht erfordern. Aufgrund des bisher Gesagten finden wir schnell eine Antwort: Während wir alle Wahrnehmungen und Probleme, die einfach sind, und alle Handlungen, die wir lange eintrainiert haben, ohne oder nur mit begleitendem Bewusstsein behandeln bzw. ausführen können, müssen wir uns auf alle Dinge, die ungewohnt, kompliziert und irgendwie wichtig sind (sonst würden wir uns nicht damit befassen!), konzentrieren, sonst klappt es nicht. Dies gilt für ungewohnte Bewegungsabläufe genauso wie für das Erfassen des Sinnes von komplizierteren Äußerungen oder das Lösen eines neuen und komplexen Problems.

In diesem Fall werden geeignete Netzwerke in der Großhirnrinde aktiviert. Der Grund hierfür liegt wie bereits erwähnt darin, dass nur die Großhirnrinde aufgrund ihrer besonderen Netzwerkstruktur und ihrer Fähigkeit zur schnellen Umverknüpfung in der Lage ist, neue Inhalte, z. B. Wahrnehmungen, miteinander und mit bereits vorhandenen Inhalten des Gedächtnisses zusammenzufügen, so dass neue Informationen entstehen. Ebenso können nur Netzwerke der Großhirnrinde große und unterschiedliche Datenmengen schnell, d. h. im Sekundenbereich miteinander verknüpfen. Solche Eigenschaften und Fähigkeiten haben Netzwerke außerhalb der Großhirnrinde nicht.

Wir können also aus neurobiologischer und psychologischer Sicht Bewusstsein als eine besondere Art der Informationsverarbeitung ansehen, die dann erforderlich ist, wenn komplexe und umfangreiche Daten schnell und auf neue Art miteinander verknüpft bzw. verglichen werden sollen, und wenn dies für das Gehirn in irgendeiner Hinsicht wichtig ist. Dies »bezahlt« das Gehirn mit hohen Stoffwechselkosten. Deshalb wird auch verständlich, dass das Gehirn dazu tendiert, Routinen auszubilden, deren Ausführung stoffwechselphysiologisch billig sind. Damit verlieren die Prozesse der Informationsverarbeitung aber auch ihre Flexibilität.

Ist das Geist-Gehirn-Problem damit gelöst?

Es mehrt sich aufgrund des rasanten Fortschritts in der empirischen Bewusstseinsforschung die Zahl derjenigen Philosophen, die davon überzeugt sind, dass Geistzustände wesensmäßig Hirnzustände sind. Allerdings gibt es unter ihnen unterschiedliche Ansichten darüber, ob man deshalb auch Bewusstsein mit naturwissenschaftlichen Begriffen vollständig erklären könne. Einige wie die Philosophen Patricia und Paul Churchland halten diese Frage zumindest im Prinzip für beantwortet und sehen die Möglichkeit, die ganze »alltagspsychologische« Redeweise von geistigen Zuständen demnächst durch eine exaktere neurobiologische ersetzen zu können. Andere wie Thomas Metzinger und Michael Pauen lehnen eine solche »reduktionistische« Lösung des Geist-Gehirn-Problems ab, halten eine neurobiologische Erklärung des Bewusstseins im Prinzip aber für möglich. Wieder andere Philosophen wie David Chalmers und Joseph Levine versuchen hingegen nachzuweisen, dass dies niemals gelingen wird, weil es hier eine unüberschreitbare »Erklärungslücke« gibt.

Kein Hirnforscher wird trotz der genannten Fortschritte das

Geist-Gehirn-Problem ernsthaft als völlig gelöst ansehen. Man hat zwar Einsichten darin, welche Gehirnzentren aktiv sind, wenn wir verschiedene Bewusstseinszustände erleben, und man versteht inzwischen ziemlich gut die Vorgänge auf der zellulären und molekularen Ebene. Ein großes Rätsel ist aber das Geschehen dazwischen: Was genau passiert beim Zusammenspiel von Millionen und Milliarden von Nervenzellen, so dass bewusstes Erleben entsteht? Hier fehlen nicht nur die experimentellen Möglichkeiten, diese Vorgänge zu erfassen, sondern es sind keine theoretischen Modelle vorhanden, die dieses Geschehen begreiflich machen könnten. Solche Modelle sind aber nötig, denn anschaulich vorstellen kann man sich das Entstehen von Bewusstsein aus dem neuronalen Geschehen überhaupt nicht. Andererseits hat niemand im Gehirn Dinge entdecken können, die den naturwissenschaftlichen Gesetzen und Prinzipien widersprechen, und dies heißt, dass es zumindest im Grundsatz möglich sein muss, die Beziehung von Gehirn und Geist naturwissenschaftlich zu verstehen, auch wenn dies vielleicht faktisch nicht gelingt. Es bleibt also die Erkenntnis, dass Geist und Bewusstsein Zustände sind, die sich in das physikalisch-physiologische Geschehen einfügen und es nicht übersteigen, wie der Dualismus meinte.

Ein bereits mehrfach erwähnter Umstand scheint diesen Bemühungen den größten Widerstand zu leisten, auf den sich auch die erwähnte »fundamentale Erklärungslücke« bezieht, nämlich dass Bewusstseinszustände von uns radikal anders erlebt werden als Dinge und Vorgänge in der materiellen Welt. Ich mag alles über die neuronalen Grundlagen des Farbensehens wissen und genau vorhersagen können, wann meine Versuchsperson in einem bestimmten Moment des Experiments sagen wird: »Jetzt sehe ich einen grünen Fleck!«; dennoch werde ich als externer Beobachter das Erleben »wie es ist, einen grünen Fleck zu sehen« nicht erfasst haben. In diesem Erleben – so das Argument – besteht aber das Wesen des Bewusstseins, und dies wird einer neurobiologischen Erklärung für immer verschlossen bleiben.

Kritiker dieses Standpunkts weisen darauf hin, dass die Beschränkung des Phänomens Bewusstsein auf das subjektive Erleben unzulässig ist. Mindestens ebenso wichtig ist die Tatsache, dass es, wie dargestellt, einen großen Unterschied macht, ob etwas bewusst oder unbewusst wahrgenommen bzw. eine Bewegung bewusst oder unbewusst ausgeführt wird, und man kann diese Vorgänge genau untersuchen. Man kann inzwischen jede Sinnestäuschung neurobiologisch plausibel machen und zeigen, dass neurobiologisches Geschehen und subjektives Empfinden beliebig eng miteinander verwoben sind, so dass eher die Vermutung nahe liegt, dass neuronales Geschehen und subjektives Erleben »zwei Seiten derselben Medaille« sind.

Man kann hier aber noch weiter gehen und erklären, *wie* und *warum* im menschlichen Gehirn ein Zustand des Selbsterlebens entsteht. Dazu muss man sich noch einmal vergegenwärtigen, dass im Cortex die interne Erregungsverarbeitung in ihrem Umfang dasjenige, was an Erregungen in ihn hineindringt und von ihm abgegeben wird, um das Vieltausendfache übersteigt. Studiert man die strukturelle und funktionelle Organisation des Cortex, so wird klar, dass ein solches System notwendigerweise hochkomplexe Zustände der *Selbstbeschreibung* entwickelt, die wir dann als Bewusstsein, Wünsche, Meinungen, Ich-Zustände usw. empfinden und die dann *per se* nicht aus der Beobachterperspektive (also »von außen«) erfahrbar sind.

Man kann auch mit empirischen Methoden die Binnenstrukturen dieser Zustände untersuchen. Es zeigt sich dabei, dass die Abfolgen unserer Wahrnehmungen, Gedanken, Vorstellungen, Erinnerungen und Gefühle keineswegs regel- und gesetzlos sind, sondern hochgeordnet, wenngleich sehr komplex. Vieles davon entspricht den Gesetzen der Wahrnehmung und des Denkens, wie sie die *Gestaltpsychologie* herausgefunden hat. Die hier herrschenden Gesetze sind freilich von anderer Art als diejenigen, die in der Festkörperphysik oder der Biochemie herrschen, ohne dass sie zugleich derartige physikalisch-physiologische Gesetze verletzen. Man kann deshalb von einer *partiellen Eigengesetzlichkeit von Geist und Bewusstsein* ausgehen, ohne auf den Gedanken der Einheitlichkeit der Natur zu verzichten. Geist fügt sich in die Natur ein, er sprengt sie nicht.

Eine letzte und immer häufiger gestellte Frage soll uns noch beschäftigen, nämlich ob man demnächst oder zumindest im Prinzip Roboter mit Bewusstsein wird bauen können. Hierüber kann man dicke Bücher schreiben, sich aber auch sehr kurz fassen*/* – und das will ich hier tun. Es ist klar, dass wir in Hinblick auf den Besitz von Bewusstsein bei Robotern vor denselben Problemen stehen werden wie bei Tieren – und natürlich auch bei unseren Mitmenschen: Wir können die Existenz von Bewusstsein nur aus ihren Verhaltensleistungen ableiten. Das bedeutet: Wenn ein Roboter Dinge leistet, die der Mensch nachweislich nur mit Bewusstsein leisten kann, dann hat er Bewusstsein.

Dabei ist es gleichgültig, wie dieses Bewusstsein »materiell« zustande kam. Wenn wir akzeptieren, dass viele Tiere zumindest einige Formen von Bewusstsein haben, wie Erlebnisbewusstsein, Aufmerksamkeit, Intelligenz und rationale Handlungsplanung, dann muss Bewusstsein etwas sein, dass sich auf verschiedene Weise materiell realisieren lässt, und nicht nur auf die eine Art, wie sie sich beim Menschen findet. Manche intelligente Tiere wie die erwähnten Rabenvögel haben nämlich keinen sechsschichtigen Cortex wie wir Menschen, und wieder andere Tiere wie die Kraken, die ebenfalls intelligent sind, haben ein ganz anders gebautes Gehirn. Dies bedeutet, dass Bewusstsein unterschiedlich materiell verwirklicht werden kann, und warum dann nicht nur auf natürlich-biologische, sondern auch auf künstliche Weise?

Zwei Dinge könnten aber passieren: Erstens könnte es sich herausstellen, dass man zwar im Prinzip Bewusstsein künstlich herstellen kann, dass diese Herstellung aber viel zu kompliziert ist. Immerhin würde es beim »Nachbau« des menschlichen Cortex darum gehen, 500 Billionen Synapsen gezielt miteinander zu verknüpfen, von allen anderen Schwierigkeiten einmal abgesehen. Dies erscheint nahezu aussichtslos. Man müsste – so vermute ich – stattdessen Systeme bauen, die sich selbst bauen und »verdrahten«, wie es eben das Gehirn tut. Wie so etwas technisch zu realisieren ist, weiß zur Zeit niemand, auch wenn es dafür einige interessante Modelle aus der theoretischen Physik bzw. Neurophysik gibt. Zweitens könnte es sein, dass Bewusstsein nur mit geeignetem biologischem Material herzustellen ist, das dem »Material« des Gehirns sehr ähnelt, und man dieses Material nicht herstellen kann.

Vielleicht sind diese Überlegungen aber auch viel zu hoch gegriffen, und wir bescheiden uns bei den Robotern, die uns umgeben werden, mit sehr viel einfacheren Leistungen, die nach einigen weiteren Anstrengungen der Künstliche-Intelligenz-Forschung schon mit heutigen Mitteln erreichbar erscheinen. Der Roboter wird uns höflich fragen, was wir zum Abendessen zu trinken gedenken – weißen oder roten Wein? Wenn Rotwein, dann Bordeaux, Burgunder, einen Chianti oder einen Piemonteser? Einen jungen oder älteren Jahrgang? Und wenn wir ihm entsprechende Anweisungen geben, wird er in den Weinkeller gehen und uns später höflich und lächelnd den gewünschten Wein servieren mit der Bemerkung »wohl bekomm's!« Was wollen wir mehr?

8. Ich und Es – die Welt der Persönlichkeit und des Psychischen

»Wer bin ich eigentlich?«, fragen sich Menschen, darunter viele große Philosophen, Letztere meist in der Form »Wer oder was ist das Ich?«. Immer, wenn Menschen – Laien wie Wissenschaftler – sich auf die Suche nach dem Ich begaben, kamen sie zu dem merkwürdigen Ergebnis, dass da nichts ist, was sich genauer begreifen oder beschreiben ließe: Mit dem Ich geht es ihnen und uns wie dem Kirchenvater Augustinus mit der Zeit: Je intensiver wir darüber nachdenken, desto mehr verflüchtigt sich das, was wir genau zu kennen scheinen.

Dabei erscheint anfangs alles klar. Auf die an mich selbst gestellte Frage »Wer bin ich?« gibt es die eine zutreffende Antwort: »Ich natürlich!« »Wer ist dieses Ich?« »Es handelt sich um Gerhard Roth, geboren …, wohnhaft in …, Professor …, verheiratet mit …, Vater von … usw.« So kann ich mich vor anderen identifizieren, gegebenenfalls mithilfe der Nummer meines Personalausweises. Dies beschreibt natürlich nur meine *äußere* Identität. Die *innere* Identität wird mir durch die eigentümliche Gewissheit »ich bin ich!« vermittelt. Dazu gehört die Aussage: »Dies ist mein Körper«, »ich tue gerade das«, »dies sind meine Gedanken, Vorstellungen, Gefühle und Absichten«. So sehr ich mich anstrenge, ich komme erst einmal nicht über das »ich bin ich« hinaus. Es hilft dabei nicht, wenn ich die äußere Identität zu Hilfe nehme, denn die obige Beschreibung meiner Person macht nur Sinn, wenn ich anschließend sage: »Das bin ich!«

Entsprechend hilflos sind die Definitionsversuche der Philosophen, auch der ganz großen wie John Locke, denn sie laufen immer auf Zirkel-Definitionen zwischen Ich, Selbst, Person und Identität heraus. Bei Locke heißt es: »›Person‹ ist ein denkendes, verständiges Wesen, das Vernunft und Überlegung besitzt und sich als sich selbst betrachten kann«. Eine Person hat also ein Ich-Gefühl, sie fühlt sich identisch mit sich selbst. Das wiederum definiert den Zustand, eine Person zu sein. Bekanntlich hat sich ein ebenso großer Philosoph, nämlich René Descartes, mit dem Ich abgemüht, allerdings auf der Suche nach der absoluten Gewissheit. Er fragte sich in seinem berühmten »Diskurs über die Methode« und seinen ebenso berühmten»Meditationen«, ob es etwas gebe, an dessen Existenz niemand vernünftigerweise zweifeln könne, und fand dies in dem Zustand »ich denke«. Sein Argument geht dahin, dass dieser Gedanke *unmittelbar* gegeben ist; niemand kann – so schien es Descartes – den Gedanken »ich denke« haben und nicht wissen, dass *er* diesen Gedanken gerade denkt. Wer soll dies denn sonst sein? Aus dieser unbezweifelbaren Gewissheit der Existenz des Gedankens (wenn er nicht existierte, könnte er ja nicht gedacht werden) folgert Descartes nun die Unbezweifelbarkeit der Existenz eines Wesens, das diesen Gedanken hat, nämlich das »Ich« (»ich denke, also bin ich«). Dieses Ich ist der Träger des Gedankens. Also ist die Existenz des Ich ebenfalls unbezweifelbar. Von diesem absoluten Anker aus kann nun alles, was im ersten Schritt von Descartes radikal bezweifelt wurde, wieder bestätigt werden, insbesondere auch die Existenz Gottes und einer realen Außenwelt.

Diese radikale Reduktion aller Gewissheit auf das denkende Ich hat einen ungeheuren Einfluss auf die europäische Philosophie gehabt und galt weithin als unwiderlegbar. Aber sie unterliegt – wie einige Philosophen nach Descartes schon vermuteten – einem fundamentalen, jedoch verzeihlichen Denkfehler, dass nämlich der Vorgang des Denkens notwendigerweise einen Träger namens »Ich« haben muss. Mit anderen Worten: Aus der Tatsache, dass es einen Zustand »ich denke« gibt, folgt nicht logisch zwingend, dass es ein *Ich* gibt, das denkt. Es gibt viele Zustände, die sich mit dem Gefühl des Ich verbinden: ich denke, ich handle, ich fühle, ich stelle mir vor usw., doch jeder Versuch, herauszubekommen, wer oder was dieses Ich denn ist, das sich mit dem Denken, Handeln, Fühlen, Vorstellen verbindet, verläuft im Sande. Überdies gibt es Patienten, die denken und zugleich *nicht* das Gefühl haben, dass sie es sind, die denken, oder die nicht wissen, wer sie sind. Ich-Identität ist eben doch nicht etwas absolut Sicheres.

Dies hat den ebenso berühmten Philosophen David Hume zu seiner Bündel-Theorie des Ich gebracht. Seiner Meinung nach sind Ich und Selbst keine eigenständigen Wesenheiten oder »denkende Substanzen« im Sinne Descartes', sondern nur ein Bündel besonderer Bewusstseinszustände, die nacheinander erlebt und in diesem Erleben zu einer *Scheininstanz* integriert werden. Dem Ich kommt nach Hume also gar keine reale Existenz zu – kein Wunder also, dass man nichts findet, wenn man nach ihm fahndet. Der nächste berühmte Philosoph, Immanuel Kant, ist trotz seiner sonstigen Kritik an Hume hierin dessen Schüler. Er hält in der *Kritik der reinen Vernunft* zwar fest, dass es ein so genanntes transzendentales (d. h. Erkenntnis ermöglichendes) Ich gibt, nämlich das »ich denke«, das alle Vorstellungen begleiten können muss, aber er beeilt sich zu sagen, dieses transzendentale Ich sei *inhaltsleer*, nämlich ein rein formales Prinzip der Einheit der Wahrnehmung, das selbst vor aller Erfahrung existiere und im Gegensatz zum empirischen Ich stehe. Letzteres sei ein erfahrungsabhängiger Wahrnehmungsinhalt, und den sollten die Psychologen untersuchen.

Es ist also schwierig mit dem Ich, das fast jeder hat und fast jeder verwirklichen will und von dem keiner so recht weiß, was es ist. Dies ist umso verwunderlicher, als es in der Neuropsychologie und der Psychiatrie zahlreiche Patienten gibt, die unter Ich-Störungen leiden, und diese Störungen sind keineswegs illusionär, sondern für die Patienten höchst qualvoll. Einige wissen nicht, wer sie sind, andere wissen nicht, wo sie sich befinden, wiederum andere behaupten, eine andere Person zu sein als es scheint, mehrere Personen zugleich oder nacheinander zu sein, im falschen Körper zu stecken, keine eigenen Gedanken zu haben und so fort. Dies nennt man in der Psychiatrie »dissoziative Störungen«. Diese Zustände klingen den »Normalen« bizarr, aber interessanterweise treten einige dieser Ich- oder Identitätsstörungen nicht nur bei psychisch kranken Menschen auf, sondern auch bei neurologischen Patienten mit unterschiedlichen Hirnverletzungen, besonders solchen im Bereich des Scheitelhirns. Aber auch schon ein leichter Schlaganfall kann dazu führen, dass Menschen nicht mehr wissen, wer oder wo sie sind.

All dies deutet darauf hin, dass das Ich-Gefühl wie alle Gefühle etwas mit dem Gehirn zu tun hat. Ehe wir aber genauer danach fragen, wollen wir uns mit den Erkenntnissen der Psychologen und Neuropsychologen über die verschiedenen Ich-Empfindungen befassen. Diese sind – wohl nicht überraschend – weitgehend identisch mit den im vorangegangenen Kapitel genannten unterschiedlichen Bewusstseinszuständen, denn Bewusstsein und Ich hängen sehr eng zusammen.

Als erstes ist das *Körper-Ich* zu nennen, d. h. das Gefühl, dass dasjenige, in dem ich »stecke« und das ich tatsächlich oder scheinbar beherrsche, *mein* Körper ist. Eng damit verbunden ist das *Verortungs-Ich*, d. h. das Bewusstsein, dass ich mich gerade an *diesem* Ort und nicht woanders oder sogar gleichzeitig an zwei Orten befinde. Wiederum eng hiermit verbunden ist das *perspektivische Ich*, d. h. der Eindruck, dass ich den Mittelpunkt der von mir erfahrbaren Welt bilde.

Diese Ich-Empfindungen haben nach neueren Erkenntnissen vornehmlich mit Funktionen des Scheitellappens, des parietalen Cortex, zu tun. Hier entstehen während der Entwicklung des Gehirns aus den sensomotorischen Rückkopplungen das Körperschema und die Raum- und Handlungswelt, in die der Körper »hineingestellt« wird, und schließlich gesellt sich zum Körper das Ich, das dadurch zugleich zum Mittelpunkt der Raum- und Handlungswelt wird. Davon war ausführlich in Kapitel 2 die Rede. Entsprechend führen Störungen der Funktionen des Scheitellappens zu den charakteristischen Ausfällen der Ich-Körper-Identität, des Orts-Bewusstseins und der Raumwahrnehmung und auch zu einigen jener merkwürdigen Zustände, die man als »Nahtodeserfahrung« bezeichnet und von denen noch im vorletzten Kapitel dieses Buches genauer die Rede sein wird.

Ein ganz anderer Typ ist das Ich als *Erlebnis-Subjekt*, d. h. das Gefühl, *ich* habe diese Wahrnehmungen, Ideen, Gefühle, und nicht etwa ein anderer. Damit verwandt, aber nicht identisch ist das *Autorschafts- und Kontroll-Ich*, d. h. das Gefühl, dass ich Verursacher und Kontrolleur meiner Gedanken und Handlungen bin. Ebenso verwandt hiermit ist das *autobiographische Ich*, d. h. die Überzeugung, dass ich derjenige bin, der ich gestern war, und dass ich eine *Kontinuität* in meinen verschiedenen Empfindungen erlebe. Das Erlebnis-Ich ist vornehmlich – wenngleich wohl nicht ausschließlich – eine Funktion des Schläfenlappens und des Übergangs zum Scheitellappen, d. h. dort, wo Sehen, Hören, Fühlen und Gleichgewichtsempfindungen zusammenkommen. Das Autorschafts-Ich ist gebunden an die Tätigkeit des supplementärmotorischen Areals SMA (genauer: des prä-SMA, etwa Brodmann-Areale 6 und 8 in Abbildung 5 unten) in Zusammenarbeit mit dem parietalen und präfrontalen Cortex. Das autobiographische Ich hat mit dem Hippocampus zu tun und mit Cortexarealen, die sich am vorderen Rand des Schläfenlappens (*temporaler Pol*, Brodmann-Areal 38 in Abbildung 5 oben) und im Bereich des orbitofrontalen Cortex (Brodmann-Areale 11 und 12 in Abbildung 5) befinden.

Schließlich gibt es das *selbstreflexive Ich*, d. h. die Möglichkeit des Nachdenkens über sich selbst, das *sprachliche Selbst* und das *ethische Ich* oder *Gewissen*, also das Gefühl, es gebe eine Instanz in mir, die mir sagt oder befiehlt, was ich zu tun und zu lassen habe. Das Erstere hat ganz offenbar mit Funktionen des präfrontalen Cortex zu tun, das sprachliche Ich mit den beiden Sprachzentren, d. h. dem Wernicke- und dem Broca-Areal. Das ethische Ich ist vornehmlich eine Funktion des orbitofrontalen Cortex. Patienten mit Schädigungen in diesem Bereich verhalten sich typisch »unmoralisch« bzw. »unethisch«, sie sind aber auch rücksichtslos gegen sich selbst.

Dies bedeutet, dass es das *eine* Ich nicht gibt, sondern eben ein Bündel von unterschiedlichen Ich-Zuständen, genau wie David Hume es vermutet hatte. Wir erleben dies, wenn wir genauer in uns hineinschauen. Dann merken wir, dass wir in der Tat aus ganz unterschiedlichen Teil-Zuständen bestehen, die sich innerhalb unseres Erlebnisstroms in wechselnder Weise zusammensetzen. Einmal dominiert das Körper-Ich, wenn wir zum Beispiel Schmerzen haben oder körperliche Lust empfinden, dann wieder dominiert beim intensiven Zuhören eines Musikstücks oder beim Anschauen eines fesselnden Films das Erlebnis-Ich oder bei starken Gefühlen das emotionale Ich. Denken wir heftig über uns und unsere Handlungen nach, dann herrscht das selbstreflexive Ich vor usw. Dies resultiert in dem ständigen Auf und Ab verschiedenster Empfindungen, aus denen wir bestehen.

Wie das Zusammenbinden dieser unterschiedlichen Ich-Zustände genau geschieht, ist nicht bekannt. Es ist uns aber jetzt klar, warum es vergeblich ist, nach einem *Träger* des Ich zu suchen, und warum den genannten Philosophen (die ja alle sehr kluge Menschen waren) das Ich letztlich »inhaltsleer« vorkam. Die unterschiedlichen Ich-Empfindungen verbinden sich *gegenseitig*, sozusagen selbstorganisierend, und es gibt keine eigenständige, übergeordnete Instanz, die verbindet. Schließlich dürfen wir nicht vergessen, dass die Ich-Identität einer Person auch sozial vermittelt wird, zum Beispiel als Träger eines Namens und bestimmter Rollen und Funktionen. Andererseits können wir in unserem täglichen Leben ganz verschiedene Rollen »spielen«, und diese können sich zum Teil wie die Ich-Zustände bei Patienten mit Persönlichkeitsstörungen oder neurologischen Schäden voneinander deutlich trennen. So kann eine Person tagsüber ein unmenschlicher KZ-Aufseher und abends ein liebevoller Vater und Ehemann sein; in seinem Institut ein äußerst kritischer Wissenschaftler und am Sonntag ein gläubiger Christ; ein dominanter Büroleiter und zuhause unter dem »Pantoffel« der Ehefrau stehen.

Das Ich und das Unbewusste

Nach Auffassung des Begründers der Psychoanalyse, Sigmund Freud, stehen Ich und Es sich gegenüber; das eine gehört der Sphäre des Bewusstseins an, das andere stellt die Sphäre des Unbewussten dar. Gleichzeitig vertritt Freud die Auffassung, das Ich entstehe während unserer Individualentwicklung aus Bestandteilen des Es, leugne jedoch zugleich dessen Existenz, so, als ob es von seiner »niedrigen« Herkunft nichts wissen wolle. Es sind nach Freud aber im Wesentlichen die Vorgänge des Es, die das Ich bestimmen. Das Es ist der Ort der Triebe, der egoistischen, sofortigen Befriedigung von Bedürfnissen, während dem Ich die Zügelung dieser Triebstrukturen zukommt, die Abwehr unangepasster Triebforderungen und die Anpassung an die realen Gegebenheiten mit ihren Zwängen und Einschränkungen. Deshalb nennt Freud das Ich auch die Verkörperung des »Realitätsprinzips«.

Aus neurobiologischer Sicht umfasst das Unbewusste weit mehr als nur den Bereich der Triebstrukturen im Sinne Freuds. Zum Unbewussten im weiteren Sinne gehören (1) vorbewusste Inhalte von Wahrnehmungsvorgängen; (2) unterschwellige (subliminale) Wahrnehmungen; (3) Wahrnehmungsinhalte außerhalb des Fokus unserer Aufmerksamkeit; (4) alle perzeptiven, kognitiven und emotionalen Prozesse, die im Gehirn des Fötus, des Säuglings und des Kleinkindes vor Ausreifung des assoziativen Cortex ablaufen; (5) Inhalte des deklarativen Gedächtnisses, die ins Unbewusste abgesunken sind (»vergessen« wurden) und unter günstigen Bedingungen wieder bewusst gemacht werden können; (6) konsolidierte Inhalte des prozeduralen Gedächtnisses; (7) Inhalte des emotionalen Gedächtnisses, welche die Grundstruktur unseres Charakters und unserer Persönlichkeit bestimmen.

Von den unter (1) und (2) genannten Zuständen war schon früher die Rede. Alle Wahrnehmungen werden grundsätzlich für 250 bis 1000 Millisekunden unbewusst verarbeitet, ehe sie gegebenenfalls bewusst werden. Viele unbewusst aufgenommenen Reize sind jedoch generell zu kurz oder zu schwach, als dass sie unsere Großhirnrinde in einer für das bewusste Erleben notwendigen Weise aktivieren, oder sie werden durch subcorticale »Filterprozesse« vom Bewusstwerden ausgeschlossen. Nichtsdestoweniger können sie einen messbaren Einfluss auf unsere Reaktionen nehmen. Dies kann zum Beispiel mithilfe psychologischer Wahlexperimente gezeigt werden, in denen »maskierte«, d. h. nicht wahrnehmbare Hinweisreize eingesetzt werden. Die Versuchspersonen treffen dann eine »richtige« Entscheidung, wissen aber nicht, warum sie so und nicht anders gehandelt haben, weil ihr assoziativer Cortex nicht genügend erregt wurde.

Besonders eindrucksvoll sind die unter (3) genannten Prozesse, d. h. all die Geschehnisse, die wir »übersehen«, weil wir unsere Aufmerksamkeit nicht auf sie richten. Aufmerksamkeit ist ein Zustand, der dafür sorgt, dass bestimmte corticale Verarbeitungsprozesse in einen besonders aktiven Zustand der Informationsverarbeitung gebracht werden. Dieser führt dann zu erhöhten Wahrnehmungsleistungen, einer intensiveren Verankerung im Gedächtnis und zum massiven Ausblenden von Vorgängen außerhalb des Scheinwerfers der Aufmerksamkeit. Hier gilt der Grundsatz: Je intensiver wir unsere Aufmerksamkeit auf einen begrenzten Inhalt richten, desto mehr schwinden andere Inhalte aus dem Bewusstsein (so können wir in eine spannende Lektüre oder ein wunderbares Musikstück vollkommen »versunken« sein!). Die verschiedenen Formen von Bewusstsein, wie sie hier genannt wurden, treten im Laufe der Entwicklung des Gehirns zu unterschiedlichen Zeiten auf. Es ist wahrscheinlich, dass das sensorische Erlebnisbewusstsein schon sehr früh auftritt, vielleicht schon kurz nach der Geburt (oder sogar früher), dass sich dessen Inhalte aber nicht längerfristig im Gedächtnis verankern, weil das entsprechende deklarativ-autobiographische Gedächtnissystem noch nicht voll funktionstüchtig ist. Hierzu müssen der Hippocampus als Organisator dieses Gedächtnisses und die Großhirnrinde als Speicherort der deklarativen Gedächtnisinhalte voll ausgebildet und miteinander genau verbunden sein, und dies scheint erst gegen Ende des dritten Lebensjahres zu geschehen. Wahrscheinlich ist das die Grundlage der von Freud erstmals beschriebenen »infantilen Amnesie«, d. h. der Unfähigkeit, sich an Ereignisse zu erinnern, die vor Ende des dritten Lebensjahres stattfanden.

Wie bereits erwähnt, wird unser Aktualbewusstsein wesentlich vom deklarativen Gedächtnis bestimmt, dessen Organisator, der Hippocampus, selbst völlig unbewusst arbeitet. Die allermeisten Inhalte dieses Gedächtnisses sind ebenfalls unbewusst (oder besser »vor-bewusst«), und jeweils nur wenige werden bewusst. Das deklarative Gedächtnis legt fest, was uns wann in welcher Weise und für wie lange in den Sinn kommt; es formt somit die Wahrnehmungsinhalte, lenkt unsere Aufmerksamkeit (sofern diese nicht durch auffällige externe Ereignisse bestimmt wird). Der Hippocampus und die ihn umgebende entorhinale, perirhinale und parahippocampale Rinde, die dieses Gedächtnis »organisieren«, stehen ihrerseits unter Einfluss des limbischen Systems (siehe unten). Dies bedeutet, dass unser bewusstseinsfähiges Gedächtnis im Wesentlichen von Affekten und Emotionen gesteuert ist.

Das Unbewusste in einem Sinne, wie er der Auffassung Freuds nahe kommt, umfasst aus neurobiologischer und psychologischer Sicht diejenigen psychischen Grundstrukturen, die unseren Charakter und unsere Persönlichkeit festlegen, also die Art und Weise, wie wir uns zu uns selbst und zu unserer natürlichen und insbesondere sozialen Umwelt verhalten, Bindungen eingehen, Impulskontrolle erlernen, Selbstvertrauen und Vertrauen zu anderen ausbilden. Dies hat vornehmlich mit den Funktionen des limbischen Systems zu tun.

Das limbische System als Sitz des Unbewussten

Vom limbischen System haben wir im ersten Kapitel bereits erfahren, dass es etwas mit affektiver und emotionaler Verhaltenssteuerung und Verhaltensbewertung zu tun hat. Wir müssen uns jetzt etwas ausführlicher mit ihm beschäftigen. Es ist ein sehr uneinheitlich aufgebautes System, das praktisch das gesamte Gehirn durchzieht und in drei große Funktionsebenen eingeteilt werden kann (vgl. Abbildung 2 unten, Abbildung 4).

Die *unterste Funktionsebene* des limbischen Systems (auch »untere limbische Ebene« genannt; vgl. Roth, 2007) wird von Vorgängen beherrscht, die uns am Leben erhalten. Hierzu gehört die Kontrolle der Atmung, des Kreislaufs, des Wärmehaushaltes, der Energieversorgung, des Schlafens und Wachens und in diesem Zusammenhang des allgemeinen Bewusstseins und Reaktionszustandes. Damit verbunden sind elementare Verhaltensreaktionen wie Nahrungsaufnahme, Verteidigung bzw. Angriff gegen Bedrohung, Stressreaktionen gegenüber Belastungen, Paarungsverhalten und Fürsorge für uns selbst und die nächsten Angehörigen.

Diese Reaktionen werden vermittelt durch den Hypothalamus, den Zentralkern der Amygdala, das Ventrale Tegmentale Areal, das Zentrale Höhlengrau des Mittelhirn-Tegmentum, welche die so genannten vegetativen Zentren des Hirnstamms kontrollieren. Diese Funktionen müssen nicht erlernt werden, sie gehören zur Grundausrüstung des Säugetiergehirns. Sie sind entweder gar nicht oder nur schwer zu kontrollieren. Dies gilt für die damit verbundenen körperlichen Bedürfniszustände wie Hunger, Durst, Müdigkeit und Schmerz und für *affektive* Zustände wie Aggressivität, Lust, Wut, Ärger, sexuelles Begehren, Territorialität und auch Schmerzempfindung. Diese haben ihre standardisierten Auslösesituationen und sind fest mit bestimmten Verhaltensweisen und stereotypen Lautäußerungen verbunden.

Ein System, das wir hier noch besprechen müssen, ist das mesolimbische System, das hauptsächlich aus dem Ventralen Tegmentalen Areal, dem Nucleus accumbens und dem ventralen Striatum besteht. Dieses System erzeugt – vorerst unbewusst – Lustempfindungen, und zwar dadurch, dass dort hirneigene »Belohnungsstoffe«, so genannte endogene Opiate, auch Endorphine und Enkephaline genannt, besonders wirksam werden. Diese Stoffe werden im Hypothalamus produziert und sind den Drogen chemisch sehr ähnlich. Mit ihnen belohnt sich das Gehirn, wenn etwas passiert oder Gehirn und Körper etwas geleistet haben, das – aus Sicht des Gehirns – eine Belohnung verdient. Diese Stoffe werden im Gehirn verteilt und gelangen auch in die Großhirnrinde. Wir fühlen uns dann je nach Menge und Art der produzierten Substanzen zufrieden, glücklich, euphorisch oder ekstatisch. Dies hat zur Folge, dass wir dasjenige zu wiederholen oder wiederzuerlangen trachten, was diesen positiven Zustand herbeiführte.

Im Ventralen Tegmentalen Areal wird auch der Neuromodulator Dopamin produziert. Man meinte bis vor kurzem, Dopamin sei selbst ein hirneigener Belohnungsstoff, da seine Ausschüttung mit positiven Zuständen verbunden ist. Heute nimmt man eher an, dass Dopamin selbst kein Belohnungsgefühl vermittelt, sondern nur eine Belohnung durch die hirneigenen Opiate »in Aussicht stellt«.

Die mittlere Funktionsebene (auch »mittlere limbische Ebene« genannt) stellt den Bereich unserer Gefühle im engeren Sinne dar. Nach Anschauung vieler Fachleute haben alle Menschen auf der Welt dieselben Grundgefühle, nämlich Furcht, Freude, Glück, Verachtung, Ekel, Neugierde, Hoffnung, Enttäuschung und Erwartung – manche zählen ein paar mehr, andere ein paar weniger hinzu. Unser aktuelles Gefühlsleben besteht dann aus einer unendlichen Mischung dieser positiven und negativen Grundgefühle. Sie werden im Zusammenspiel von Hypothalamus, Amygdala und mesolimbischem System unbewusst erzeugt und werden bewusst, wenn Erregungen von diesen Zentren in die Großhirnrinde dringen.

Anders als die zuvor genannten *Affekte* sind Gefühle im Sinne von *Emotionen* nicht starr an bestimmte Situationen gekoppelt, sondern können sich in Abhängigkeit von vorher gemachten Erfahrungen mit allen erdenklichen Objekten und Situationen verbinden. Dies nennt man *emotionale Konditionierung*. Das wichtigste limbische Zentrum hierfür ist der Mandelkern, die *Amygdala*. Die Amygdala ist – wie im ersten Kapitel kurz dargestellt – ein anatomisch und funktional sehr heterogenes Gebilde und besteht ihrerseits aus drei großen Teilbereichen (vgl. Abbildung 5).

Der erste Bereich, *corticomediale Amygdala* genannt, befasst sich mit der Verarbeitung von Gerüchen, insbesondere von sozialen Gerüchen, *Pheromone* genannt. Pheromone sind überall im Tierreich ein sehr wichtiges innerartliches Kommunikationsmittel und werden von speziellen Körperdrüsen gebildet, beim Menschen zum Beispiel von den Achseldrüsen und den Drüsen der Geschlechtsorgane. Sie signalisieren Aggressivität, Furcht und Freude, Zu- und Abneigung, Paarungsbereitschaft und Wohlbefinden, und dies ist in Grenzen auch beim Menschen der Fall, obwohl wir meist nichts davon merken. Der zweite Teil der Amygdala, der so genannte *Zentralkern*, steuert zusammen mit dem Hypothalamus alle oben genannten vegetativen und affektiven Reaktionen und spielt bei der Stressreaktion und Stressbewältigung eine zentrale Rolle. Der dritte und im vorliegenden Zusammenhang wichtigste Teil ist die so genannte *basolaterale Amygdala*. Sie ist der Ort der emotionalen Konditionierung; die basolaterale Amygdala erhält Erregungen aus dem visuellen, somatosensorischen und auditorischen System und gleichzeitig Eingänge von denjenigen Systemen, die »gut« und »schlecht« melden, d. h. vom mesolimbischen System, vom Hypothalamus und von den Systemen, die mit Schmerzwahrnehmung zu tun haben (Zentrales Höhlengrau, insulärer Cortex). Gleichzeitig steht die basolaterale Amygdala mit dem Hippocampus in enger Verbindung.

Die sensorischen Informationen gelangen teils direkt über Umschaltstellen im Thalamus oder auf einem Umweg über den Cortex zur Amygdala. Der erstere Weg ist sehr kurz und arbeitet völlig unbewusst und ist zugleich detailarm. Es können über ihn nur grobe Aussagen über bestimmte Ereignisse mitgeteilt werden. Der zweite Weg dauert länger, denn hier laufen die sensorischen Informationen vom Thalamus zur Großhirnrinde und werden dort, wie geschildert, detailliert verarbeitet, ehe sie über den Temporallappen zur Amygdala gelangen. Diese Informationen sind detailreich und werden bewusst wahrgenommen.

In der basolateralen Amygdala werden die sensorischen mit den affektiv-emotionalen Zuständen verknüpft und erhalten hierdurch eine emotionale Bewertung. Nehmen wir ein Beispiel, das wir alle kennen, nämlich eine Prüfungssituation. Eine Prüfung in der Schule, der Universität, beim Führerscheinerwerb oder in der Berufsausbildung ist von ihrem bloßen Ablauf her erst einmal ein neutrales Geschehen. Klappt alles ganz prima, dann fühlen wir uns als Prüfling sehr gut, und dies hängt mit dem Ausstoß von endogenen Opiaten im Gehirn zusammen. Bei einem schlechten Verlauf werden andere Stoffe ausgeschüttet, und wir sind enttäuscht, niedergeschlagen, verbittert, wütend usw.

Diese Verknüpfung von an sich neutralen Geschehnissen und positiven oder negativen emotionalen Zuständen, die sich in der basolateralen Amygdala vollzieht, ist offenbar sehr stabil, und zwar umso mehr, je stärker die mit der Prüfungserfahrung verbundenen positiven oder negativen Gefühle waren. Einen großartigen Erfolg, bei dem alle uns umjubelten, und eine schmachvolle Niederlage, oft noch verbunden mit der Schadenfreude der anderen, werden wir nur noch schwer vergessen. Es ist auch die Frage, ob die Amygdala überhaupt vergisst. Darauf werde ich gleich noch eingehen.

Diese emotionale Konditionierung findet in stärkerer oder schwächerer Weise ständig statt und »färbt« unsere Lebenswelt ein. Sie steuert auch unser Verhalten. Dadurch, dass wir positive oder negative Dinge mit bestimmten Objekten, Personen oder Geschehnissen verbinden, bevorzugen wir Dinge oder versuchen sie zu vermeiden. Dies kann völlig unbewusst geschehen, und dann tun wir etwas und wissen gar nicht warum. Oft sind uns aber diese Antriebe bewusst, und wir empfinden Zuneigung oder Abneigung, Freude oder Furcht, Interesse oder Desinteresse, über die wir reden können. Es ist damit klar, dass auf dieser mittleren Funktionsebene die wesentlichen Entscheidungen in unserem Leben fallen – davon werden wir noch hören. Unklar ist, ob die Amygdala sowohl gute als auch schlechte Erfahrungen vermittelt, oder ob sie – wie manche meinen – überwiegend die negativen verarbeitet und das mesolimbische System für das Positive in unserem Leben zuständig ist. An *starken* positiven Empfindungen ist aber in jedem Fall das mesolimbische System beteiligt.

Die *dritte Funktionsebene* des limbischen Systems (auch »obere limbische Ebene« genannt«) wird durch den cingulären, ventromedialen und orbitofrontalen Cortex gebildet (jeweils Brodmann-Areale 24, 32 und 11 und 12 in Abbildung 5 unten). Wie im ersten Kapitel geschildert, sind diese Areale mit Verhaltensüberwachung, Fehlerkorrektur und Impulskontrolle beschäftigt, also mit all dem, was unser egoistisches, auf unmittelbare Bedürfnisbefriedigung ausgerichtetes Verhalten zügeln und in sozial verträgliche Bahnen lenken soll. Diese beiden Instanzen lernen nicht wie die Instanzen der zweiten Ebene durch direkten Erfolg oder Misserfolg, sondern durch Berücksichtigung der mittel- und längerfristigen Konsequenzen unseres Handelns. Diese Ebene hat teils Funktionen des Ich im Freud'schen Sinne als »Realitätsprinzip«, aber gleichzeitig auch Funktionen des Über-Ich als soziales Gewissen.

Auf dieser oberen limbischen Ebene findet auch die emotionale Kontextkonditionierung statt. Bei der emotionalen Konditionierung im engeren Sinne, die sich auf der Ebene der Amygdala und des mesolimbischen Systems vollzieht, wird im späteren Kindesalter und im Jugend- und Erwachsenenalter immer auch der Kontext mitgelernt, in dem positive oder negative Dinge mit uns passieren. So erinnern wir uns später ziemlich genau nicht nur an die für uns sehr peinlich verlaufene Prüfung, sondern auch an das Klassen- oder

Prüfungszimmer und die Zeit der Prüfung sowie an bestimmte Personen (Lehrer, Klassenkameraden, Professor), die zugegen waren, was sie anhatten, sagten usw. Es genügt dann eine kurze Erinnerung an das negative Geschehen, und plötzlich sind ganze Bildfolgen wieder da, und wir erleben ein sehr unangenehmes Gefühl.

Wichtig ist, dass diese drei Ebenen des limbischen Systems zu unterschiedlichen Zeitpunkten unserer Persönlichkeitsentwicklung ihre Arbeit aufnehmen. Die erste Ebene ist schon im frühen Entwicklungsstadium des Embryos aktiv, wenn die grundlegenden Körperfunktionen reguliert werden müssen. Hypothalamus und der Zentralkern der Amygdala sind bereits vor der 10. Schwangerschaftswoche tätig. Die zweite Funktionsebene, die der emotionalen Konditionierung, setzt ebenfalls vor der Geburt ein. Es besteht kein Zweifel daran, dass das ungeborene Kind direkt oder über neurochemische Signale die emotionalen Reaktionen der Mutter miterlebt und hierdurch beeinflusst wird. Wie stark – das ist unklar, aber es sollte uns nicht wundern, dass neben Rauchen, Alkohol und Drogenmissbrauch der Mutter auch starker psychischer Stress während der Schwangerschaft einen sehr negativen Einfluss auf das ungeborene Kind hat. Der große »Einsatz« der zweiten Funktionsebene kommt mit den ersten Tagen, Monaten und Jahren nach der Geburt, wenn alles neu und aufregend ist und entsprechend mit starken Emotionen verknüpft wird. Gleichgültig, ob diese Zeit der Prägung nun drei, fünf oder sieben Jahre dauert – sie ist für die Entwicklung der Persönlichkeit außerordentlich wichtig.

Die dritte Funktionsebene entwickelt sich vergleichsweise langsam, und diese Entwicklung ist erst mit dem endgültigen Ausreifen des orbitofrontalen Cortex zu Beginn des Erwachsenenalters abgeschlossen. Dann ist der junge Mensch endlich »zur Vernunft« gekommen. Dies drückt sich neurobiologisch darin aus, dass der cinguläre, präfrontale und insbesondere orbitofrontale Cortex eine gewisse zügelnde Macht über den Hypothalamus, die Amygdala und das mesolimbische System gewinnen. So werden wir in begrenzter Weise fähig, unser Temperament und unsere Emotionen zu zügeln, also unsere starke Enttäuschung nicht so stark in Wut und Aggression enden zu lassen, unsere Furcht ein wenig einzudämmen und unsere überschäumende Freude etwas zu zügeln. Diese Kontrolle ist nicht perfekt – sonst wären wir keine echten Menschen! Über eine vierte Ebene, die rational-kommunikative, haben wir noch nicht gesprochen. Sie hat keine limbischen Funktionen, sondern sprachliche und denkerische, und wir werden uns mit ihr und ihrem Verhältnis zu den anderen Ebenen im nächsten Kapitel beschäftigten.

Krankes Gehirn, kranke Psyche

Das limbische System ist der Entstehungsort unserer Persönlichkeit und damit des Psychischen. Es überrascht deshalb nicht, dass alle psychischen Erkrankungen mit Fehlfunktionen einzelner limbischer Zentren und ihrer Wechselwirkung untereinander und mit nicht-limbischen, z. B. kognitiven Hirnarealen verbunden sind. Die Erforschung dieses Zusammenhangs ist ein aktuelles und höchst wichtiges Thema, bei dem es bisher leider nur wenig wirklich gesicherte Erkenntnisse gibt. Dies hat, wie bereits kurz angedeutet, seine Gründe teils in der Komplexität psychischer Zustände und Erkrankungen, teils in der Tatsache, dass die Aktivität subcorticaler limbischer Hirnareale mithilfe der funktionellen Kernspintomographie viel schwieriger zu erfassen ist als diejenige kognitiver, corticaler Zustände. Auch die Geschehnisse und Defizite auf neuropharmakologischer Ebene bei psychischen Erkrankungen sind alles andere als eindeutig.

Der deutlichste Zusammenhang besteht auf funktioneller Ebene zwischen Angsterkrankungen und Depression einerseits und einer Überaktivität der Amygdala und einer Unteraktivität frontaler Hirnareale andererseits, besonders des präfrontalen, orbitofrontalen und anterioren cingulären Cortex. Patienten mit einer generellen Angststörung oder einer Depression (beides tritt sehr häufig gemeinsam auf) sehen aus Sicht psychisch gesunder Menschen die Welt zu negativ, entweder weil sie sich vor Dingen fürchten, die die Gesunden »kalt« lässt, oder weil sie jedes Interesse an der Welt verloren haben und die Zukunft für sie ein einziges »schwarzes Loch« ist. Dies könnte durch eine Überaktivität der Amygdala hervorgerufen sein, die ja – wie gehört – vornehmlich das Furchterregende und Bedrohliche signalisiert. Die genannten frontalen Hirnareale wirken im Normalzustand kognitiv und emotional auf die Amygdala ein und hemmen deren »furchterregende« Signale. Wenn aus irgendeinem Grunde diese frontalen Hirnareale vermindert arbeiten, dann hat die Amygdala »leichtes Spiel« und kann im Patienten Angst und Depression hervorrufen.

Ebenso deutlich ist der Zusammenhang zwischen Angsterkrankungen und Depression und einer Störung des Stoffwechsels des Neurotransmitters Serotonin, von dem wir bereits im Zusammenhang mit erhöhter Aggression und Gewalt gesprochen haben. Serotonin wird in den Raphe-Kernen des Hirnstamms produziert und von dort aus über massive Faserzüge im ganzen Gehirn verteilt, insbesondere im limbischen System und im Cortex. Die genügende Anwesenheit von Serotonin in diesen Zentren (also ein ausreichender »Serotonin-Spiegel«) signalisiert: »Sei ruhig, es ist alles in Ordnung, niemand und nichts bedroht dich!« Die Wirkung von Serotonin besteht also vornehmlich in der Beruhigung, der stillen Zufriedenheit, und nicht im großen Glücksgefühl, das eher durch die endogenen Opiate hervorgerufen wird; deshalb ist die geläufige Kennzeichnung von Serotonin als »Glücksstoff« oder »Glückshormon« falsch! Ein Mangel an Serotonin, aus welchen Gründen auch verursacht, führt hingegen, wahrscheinlich über die Amygdala, zum Gefühl der Beunruhigung, Verunsicherung und Bedrohtheit, über das aus sehr ähnlichen Gründen ja auch die »reaktiven« Gewalttäter berichten, bis hin zu tiefer Depression. Entsprechend beeinflussen alle wirksamen Antidepressiva direkt oder indirekt das Serotoninsystem und wirken im Übrigen auch aggressionshemmend, ohne dass man genau wüsste, wie sie dies tun. Es mag sein, dass sie die Verweildauer von Serotonin im synaptischen Spalt und damit ihre Wirksamkeit verlängern, indem sie die präsynaptische Wiederaufnahme herunterfahren (entsprechend heißen die bisher wirksamsten Antidepressiva auch »selektive Serotonin-Wiederaufnahmehemmer«, abgekürzt SSRI). Es kann aber alles auch sehr viel komplizierter sein, indem die ganz unterschiedlichen prä- und postsynaptischen erregenden und hemmenden Serotonin-Rezeptoren beeinflusst werden. Hier gibt es noch viel zu forschen!

Sehr wichtig in diesem Zusammenhang ist die Tatsache, dass sowohl anatomisch-physiologische Schäden im Frontalhirn und in der Amygdala als auch ein zu niedriger Serotoninspiegel nicht nur auf einer genetischen oder entwicklungsbedingten Vorbelastung beruhen, von denen bereits im sechsten Kapitel die Rede war, sondern auch durch starke psychische und körperliche Belastung vor der Geburt (also über Körper, Gehirn und Psyche der werdenden Mutter) oder nach der Geburt und in der Kindheit in Form von körperlicher Misshandlung, sexuellem Missbrauch, sonstiger schwerer psychischer Traumatisierung und Vernachlässigung hervorgerufen sein können. Dies wurde immer schon von Psychotherapeuten vermutet, konnte aber erst in den vergangenen Jahren eindeutig nachgewiesen werden.

Entsprechend findet man bei Personen mit Angststörungen und Depression und insbesondere mit schweren Persönlichkeitsstörungen wie Borderline-Störungen neben den genannten hirnorganischen und neuropharmakologischen Störungen gehäuft Anzeichen oder Berichte solcher vorgeburtlichen und frühen nachgeburtlichen psychischen und körperlichen Traumatisierungen. Dies gilt auch für Personen, meist männlichen Geschlechts, die eine erhöhte Neigung zu körperlicher Gewalt zeigen. Hiervon war bereits im sechsten Kapitel die Rede.

Bei Zwangserkrankungen wie Kontrollzwängen (z. B. das ständige Kontrollieren beim Verlassen des Hauses, ob alle Fenster und Türen geschlossen und alle Hähne abgedreht sind) oder Waschzwang nimmt man Defizite im Bereich der Basalganglien an. Wie wir gehört haben, sind in den Basalganglien alle weitgehend automatisierten Handlungen und Bewegungen niedergelegt, die wir entsprechend ohne Nachdenken ausführen können, die aber auch die unangenehme Eigenschaft haben, dass wir sie nur schwer abändern können. Es könnte sein, dass es sich hier um Netzwerke in den Basalganglien handelt, die aus irgendwelchen Gründen der bewussten, willentlichen Kontrolle völlig entzogen sind und sich – eben als Handlungszwänge – »autonom« aufbauen. Hierfür spricht, dass man durch elektrische Stimulation von Teilen der Basalganglien diese Handlungszwänge zumindest vorübergehend unterbrechen kann.

Was so genannte psychotische Störungen wie Schizophrenie angeht, so bewegt man sich auf noch unsicherem Boden. Man findet hier eine Vielzahl von genetischen, hirnorganischen und pharmakologischen Abweichungen, z. B. eine Vergrößerung von Hirnventrikeln, eine Verkleinerung des Frontalhirns, ein zu niedriger Spiegel des Neurotransmitters Dopamin im Stirnhirn und ein zu hoher Dopaminspiegel im subcorticalen limbischen System, und ebenso bestimmte traumatisierende Ereignisse in Kindheit und Jugend, ohne dass sich bereits ein halbwegs konsistentes Bild ergäbe. Immerhin scheint sich auch dasselbe grundsätzliche Bild abzuzeichnen wie bei den oben genannten psychischen Störungen: Es gibt bestimmte genetische und hirnentwicklungsbedingte negative Dispositionen, die eine »Vulnerabilität« für spätere negative Umwelteinflüsse darstellen. Hirnentwicklungsstörende Negativfaktoren können der Drogenkonsum der werdenden Mutter, Infektionserkrankungen während der Schwangerschaft oder Geburtskomplikationen sein. Wenn dann im Jugendalter und frühen Erwachsenenalter Schädigungen durch Drogenkonsum, Hirnverletzungen aufgrund von Stürzen, starker psychischer Stress (Tod der Eltern, plötzlicher Verlust der geliebten Umgebung, schwere Enttäuschungen, bei Frauen die schwere Geburt eines Kindes) hinzukommen, dann erhöht sich dramatisch das Risiko, an Schizophrenie zu erkranken.

Wir sehen, dass auch im Bereich der psychischen Erkrankungen das bereits vorgestellte Modell der Wechselwirkung genetischer, hirnentwicklungsbedingter und psychischer bzw. psychosozialer Faktoren anwendbar ist. Hier sind in den kommenden Jahren viele neue und wichtige Erkenntnisse zu erwarten.

Hirnforschung und Psychotherapie

Sigmund Freud war in jungen Jahren ein außerordentlich talentierter Neurobiologe und träumte davon, die von ihm entwickelten Anschauungen über die Ursachen psychischer Störungen hirnanatomisch untermauern zu können. Er sah aber bald ein, dass dies auf dem Boden der damaligen Kenntnisse der Neurowissenschaften nicht möglich war. Nichtsdestoweniger hat er sein Leben lang gehofft, dies könne einmal möglich sein. Seine Nachfolger waren darin viel zurückhaltender, und bald war jeder ernsthafte Kontakt der Psychoanalyse zur Hirnforschung, aber auch zur akademischen Psychologie abgebrochen. Es entwickelte sich ein regelrechtes Lagerdenken, das erst heute langsam überwunden wird. Die Freud'sche Seelenlehre und die damit verbundene psychoanalytische Therapie galt den Hirnforschern und den empirisch-experimentell arbeitenden Psychologen lange Zeit als der Inbegriff unwissenschaftlichen Denkens und Handelns, und die Psychoanalytiker auf der anderen Seite wollten von einer empirischen Fundierung der Psychoanalyse nichts wissen.

Dieses feindliche Verhältnis löst sich zur Zeit auf, und zwar zum einen, weil die Hirnforscher und die mit ihnen zusammenarbeitenden Emotionspsychologen und Neuropsychologen große Fortschritte bei der Erforschung des limbischen Systems gemacht haben und inzwischen auch über Methoden verfügen, psychische Erkrankungen und die mögliche Wirkung von Psychotherapie im Gehirn zu erfassen. Zum anderen haben viele Psychoanalytiker begriffen, dass ihre Theorie und psychotherapeutische Praxis nicht ohne eine strenge wissenschaftliche Fundierung auskommt. Dies ist allein schon wegen der Glaubwürdigkeit ihres Tuns erforderlich, aber auch deshalb, weil seitens des Gesetzgebers und der Krankenkassen zunehmend empirische Nachweise der Wirksamkeit von Psychotherapien gefordert werden.

Kurz gesagt sind es drei Grundannahmen Freuds, welche durch die Erkenntnisse der Hirnforschung bestätigt werden. Die erste lautet, dass das Unbewusste, das *Es*, mehr Einfluss auf das Bewusste, das *Ich*, hat, als umgekehrt. Vorgänge des Ich sind eingebettet in unbewusste Prozesse des limbischen Systems und werden von ihm gesteuert. Die zweite Erkenntnis lautet, dass das Unbewusste zeitlich weit vor den verschiedenen Bewusstseinszuständen entsteht und die Grundstrukturen der Persönlichkeit festlegt, aus denen dann das Ich erwächst. Das Ich ist Produkt der Entwicklung der Persönlichkeit und nicht – wie viele Philosophen annehmen – der Produzent der Persönlichkeit. Die dritte Erkenntnis lautet, dass das bewusste Ich wenig bis keine Einsichten in das hat, was seinen Wünschen, Plänen und Handlungen tatsächlich zugrunde liegt. Das Ich legt sich Erklärungen zurecht, mit denen es vor sich selbst und vor den anderen bestehen kann; diese haben aber häufig wenig mit den eigentlich bestimmenden Geschehnissen zu tun.

Diese grundsätzliche Bestätigung der Kernthesen Sigmund Freuds durch die moderne Hirnforschung bedeutet natürlich keineswegs, dass alle Aspekte der Lehre Freuds und seiner unterschiedlichen Nachfolger im Bereich der Psychoanalyse aus neurobiologischer Sicht bestätigt werden können, ist aber ein äußerst bemerkenswertes und für viele Kritiker der Psychoanalyse unangenehmes Faktum. Dennoch ist nach wie vor weitgehend unklar, worauf der Erfolg einer Psychotherapie beruht. Dies gilt nicht nur für die Psychoanalyse und andere psychodynamische Behandlungen, sondern genauso für die kognitive Verhaltenstherapie und schließlich auch für die Pharmakotherapie, d. h. die Behandlung psychischer Störungen mithilfe von Psychopharmaka.

Die Gründe hierfür sind vielfältig. Zum einen gilt all das, was schon in Hinblick auf die Grenzen der Erforschung der neurobiologischen Grundlagen des Psychischen und psychischer Störungen gesagt wurde (Schwierigkeiten beim Erfassen limbischer Aktivität usw.), und außerdem ist es schwierig, hinreichend standardisierte Bedingungen zu schaffen, unter denen man Personen, die eine Psychotherapie und/oder eine Pharmakotherapie erhalten, mit neurowissenschaftlichen Mitteln wie EEG und funktionelle Kernspintomographie über einen nötigen längeren Zeitraum hinweg zu untersuchen und mit einer Gruppe von psychisch Gesunden als Kontrollgruppe vergleichen kann. Insbesondere ist es schwierig, Patienten mit einem möglichst einheitlichen Krankheitsbild für die Untersuchungen zu nutzen. Es erstaunt deshalb nicht, dass die bisher durchgeführten Untersuchungen zur Wirkung von Psychotherapien und Psychopharmaka statistisch nicht befriedigend sind und zum Teil höchst widersprüchliche Ergebnisse produzierten. Immerhin deutet sich in eigenen Untersuchungen an, dass eine psychotherapeutische Behandlung das anfängliche Ungleichgewicht zwischen Amygdala einerseits und dem Frontalhirn andererseits, das oben als eine häufige Basis der psychischen Erkrankung geschildert wurde, aufheben und wieder »ins Lot« bringen kann.

Aus Sicht der Hirnforschung gibt es drei Möglichkeiten, wie Psychotherapie wirken könnte. Die erste Möglichkeit besteht darin, dass durch die Arbeit des Therapeuten emotionale Fehlkonditionierungen im limbischen System, zum Beispiel in der Amygdala aufgrund einer psychischen Traumatisierung, direkt rückgängig gemacht werden. Die zweite Möglichkeit ist, dass neue limbische Netzwerkstrukturen angelegt werden, die in der Lage sind, die negativen Auswirkungen der fehlerhaften Strukturen zu kompensieren bzw. zu umgehen und zu überdecken. Die dritte besteht darin, dass die corticale Kontrolle subcorticaler limbischer Fehlkonditionierungen verstärkt wird und das »psychische Gleichgewicht« wieder hergestellt wird. Im ersten Fall wäre der Patient tatsächlich geheilt, und alles wäre wie früher. Im zweiten und dritten Fall hätte der Patient neue, positivere Erfahrungen gemacht, die die alten nicht aufheben, aber doch halbwegs unschädlich machen.

Die erste Möglichkeit ist nicht auszuschließen, und es mag sein, dass es etwa im Bereich der Behandlung von psychischer Traumatisierung und Phobien ein völliges Rückgängigmachen der neuropsychischen Defizite gibt. Die gegenwärtige Forschung spricht aber eher dafür, dass in vielen, vielleicht den meisten Fällen einer erfolgreichen Psychotherapie die zweite oder dritte Möglichkeit realisiert wird, vielleicht sogar in Kombination. Das limbische System scheint nämlich starke psychische Verletzungen, besonders solche in früher Jugend, nicht zu vergessen, sondern eher einzukapseln oder abzuschwächen. In besonders belastenden Situationen können diese Einkapselungen oder Abschwächungen wieder schwinden, so als sei zwischendurch nichts geschehen. Eine erfolgreiche Psychotherapie bestünde dann darin, diejenigen Netzwerke, welche die psychischen Verletzungen repräsentieren, so sehr zu entschärfen, dass sie nicht mehr bedrohlich wirken. Dies würde sich darin ausdrücken, dass der Patient sie psychisch »in den Griff« bekommt und damit umgehen kann.

All dies muss noch genau erforscht werden (auch ein Teil meiner eigenen Forschung findet hier statt), aber bei dem Brückenschlag zwischen Hirnforschung und Psychotherapie einschließlich der Psychoanalyse ist ein hoffnungsvoller Anfang geschafft.

9. Verstand oder Gefühle –
auf was sollen wir hören?

Der Gegensatz von Verstand und Gefühlen ist uns allen geläufig. Unsere Gefühle treiben uns dazu, dies oder jenes zu tun, unser Verstand rät uns davon ab – oder umgekehrt. Selten genug weisen Verstand und Gefühle in dieselbe Richtung. Am stärksten spüren wir diesen Widerstreit, wenn es um *starke* Gefühle und Leidenschaften geht. Wir fliehen kopflos in einer Situation, in der Umsicht angebracht wäre. Wir tun im Zustand blinder Wut, maßloser Enttäuschung oder heftiger Verliebtheit Dinge, die wir später bereuen. Was wären Literatur und Dichtung, die Opern-, Bühnen- und Filmwelt ohne diesen Gegensatz von Verstand und Gefühlen!

Aber nicht nur starke Gefühle wie Leidenschaften und Affekte machen uns zu schaffen, sondern auch Gefühle im engeren Sinne wie Furcht, Ärger, Eifersucht, Neid und Ehrgeiz. Es wurmt uns, dass ein Kollege großen Erfolg hatte. Unser Verstand mag uns sagen, dass der Kollege diesen Erfolg und die Beförderung durchaus verdient hat, und wir schämen uns dann unseres Neides und unserer Missgunst. Diese Gefühle werden in uns dadurch nicht schwächer. Ähnliches passiert uns, wenn wir Angst vor einem Vortrag oder einer Vorlesung oder sonst einem öffentlichen Auftritt haben. Wir können uns noch so sehr einreden, dass wir den Vortrag oder die Vorlesung schon zigmal gehalten haben und dass dabei bisher alles gut ging und dass von dem öffentlichen Auftritt auch gar nichts Wichtiges abhängt. Die Angst (oder besser Furcht) bleibt. In solchen Fällen erscheinen Gefühle als etwas Unvernünftiges, Kurzsichtiges, Übereiltes, Gemeines, Quälendes, kurzum Negatives. Andererseits sind Gefühle auch etwas sehr Schönes. Was wäre das Leben ohne Lust und Liebe, Freude, Neugier, Begeisterung, Freundschaft, Genugtuung und Erfolgsrausch? »Folge deinem Herzen! Hör auf dein Gefühl!«, heißt es. Aber nicht nur positive Gefühle sind für uns wichtig, sondern auch negative wie Furcht, Abneigung und Enttäuschung, denn sie lenken unser Verhalten, ohne dass wir lange darüber nachdenken müssen. Wir werden von positiven Gefühlen angetrieben, irgendetwas zu tun, das Lust, Belohnung, Bestätigung verspricht, und werden von negativen Gefühlen vor Dingen gewarnt, die materielle Nachteile bringen oder psychisches und körperliches Leid erzeugen könnten. Gefühlskalte Menschen empfinden wir als unangenehm. Dies sind Personen, die es entweder gelernt haben, ihre Gefühle völlig im Zaum zu halten, und dadurch große Macht über ihre Mitmenschen besitzen, oder solche, die gar keine Gefühle erleben können. Letztere – Psychopathen oder Soziopathen genannt (s. Kapitel 6) – geraten deshalb meist in große Schwierigkeiten.

Der scheinbare oder wirkliche Widerspruch von Verstand und Gefühlen ist uns völlig vertraut und macht einen Großteil unseres Lebens aus. Wir sehnen uns oft danach, klug und umsichtig zu Werke zu gehen, und verwünschen unsere Gefühle. In anderen Augenblicken sehnen wir uns wieder nach den »großen Gefühlen« und dem »großen Herzklopfen« und bedauern, dass Weihnachten und das Zusammensein mit dem Partner auch nicht mehr so ist wie früher. Warum ist dies alles so?

Zuerst müssen wir uns darüber klar werden, was die Begriffe »Verstand«, »Vernunft« und »Gefühle« bedeuten. Unter *Verstand* kann man am besten die Fähigkeit zum Problemlösen mithilfe von erfahrungsgeleitetem und logischem Denken verstehen. Verstand ist somit weithin identisch mit dem Begriff der Intelligenz, von dem im sechsten Kapitel ebenfalls die Rede war, nämlich mit der Fähigkeit, Aufgaben in einer vorgegebenen Zeit zu identifizieren und dann vorhandenes Expertenwissen richtig anzuwenden, z. B. um Probleme zu lösen oder einen persönlichen Vorteil zu gewinnen. Unter *Vernunft* versteht man hingegen meist die Fähigkeit zu mittel- und langfristiger Handlungsplanung aufgrund übergeordneter zweckrationaler und ethischer Prinzipien. Vernünftig bin ich, wenn ich gewohnt bin abzuwägen, was die kurzfristigen und langfristigen Konsequenzen meines Handelns sind. Dabei kommt es nicht nur auf meinen privaten Vorteil an, sondern auch auf die soziale Akzeptanz meines Handelns.

Gefühle im weiteren Sinne umfassen, wie im vorigen Kapitel kurz dargestellt, zum einen *körperliche Bedürfnisse* wie Müdigkeit, Durst, Hunger, Geschlechtstrieb und den Drang nach dem Zusammensein mit anderen Menschen. Diese Bedürfnisse gehören zu unserer menschlichen »Grundausstattung«, und wir können gegen sie entweder überhaupt nichts tun oder nur in sehr begrenztem Maße. Zum zweiten gehören dazu die *Affekte* wie Wut, Zorn, Hass und Aggressivität, die uns übermannen oder mitreißen, die wir genauso wenig lernen müssen wie die körperlichen Bedürfnisse und die beinahe ebenso schwer zu kontrollieren sind. Schließlich gibt es *Emotionen* wie Furcht, Angst, Freude, Glück, Verachtung, Ekel, Neugierde, Hoffnung, Enttäuschung, Erwartung, Hochgefühl, Belastung (Stress) und Niedergeschlagenheit. Soweit wir wissen, sind auch diese Gefühle angeboren, denn ausgedehnte Untersuchungen zeigen, dass alle Menschen auf der Welt solche »Grundgefühle« haben, gleichgültig, wie sie diese sprachlich benennen. Wie wir bereits gehört haben, können sie sich aber im Prozess der emotionalen Konditionierung in nahezu beliebiger Art mit Objekten und Situationen verbinden. Unser psychischer Alltag ist eine unendliche Mischung dieser drei Arten von Gefühlen.

Verstand und Vernunft sind Funktionen des menschlichen Gehirns, genauer: des Stirnhirns. *Verstandesfunktionen* können dabei vornehmlich dem *dorsolateralen präfrontalen Cortex* zugeordnet werden. Dieser Hirnteil hat mit dem Erfassen der handlungsrelevanten Sachlage, mit zeitlich-räumlicher Strukturierung von Wahrnehmungsinhalten zu tun, mit planvollem und kontextgerechtem Handeln und Sprechen und mit der Entwicklung von Zielvorstellungen. *Vernunft* hingegen ist vornehmlich eine Funktion des unteren, über den Augen liegenden Stirnhirns, des orbitofrontalen und ventromedialen Cortex. Dieser Teil der Hirnrinde überprüft die längerfristigen Folgen unseres Handelns und lenkt entsprechend dessen Einpassung in soziale Erwartungen. Eine wesentliche Funktion des orbitofrontalen Cortex besteht, wie bereits gesagt, in der Kontrolle impulsiven, individuell-egoistischen Verhaltens.

Patienten mit einer Schädigung des orbitofrontalen Cortex sind unfähig, längerfristige negative oder positive Konsequenzen ihrer Handlungen vorauszusehen, wenngleich unmittelbare Belohnung oder Bestrafung von Aktionen ihr weiteres Handeln beeinflussen können. Sie gehen trotz besseren Wissens große Risiken ein. Zum Beispiel warnen sie uns vor etwas und halten lange Vorträge zur Erläuterung – und dann tun sie es selber. Sie gehen beim Spiel oder Aktienkauf waghalsig vor oder überqueren bei Rot eine dichtbefahrene Straße – tun also etwas, was ein vernünftiger Mensch nicht tut. Im Krieg nennt man solche Menschen »Helden«.

Dass Verstand und Vernunft etwas mit der Großhirnrinde zu tun haben, verwundert uns nicht, denn bei der Großhirnrinde handelt es sich um ein aus vielen Milliarden von Nervenzellen bestehendes Netzwerk für die schnelle, komplexe Verarbeitung großer und untereinander zum Teil sehr verschiedener Datenmengen. Diese Fähigkeiten stehen im Dienst des Erfassens und Verarbeitens von Details der Wahrnehmungsinhalte und deren schnellem Vergleich mit Gedächtnisinhalten, der Gliederung des Wahrgenommenen in Bedeutungseinheiten und der Vorbereitung von Handlungsentwürfen. Hierzu gehört vor allem das Entwickeln komplexer Vorstellungen, das schnelle Abrufen von Erinnerungen und Wissen, und das Pläneschmieden – also dasjenige, was einen verständigen und vernünftigen Menschen auszeichnet.

Gefühle hingegen scheinen erst einmal gar nichts mit dem Kopf bzw. dem Gehirn zu tun zu haben, sondern mit unserem Körper. Uns hüpft das Herz vor Freude, wir haben vor einer unangenehmen Situation Magendrücken, uns zittern die Hände und schlottern die Knie vor Angst, uns platzt der Kragen. Es ist schwer, diese körperlichen Zustände zu verbergen, wenn wir starke Gefühle haben. Natürlich können wir durch langes Training einen Zustand des »Sich-in-der-Gewalt-Habens« erreichen, aber ganz wird uns dies wohl nicht gelingen. Vielmehr ist es so, dass mit den verminderten körperlichen Reaktionen auch die Gefühle schwinden. Der enge Zusammenhang zwischen Affekten bzw. Gefühlen und körperlichen Zuständen ist leicht einzusehen. Affekte und Gefühle sollen uns zu einem bestimmten Verhalten veranlassen, und zwar umso mehr, je stärker sie sind. Wir sollen gezwungen werden, etwas Bestimmtes zu tun oder zu lassen, zu kämpfen oder zu fliehen, Dinge anzupacken oder sie möglichst zu meiden. Ein Mensch, der sich bei seinen Handlungen von seinen Gefühlen leiten lässt, handelt »aus dem Bauch heraus«, oder er folgt seinem »Herzen«. Ein *apathischer* Mensch ist jemand, der nichts fühlt und entsprechend auch nichts tut und nichts erreicht.

Als bewusste *Erlebniszustände* sind Gefühle zwar mit Aktivitäten in der Großhirnrinde verbunden, aber im Gegensatz zu Verstand und Vernunft haben sie nicht dort ihre Wurzeln, sondern im *limbischen System*, von dem im vorigen Kapitel die Rede war. Wie dort dargestellt, besteht das limbische System aus vielen Zentren mit den unterschiedlichsten Funktionen, denen aber gemeinsam ist, dass sie erstens völlig unbewusst arbeiten, zweitens am unbewussten Entstehen von körperlichen Bedürfnissen, Affekten und

Gefühlen beteiligt sind, drittens alles, was wir tun, nach »gut« und »schlecht« bewerten, und viertens unser Verhalten steuern – ohne dass uns alles dies bewusst wäre. Wie erinnerlich, werden körperliche Bedürfnisse und Affekte vom Hypothalamus, dem zentralen Höhlengrau und dem Zentralkern der Amygdala erzeugt und reguliert, während für die Emotionen und die emotionale Konditionierung die basolaterale Amygdala und das ventrale tegmentale Areal zuständig sind.

Bei der Verbindung von Geschehnissen mit angenehmen und gar lustvollen Gefühlen arbeitet sie eng mit dem mesolimbischen System zusammen, vor allem mit dem *Ventralen Tegmentalen Areal*. Dieses System ist bei der Registrierung und Verarbeitung natürlicher Belohnungsereignisse aktiv und stellt offenbar das zerebrale Belohnungssystem dar.

Emotionale Konditionierung gehört zu unserem täglichen Leben. Viele Dinge und Geschehnisse in unserem Leben sind ja nicht unter allen Umständen und für alle Personen gleichermaßen positiv oder negativ, sondern das müssen wir durch lust- oder leidvolle Erfahrung herausfinden. Nicht jede Herdplatte erzeugt schmerzhafte Verbrennungen, nicht hinter jedem Busch lauert der Fuchs, und hinter dem Busch lauert auch nicht immer der Fuchs. Nicht jeder unfreundlich aussehende Mensch ist tatsächlich unfreundlich, und nicht jeder freundlich aussehende Mensch meint es gut mit uns. In aller Regel bilden sich emotionale Konditionierungen auch nicht aufgrund einmaliger Erlebnisse aus, sondern bestimmte negative oder positive Erfahrungen müssen wiederholt gemacht werden, um sich fest in unserem emotionalen Erfahrungsgedächtnis zu verankern. Allerdings ist es so, dass diese Verankerung umso schneller vor sich geht, je stärker die emotionalen Begleitzustände oder Folgen von Ereignissen waren. Passiert etwas, das große Freude, große Lust, starken Schmerz oder große Angst in uns auslöst, dann kann sich diese Kopplung schon beim ersten Mal unauslöschlich in uns einprägen. Bei negativen Erlebnissen, zum Beispiel bei grässlichen Unfällen, Vergewaltigung oder Todesangst, nennt man dies *psychische Traumatisierung*.

Ein wichtiger Umstand ist hierbei die Tatsache, dass das limbische System die sachlichen Einzelheiten des Geschehens nicht genau erfassen kann, die aber für eine hinreichende Bewertung wichtig sind. Diese Einzelheiten kommen aus dem »deklarativen Gedächtnis«, das – wie im fünften Kapitel geschildert – alles enthält, woran wir uns bewusst erinnern und das wir im Prinzip sprachlich berichten können (daher »deklarativ«). Kern des deklarativen Gedächtnisses ist unser »Erlebnisgedächtnis«, das alles enthält, was mit uns und mit den uns nahestehenden Personen und in unserer Lebenswelt passiert ist, d. h. unsere Autobiographie. Dieses Gedächtnis liefert bei der emotionalen Konditionierung Informationen über den genauen Ort, die genaue Zeit und den genauen Ablauf des Geschehens, welche Personen beteiligt waren, was sie taten oder sagten, und natürlich darüber, was ich tat. Erst hierdurch kann eine unangemessene Verallgemeinerung meiner Erfahrungen (»alle Herdplatten erzeugen Verbrennungen«, »hinter allen Büschen lauert der Fuchs«, »alle Lehrer wollen mich hereinlegen«) vermieden werden, und wir können unsere Reaktionen auf Umweltereignisse differenzierter gestalten. Das hat aber auch zur Folge, dass scheinbare oder tatsächliche Randgeschehnisse wie der Klassenraum, in dem die Prüfung »danebenging«, oder der Pullover des prüfenden Lehrers ebenfalls emotional besetzt werden. So kann man erklären, dass wir zuweilen merkwürdige Zu- und Abneigungen ausbilden, die wir uns gar nicht recht erklären können.

Emotionale Konditionierung findet in uns ständig statt und beginnt bereits im Mutterleib. Dadurch häuft sich im Laufe des Lebens ein ungeheurer Schatz von Erfahrungen an, deren Details uns bewusst gar nicht mehr gegenwärtig sind und sein können. Die meisten Dinge in unserem täglichen Leben tun wir intuitiv, d. h. abhängig von mehr oder weniger automatisierten Entscheidungen. Dabei wird das soeben Wahrgenommene (ein Gegenstand, eine Person, eine Entscheidungssituation) unbewusst identifiziert, und es wird das Vertrautheitsgedächtnis abgefragt, ob uns dies bereits bekannt ist, und das emotionale Gedächtnis wird nach eventuell vorliegenden emotionalen Bewertungen durchsucht. Wenn uns das Wahrgenommene dann bewusst wird, ist auch gleich ein bestimmtes Gefühl vorhanden, sofern wir bereits über entsprechende Erfahrungen verfügten. Dasselbe gilt für Vorstellungen, die unbewusst in uns aufgerufen werden und dann von Gefühlen begleitet sind. Insbesondere Letzteres ist bei unserer Handlungsplanung wichtig. Wir überlegen uns, ob wir dies oder jenes tun sollen, und Gefühle werden in uns spürbar, die uns zu- oder abraten. Ist noch keine emotionale Erfahrung vorhanden oder ist das Ganze völlig neu, dann heißt das »Kommando«: »Tue irgendetwas, das sinnvoll erscheint, schau, was dies für Folgen hat und merk dir diese Folgen!«

Gefühle – gleichgültig ob bewusst oder unbewusst – sind in diesem Sinne also *Ratgeber*, und zwar entweder als spontane Affekte, indem sie uns in Hinblick auf Dinge zu- oder abraten, die »angeborenermaßen« positiv oder negativ sind, oder aufgrund der *Erfahrungen* der positiven oder negativen Folgen unseres Handelns. Im Prinzip ist dies die vernünftigste Art, Verhalten zu steuern, und es ist kein Wunder, dass alle Tiere, die in einigermaßen komplexen Umwelten leben, über ein limbisches System und emotionale Konditionierung verfügen.

Wenn diese *limbische* Verhaltenssteuerung so wunderbar klappt, warum haben wir dann überhaupt Bewusstsein und die Fähigkeit zu Verstand und Vernunft? Wir erinnern uns daran, dass die limbischen Zentren zwar zur schnellen und nachhaltigen emotionalen Bewertung von Dingen, Personen und Geschehnissen in der Lage sind, dass sie aber nicht komplexe Sachverhalte verarbeiten und entsprechend auch nicht mittel- und langfristige Handlungsplanung betreiben können. Das limbische System ist hierin wie ein kleines Kind, das angesichts eines bestimmten Geschehens nur unmittelbare Vorstellungen über gut und schlecht, positiv und negativ, lustvoll und schmerzhaft entwickeln kann und nicht über die Stunde und den Tag hinaus denkt. Anders aber als ein kleines Kind weiß das limbische System, dass es beim Vorliegen einer komplexen Situation gut daran tut, die Großhirnrinde und damit Verstand und Vernunft heranzuziehen. Dadurch werden wir zu *vernünftigen* Personen, die in der Lage sind, die Folgen ihres Handelns ruhig abzuwägen, anstatt impulsiv zu reagieren.

Der bewusstseinsfähige Cortex wird entsprechend immer dann eingeschaltet, wenn es darum geht, große Detailmengen zu beurteilen, verschiedenartige Gedächtnisinhalte zusammenzufügen und Handlungsplanung in neuartigen Situationen zu leisten. In unserer komplexen sozialen Umgebung ist das häufig der Fall, und dies scheint der Grund dafür zu sein, dass das Gehirn über viele Stunden unseres Tages unser Bewusstsein »eingeschaltet« lässt. Wir können uns die Interaktion von Verstand und Gefühlen an einfachen Beispielen klarmachen. Es geht etwa um die Entscheidung darüber, wo, wie und mit wem wir unseren diesjährigen Sommerurlaub verbringen werden. Niemand wird daran zweifeln, dass eine solche Entscheidung von hoher emotionaler Relevanz ist. Stehen die Grundentscheidungen über das Ferienland mehr oder weniger fest, so sind angesichts der heutigen hochkomplexen Tourismussituation Verstand und Vernunft aufs Höchste gefordert: Wann ist für wie lange und für wie viel Geld und mit welchem Aufwand unser »Traumurlaub« überhaupt zu realisieren? Diese Überlegungen können uns schon für einige Wochen beschäftigen.

Richtig kompliziert wird es, wenn wir eine attraktive berufliche Tätigkeit ausüben und ein noch verlockenderes Angebot für eine Tätigkeit in einer anderen Stadt erhalten. Soll ich bleiben oder gehen? Ich kriege in X mehr Gehalt, aber dafür sind die Mieten oder Häuserpreise höher. Hier bin ich mein eigener Chef, wenngleich in einem kleinen Betrieb, dort bin ich Leiter einer großen Abteilung. Hier wohnen meine Freunde, dort ist die Landschaft schöner und es ist näher zum geliebten Ferienhaus. Meine Frau hat hier einen guten Job, was wird sie in X machen? Da heißt es, lange zu überlegen und Angebote und Gegenangebote einzuholen.

Wir sehen an diesem Beispiel, dass es in komplexen Situationen ohne Verstand und Vernunft nicht geht, denn nur diese Instanzen verfügen über die Fähigkeit, solche Situationen adäquat zu beurteilen und insbesondere längerfristige Konsequenzen von Entscheidungen herauszuarbeiten. Genau dies zeichnet den verständigen und vernünftigen Menschen aus. Nicht zufällig entwickelt sich die Fähigkeit zu umsichtigem Handeln mit oder nach der Pubertät, denn erst dann reift der präfrontale und insbesondere der orbitofrontale Cortex aus.

Wenn nun umgekehrt die Großhirnrinde so großartig ist und so verständige und vernünftige Ratschläge zu erteilen vermag, warum folgen wir diesen Ratschlägen nicht immer bereitwillig? Frankreich ist für dieses Jahr das allervernünftigste Ferienziel, aber dann fahren wir doch nach Norwegen. Ebenso wäre es vernünftig, im bisherigen Betrieb zu bleiben, aber wir kündigen und gehen nach X. Wir lassen uns auf eine Liebschaft ein und ruinieren damit unsere (scheinbar) gut funktionierende Ehe; oder wir halten aus irgendwelchen Gründen an einer Beziehung fest, die uns eigentlich nur noch Frustrationen verschafft.

Diese Beispiele sollen natürlich nicht suggerieren, wir würden trotz vernünftigen Denkens immer nur »aus dem Bauch heraus« entscheiden. Sie sollen nur demonstrieren, dass sich aus langem, vernünftigem Nachdenken und Abwägen von Handlungsalternativen und ihren Konsequenzen keineswegs automatisch eine vernünftige Entscheidung ergibt. Dies liegt daran, dass das limbische System, aber nicht das rationale System der Großhirnrinde, einen direkten Zugriff auf diejenigen Systeme in unserem Gehirn hat, welche letztendlich unser Handeln bestimmen.

Dies geschieht über die so genannten Basalganglien, die tief im Innern unseres Gehirns lokalisiert sind und völlig unbewusst arbeiten. Sie bereiten jede Art von Handlungen vor, bei denen wir das Gefühl haben, wir hätten sie gewollt. Letzteres jedoch ist eine Täuschung, denn die Basalganglien stehen weitgehend unter Kontrolle des limbischen Systems. Davon werden wir im nächsten Kapitel noch mehr hören.

Das limbische System hat gegenüber dem rationalen corticalen System das erste und das letzte Wort. Das erste beim Entstehen unserer Wünsche und Zielvorstellungen, das letzte bei der Entscheidung darüber, ob das, was sich Vernunft und Verstand ausgedacht haben, jetzt und so und nicht anders getan werden soll. Der Grund hierfür ist, dass alles, was Vernunft und Verstand als Ratschläge erteilen, für den, der die eigentliche Handlungsentscheidung trifft, *emotional akzeptabel* sein muss. Es gibt also ein rationales Abwägen von Handlungen und Alternativen und ihren jeweiligen Konsequenzen, es gibt aber kein rein rationales Handeln. Am Ende eines noch so langen Prozesses des Abwägens steht immer ein *emotionales Für oder Wider*. Die Chance der Vernunft ist es, mögliche Konsequenzen unserer Handlungen so aufzuzeigen, dass damit starke Gefühle verbunden sind, denn nur durch sie kann Verhalten verändert werden.

Möglichkeiten und Grenzen der Verhaltensänderung

Diese Einsichten haben große Konsequenzen für die Frage, wie man menschliches Verhalten ändern kann, und zwar sowohl das Verhalten einzelner Menschen als auch das großer Menschengruppen bis hin zur Bevölkerung eines Staates oder ganzer Staaten. Hier besteht die paradoxe Situation, dass sowohl die einzelnen Menschen von sich selbst annehmen, ihr Verhalten könne sich schnell ändern, wenn sie nur wollten, als auch Politiker dazu neigen, die

Fähigkeit zur Verhaltensänderung in der Bevölkerung relativ hoch einzuschätzen (meist zugunsten der Durchsetzung der eigenen politischen Vorstellungen).

Diese Sichtweisen werden gestützt durch das traditionelle Menschenbild, das davon ausgeht, Menschen würden sich ändern, wenn man ihnen nur überzeugende Argumente für diese Verhaltensänderung lieferte. Hierin besteht der »Appell an die Einsicht«, der im Umgang mit Menschen so beliebt ist. Wir wundern uns dann, dass Personen diesen unseren höchst einleuchtenden Argumenten nicht folgen und nicht das tun, was eigentlich für sie (aus unserer Sicht) das Beste ist. Gängige Theorien der heutigen Sozialwissenschaften gehen davon aus, dass Menschen in Entscheidungssituationen ·auf »rationale« Weise die Vor- und Nachteile von Handlungsalternativen abwägen. Dies nennt man im angelsächsischen Sprachraum die »Rational-Choice-Theorie« oder den »Ökonomischen Ansatz«. Allerdings hat man auch hier inzwischen eingesehen, dass die Rationalität menschlichen Verhaltens nicht ein vordergründiges emotionsloses Abwägen von Vor- und Nachteilen ist, sondern dass hier neben dem Verstand auch Gefühle, neben bewussten Entscheidungen auch unbewusste Prozesse eine wichtige Rolle spielen.

Deshalb werden inzwischen »Einschränkungen« (»constraints«) des rationalen menschlichen Verhaltens formuliert. Zu diesen gehören zum Beispiel der *Besitztumseffekt*, der lautet, dass Menschen dazu tendieren, dasjenige, was sie besitzen, in seinem Wert höher einzuschätzen als das, was sie durch Änderung ihres Handelns erreichen könnten, auch wenn der ökonomische Wert beider Güter objektiv gleich ist. Ein zweiter wichtiger Faktor ist die *Furcht vor dem Risiko* und die Genugtuung beim »Weitermachen wie bisher«, die sich in einem beträchtlichen Beharrungsvermögen niederschlagen: Menschen tendieren entsprechend dazu, ihr bisheriges Verhalten auch unter erheblichen Kosten fortzusetzen, wenn Verhaltensalternativen mit unkalkulierbaren Risiken verbunden sind. Berüchtigt ist die *Kurzsichtigkeit* menschlichen Handelns: Nahe liegende Ereignisse haben subjektiv ein viel höheres Gewicht als ferner liegende. Entsprechend werden nahe liegende Ziele eher verfolgt als ferner liegende, gleichgültig, welche glasklaren Argumente für die ferner liegenden Ziele sprechen. Ebenso wirken zeitlich nahe liegende Belohnungen viel stärker als zeitlich fern liegende, auch wenn letztere viel größer sind (es fällt eben schwer, auf die Belohnung zu warten!).

Von besonderer Tragweite ist der Umstand, dass Menschen in der Regel nur wenige Alternativen betrachten, meist nur zwei, und keineswegs alle, deren Erwägung vernünftig wäre. Sie hören mit dem Abwägen meist dann auf, wenn sie auf eine *halbwegs befriedigende* Lösung gestoßen sind, auch wenn die Chance besteht, dass es noch wesentlich günstigere Lösungen gibt. Entsprechend lautet die Einsicht führender Sozialwissenschaftler: Menschliches Handeln geschieht zwar nach einer Kosten-Nutzen-Rechnung, allerdings unter Abwägung des Nutzens von Rationalität und Affektivität. Der Einsatz von Verstand und Vernunft ist an einen ausreichenden Zugang zu Informationen gebunden, der begrenzt sein kann und Zeit und Aufwand erfordert. Manchmal ist es günstiger, relativ spontan zu reagieren und nicht lange rational zu analysieren. Rationalität ist danach ein Instrument zur Bewältigung komplexer, d. h. unübersichtlicher Situationen, aber es gibt Situationen, in denen Affekte wichtiger sind als Verstand und Vernunft.

Der hier vorgetragene Standpunkt geht darüber hinaus: Rationalität ist eingebettet in die affektiv-emotionale Grundstruktur des Verhaltens; das limbische System entscheidet, in welchem Maße Verstand und Vernunft zum Einsatz kommen. Nicht die Optimierung von Kosten-Nutzen-Verhältnissen ist das wichtigste Kriterium menschlichen Entscheidens und Handelns, sondern das Aufrechterhalten eines möglichst stabilen und in sich widerspruchsfreien emotionalen Zustandes in der handelnden Person. Dies meinen Menschen, die eine wichtige Entscheidung treffen müssen, wenn sie sagen: »Mit dieser Entscheidung muss ich leben können!« Menschliche Entscheidungen und Handlungen sind niemals grundlos, vielmehr liegen die Gründe dafür manchmal offen und sind für die Mitmenschen nachvollziehbar, manchmal hingegen sind sie selbst dem Handelnden überhaupt nicht bewusst. Es gehört dann große Menschenkenntnis dazu, sie zu erkennen.

Will man also einen Menschen ändern, so darf man ihm nicht bloß gut zureden oder ihm »schlagende Argumente« vorhalten, sondern man muss seine bewusste und – natürlich in entsprechenden Grenzen – seine unbewusste Emotions- und Motivationslage erkennen. Man muss herausbekommen, welche Persönlichkeit der Mensch besitzt, z. B. ob er eher »extravertiert« oder »neurotizistisch« ist – also risikofreudig oder risikoscheu ist, ein großes oder ein geringes Zutrauen zu sich selber hat usw. Insbesondere muss man herausfinden, wie die individuelle Belohnungs- und Belohnungserwartungsstruktur aussieht. Allerdings muss man bei der Frage, wie man seine Mitmenschen, insbesondere seine Mitarbeiter belohnt, Folgendes unbedingt beachten:

(1) Die *Art der Belohnung* muss an die Motivstruktur des Mitarbeiters angepasst sein. Was für den einen eine Belohnung darstellt, ist es für den anderen noch lange nicht.

(2) Eine Belohnung wirkt umso stärker, je größer das Bedürfnis danach ist. Sie verliert bei Wiederholung und Erwartung schnell ihre Wirkung, und die Belohnung muss gesteigert werden.

(3) Eine Belohnung wirkt umso stärker, je unerwarteter und seltener sie eintritt, allerdings darf sie nicht zu unwahrscheinlich sein, denn das entmutigt im Allgemeinen.

(4) Das Gehirn stellt seine Belohnungserwartung nach dem erforderlichen Aufwand ein und überprüft dann, ob die Belohnung »gerecht« war. Entsprechend wirkt eine Belohnung für etwas, bei dem man sich nicht angemessen angestrengt hat, demotivierend.

(5) Eine Belohnung muss zeitnah auf die erwünschte Verhaltensänderung folgen, um verstärkend zu wirken. Liegt die Leistung, für die belohnt wird, schon lange zurück, dann wird die Belohnung kaum mehr als solche empfunden.

(6) Die Belohnung muss auf eine bestimmte Leistung hin ausgerichtet sein, sonst ist sie weniger wirksam.

(7) Die Aussicht auf Belohnung muss realistisch sein, und ihre Realisierung muss als zeitnah verkündet werden.

(8) Das Festhalten am Gewohnten trägt eine starke Belohnung in sich. Eine Verhaltensänderung tritt nur dann ein, wenn sie eine wesentlich stärkere Belohnung verspricht, als es das Festhalten am Gewohnten liefert.

Die Sache mit der Verhaltensänderung anderer ist also kompliziert und erfordert viel Geduld und Feingefühl, und beides wird in aller Regel in der Praxis nicht aufgebracht, sondern man klammert sich an teure, aber nutzlose »Patent- und Schnelllösungen«. Am schwierigsten ist es natürlich, sich selbst zu ändern – auch wenn sich gerade in dieser Hinsicht viele Menschen Illusionen hingeben. Warum Selbständerung so schwierig ist, hat im Wesentlichen zwei

Gründe: Zum einen haben wir keinen Zugang zu den unbewussten Strukturen und Antrieben unserer Persönlichkeit – sonst wären sie nicht unbewusst. Zum Zweiten schreibt unser unbewusstes Selbst die Inhalte unseres bewussten Selbst immer um, es zensiert und verdrängt sie, und dagegen kommen wir nicht an. So gaukelt uns unser Unbewusstes vor, wir hätten uns aufgrund von starkem Willen und Selbstmotivation in unserer Persönlichkeit geändert, während ein Fachmann dies eher skeptisch ansieht und feststellt, dass alles beim Alten geblieben ist.

Warum geht es aber mit fremder Hilfe? Der Fachmann, d. h. der Menschenkenner und Psychotherapeut kann etwas tun, was wir selbst eben nicht tun können, nämlich in die unbewussten Schichten unserer Persönlichkeit eindringen, z. B. indem er mit uns auf nicht-verbale Weise mit uns interagiert, wie es im Rahmen der Übertragung und Gegenübertragung in der psychoanalytischen Behandlung geschieht. Es mag sein, dass hier ein Szenario wieder auflebt, das unser Gehirn an die Frühzeit unserer Persönlichkeitsentwicklung erinnert, nämlich als unser sehr plastisches Gehirn die formenden Umwelteinflüsse begierig in sich aufnahm. Hierfür spricht auch, dass neben einer »Gehirnwäsche«, die immer unethisch ist, eine neue Partnerbeziehung (oder das Wiederaufleben einer alten Beziehung) den am stärksten verändernden Einfluss auf unsere Persönlichkeit im Erwachsenenalter hat. Wir begeben uns freiwillig in eine psychische Abhängigkeit, und dies scheint plastische Prozesse in unserer Psyche und unserem Gehirn wieder aufleben zu lassen. Wohlgemerkt: Das kann so geschehen, muss aber nicht, denn auch in einer neuen Beziehung können die alten Sorgen und Schwierigkeiten schnell wieder auftauchen.

10. Freiheit, die ich meine

Ist der Mensch willensfrei oder nicht? Diese Frage galt bis vor kurzem als philosophischer Staubfänger, und plötzlich – im Nachklang von Experimenten des amerikanischen Neurophysiologen Benjamin Libet, die auch schon 25 Jahren zurückliegen – wurde das Thema zum Gegenstand hitziger öffentlicher Diskussionen, die bis heute andauern. Viele weitere Experimente folgten, die zumindest in den Augen von Hirnforschern und Psychologen die Ergebnisse Libets im Grundsatz bestätigten und sich überdies in all das einfügten, was man über die Steuerung von Willenshandlung weiß. Danach ist unser Gefühl, wir seien als bewusst denkende und entscheidende Wesen alleiniger Herr und freier Verursacher unserer Handlungen, eine Illusion.

Eine der kurzen, scharfsinnigen Bemerkungen des Göttinger Physikers Georg Christoph Lichtenberg (1744-1799) umreißt das Problem: »Ein Meisterstück der Schöpfung ist der Mensch auch schon deswegen, dass er bei allem Determinismus glaubt, er agiere als freies Wesen.« Was aber würde es bedeuten, wenn Willensfreiheit tatsächlich eine Illusion wäre? Was wäre dann mit Verantwortung und Schuld im Alltag und im Strafrecht? Würde dann nicht unsere gesamte Rechtsordnung zusammenbrechen, wie viele Kritiker meinen?

Subjektives Freiheitsgefühl und Indeterminismus

Haupt- und Angelpunkt ist die Tatsache, dass wir uns zumindest bei der Mehrzahl unserer Entscheidungen und Handlungen in der Tat frei fühlen. Diese subjektiv empfundene Freiheit des Wollens und Handelns besteht im Wesentlichen aus zwei Komponenten. Zum einen geht es um das Gefühl, dass *wir* und niemand sonst Quelle unseres Willens und Verursacher unserer Handlungen sind. Dies beinhaltet die Abwesenheit von äußerem und innerem Zwang. Äußerer Zwang kann eine vorgehaltene Pistole oder sonstige Androhung von Gewalt sein, innerer Zwang Zwangserkrankungen wie ein Wasch- oder Kontrollzwang oder auch eine starke Phobie.

Zum anderen geht es um die Überzeugung, wir könnten auch *anders* handeln, wenn wir nur wollten. Ich bin heute Abend zuhause geblieben und habe ein Buch gelesen, ich hätte aber – so sagt man typischerweise – »genauso gut« in die Oper gehen können. Es hing also *von mir* ab und von sonst niemandem, dass ich das eine getan habe und nicht das andere. Dabei ist es mir natürlich klar, dass es ganz bestimmte Gründe bzw. Motive dafür gibt, dass ich zuhause geblieben und nicht in die Oper gegangen bin (z. B. weil mich das Opernprogramm nicht sehr interessierte oder ich müde war), aber diese Gründe und Motive empfinde ich, wenn sie nicht sehr stark sind, nicht als Zwang. Dies ist eigentlich nicht weiter problematisch.

Das eigentliche Problem besteht darin, dass die willentliche Steuerung unserer Handlungen nach unserem Empfinden ganz anders als das Geschehen in der Natur geschieht. In der Natur gibt es nach gängiger Anschauung Ursachen und zwangsläufig eintretende Wirkungen, aber keine Freiheit des »Anders-handeln-Könnens«. Das Weinglas hat nicht die Freiheit zu entscheiden, ob es zerspringt, wenn es auf den Steinfußboden fällt, und die Glühlampe kann sich nicht gegen das Aufleuchten wehren, wenn der Strom durch sie hindurchfließt. Jede Ursache ist ihrerseits eine Wirkung, da durch andere Dinge verursacht; nichts geschieht ohne hinreichende Ursache, und dies gilt vom Anfang des Universums bis zu seinem Ende (falls es einen solchen Anfang und ein solches Ende gibt!). Dies entspricht der Anschauung, dass in der Natur alles deterministisch, d. h. gesetzmäßig nach Ursache und Wirkung abläuft. Dies soll in unserem menschlichen Handeln aber anders sein, denn hier soll zumindest in bestimmten Bereichen ein Indeterminismus herrschen. Zwar soll mein Wille meine Handlungen genauso kausal bewirken wie der elektrische Strom das Aufleuchten der Glühlampe, aber der Wille selbst soll nicht in dieser Weise von anderen Faktoren ursächlich bedingt sein. Es gibt natürlich Motive und Neigungen, diese sollen aber nicht zwingend auf meinen Willen einwirken dürfen, sonst hätte ich ja keine Wahl! Das sehe ich schon daran, dass ich mich durchaus zu einem Opernbesuch entschließen kann, wenn mich meine Frau sehr darum bittet, obwohl ich eigentlich lieber zuhause geblieben wäre.

Diesem subjektiven Empfinden entspricht die klassische philosophische Auffassung: Mit der Freiheit des Wollens und Entscheidens stellt sich der Mensch außerhalb des Naturgeschehens. Er kann nach Meinung von Immanuel Kant, dem wichtigsten philosophischen Vertreter des Konzepts der Willensfreiheit, etwas tun, was in der Natur unmöglich ist, nämlich eine Kausalkette »von selbst« anzufangen: dem Entschluss, das eine und nicht das andere zu tun, darf kein kausal bedingendes Ereignis vorangehen, sonst ist dieser Entschluss nicht frei – zumindest nicht im Kant'schen Sinne. Man muss der Fairness halber sagen, dass Kant aufgrund seiner ausgedehnten Kenntnisse der Psychologie wusste, dass in den allermeisten Fällen psychologische Motive festlegen, wie wir handeln. Kant schließt aber hiervon ausdrücklich das sittlich-moralische Handeln, wo es also um »gut« und »böse«, um »Recht« und »Unrecht« geht, aus. Seiner Meinung nach ist das »Sittengesetz« uns *unmittelbar* gegeben, und dieses ist durch nichts weiter als durch sich selbst bedingt, auch nicht durch das Gebot Gottes – das Sittengesetz soll eben »unbedingt« gelten. Hätte hingegen das Sittengesetz äußere Ursachen, dann würden wir nach Kant aufgrund dieser Ursachen, aber nicht aufgrund des Sittengesetzes handeln, und das wäre weder ein freies, noch ein wirklich moralisches Handeln.

Wie kann aber man sich das eigentlich vorstellen? Gibt es über unser Selbsterleben hinaus eindeutige Beweise für die Existenz einer solchen Willens- und Handlungsfreiheit des Menschen jenseits des Naturgeschehens, eines Andershandelnkönnens »rein aus sich heraus«? Und wie determiniert ist überhaupt das Naturgeschehen? Kann man nicht dort auch Indeterminismen erkennen, die Willensfreiheit zulassen? Damit hätten wir uns doch den vermeintlichen Gegensatz von Natur und »rein geistigem« Willen vom Hals geschafft!

Determinismus und Indeterminismus in der Natur

Bei relativ einfachen Dingen wie fallenden Steinen und kreisenden Planeten, aber auch bei etwas komplizierteren physikalischen, chemischen und physiologischen Prozessen scheint alles vorhersagbar abzulaufen, und nirgends tut sich eine Lücke, ein indeterministisches Geschehen, auf. Sofern wir die Anfangs- und Randbedingungen von bestimmten Vorgängen und die entsprechenden Gesetze hinreichend kennen, können wir diese Vorgänge mit einer Genauigkeit vorhersagen, die nur durch die unvermeidlichen Messfehler eingeschränkt wird. Wir können in einem solchen Fall mit Sicherheit auf einen deterministischen Vorgang schließen. Schwierig wird es hingegen, wenn es um Dinge geht, deren Anfangs- und Randbedingungen – aus welchen Gründen auch immer – nicht genau festgestellt werden können, oder die aufgrund der Unzulänglichkeit der Mathematik nicht oder nicht genau berechenbar sind.

Dies ist etwa beim Wetter der Fall: Bestimmte Ereignisse wie die Wetterlage in der kommenden Woche können nicht verlässlich vorhergesagt werden, weil es zu viele bedingende Faktoren gibt und diese zu komplex miteinander interagieren. Dennoch ist jedermann davon überzeugt, dass es beim Wetter mit rechten Dingen zugeht, d. h. im Rahmen bekannter Naturgesetze und -prinzipien. Die Unmöglichkeit, Dinge exakt vorauszusagen, tritt aber auch schon bei scheinbar viel einfacheren Vorgängen auf, nämlich beim Würfeln. Wir mögen zwar einen idealen, d. h. völlig regelmäßig gebauten Würfel benutzen, es gelingt uns dennoch nicht, die nächste Augenzahl verlässlich vorherzusagen (wäre dies so, dann würden Würfelspiele ihren Reiz verlieren!). Der Bewegungsablauf des Werfens und die Beschaffenheit der Oberfläche, auf die der Würfel trifft, sind von uns auch bei bestem Willen nicht genau festzustellen, und so kommt es, dass die gewürfelte Augenzahl »zufällig« erscheint, d. h., sie ist nicht präzise voraussagbar. Wenn wir nun aber einfach weiterwürfeln und Strichlisten machen, dann entdecken wir, dass alle Augen immer mehr mit derselben Häufigkeit auftreten, nämlich einem Sechstel. Man erklärt das dadurch, dass die Unterschiede, die beim Werfen des Würfels unvermeidlich eintreten, sich zunehmend »ausmitteln«. Die Nichtvoraussagbarkeit der Augen trifft also nur für den *Einzelfall* zu; statistisch gesehen, also auf große Mengen angewandt, handelt es sich um strenge Gesetzmäßigkeiten. Auch hier dürfen wir annehmen, dass die Nichtvoraussagbarkeit des Einzelereignisses ein Ergebnis der Komplexität der zusammenwirkenden Faktoren ist und nicht ein indeterministisches Geschehen oder gar ein Akt der Willensfreiheit.

Menschliches Verhalten ist ganz offensichtlich nicht präzise voraussagbar, und dies haben Philosophen oft als Indiz für Willensfreiheit genommen. Dies ist aber keineswegs zwingend, denn dies könnte auch daran liegen, dass es sich hier um ein sehr komplexes Verhalten handelt, dessen Anfangs- und Randbedingungen wir ähnlich wie beim Wetter niemals hinreichend genau kennen können, für das wir bisher jedenfalls nicht die entsprechenden »Naturgesetze« kennen, und dessen Berechenbarkeit mathematisch begrenzt ist. Für die Annahme, dass die Nichtvoraussagbarkeit menschlichen Handelns aus einem komplexen, aber durchaus deterministischen Systemgeschehen resultiert, spricht vor allem die Tatsache, dass wir das Handeln eines Menschen umso eher voraussagen können, je mehr wir über ihn wissen, insbesondere hinsichtlich seines bisherigen Verhaltens in ähnlichen Situationen. Wir wissen natürlich, dass wir sogar bei uns nahestehenden Personen, die wir gut zu kennen glauben, gelegentlich Überraschungen erleben. Ein Erforscher menschlichen Verhaltens, ein Psychotherapeut oder auch nur ein guter Menschenkenner wird sofort darauf hinweisen, dass menschliches Tun in seinem Kern von Motiven bestimmt wird, die tief im Innern der Person verborgen und ihr selbst häufig nicht bewusst sind. Man kann nicht alle Geschehnisse des bisherigen Lebens einer Person kennen, besonders nicht solche aus der Kindheit und Jugend, und erst recht nicht die Wirkung früher Geschehnisse auf das spätere Verhalten. Kein Wunder also, dass Überraschungen auftreten und menschliches Verhalten niemals genau berechenbar sein wird. Es gibt also Systeme, die völlig determiniert arbeiten, aber nicht präzise voraussagbar sind und den Anschein erwecken, als seien sie indeterminiert, wie dies beim Würfeln oder beim Wetter der Fall ist. Dies könnte beim menschlichen Fühlen, Denken und Verhalten genauso sein.

Nun gibt es in der Quantenphysik nach Meinung der Experten Ereignisse, die grundsätzlich und nicht nur aufgrund von Unzulänglichkeiten unseres Wissens und unserer Methoden nicht vorhersagbar bzw. berechenbar sind, und zwar eben auch dann, wenn alle relevanten Bedingungen bekannt sind. Ein Beispiel hierfür ist der radioaktive Zerfall eines Atomkerns, der als Einzelereignis nicht vorhergesagt werden kann. Deshalb wurden in der Quantenphysik die deterministischen Gesetze der »normalen«, d.h. makroskopischen Physik durch statistische Gesetze ersetzt. Die meisten Physiker sind sich darin einig, dass die statistischen Gesetze der Quantenphysik genauso gesetzmäßig gelten wie die klassischen Gesetze und keinerlei indeterministische Lücken im strengen Sinne zulassen. Die einzige Einschränkung besteht eben darin, dass das Einzelereignis (z. B. beim radioaktiven Zerfall) nicht präzise vorausgesagt werden kann, sondern eben nur statistisch.

Die Existenz des »objektiven Zufalls« in der mikrophysikalischen Welt hat zu vielerlei Spekulationen von philosophierenden Physikern und Philosophen geführt. Philosophisch gesehen ist allerdings eine Erklärung von Willensfreiheit auf der Grundlage quantenphysikalischer Indeterminiertheit unsinnig, denn die ganze Sache würde nur darauf hinauslaufen, dass nicht Gene, physiologische Abläufe und psychisch-gesellschaftliche Faktoren uns bestimmen, sondern der schlichte Zufall. Auf Zufall aber kann man keine Willensfreiheit gründen, erst recht nicht im oben genannten Sinne Immanuel Kants als moralisches Handeln. Es ist zwar sehr wahrscheinlich, dass es auch im menschlichen Gehirn »objektive«, d. h. nicht vorausberechenbare Einzelereignisse gibt, die der quantenphysikalischen Indeterminiertheit entsprechen, z. B. der Ausstoß eines einzelnen Transmittermoleküls an einer Synapse oder das Öffnen und Schließen eines einzelnen Membrankanals, aber es ist völlig fraglich, ob solche Geschehnisse einen »entscheidenden« Einfluss auf unser Verhalten haben. Auch hier scheint das zu gelten, was im mikrophysikalischen Bereich der Fall ist, dass sich solche indeterminierten Ereignisse auf komplexerer Ebene »ausmitteln«. Aber selbst wenn solche Vorgänge einen Effekt auf unsere Entscheidungen hätten, dann hieße dies nur, dass unser Verhalten vom Zufall regiert würde und nicht von einem freien Willen. Wir sehen also, dass der Rekurs auf einen »objektiven Zufall« zur Rettung eines kausal nicht bedingten Willensentschlusses im Sinne Kants nichts taugt.

Die experimentelle Überprüfung der Willensfreiheit

Nun könnte es sein, dass der freie Wille eine Kraft ist, die tatsächlich in das makrophysikalische Geschehen in unserem Gehirn eingreift. So etwas muss man ja fordern, wenn man Dualist ist, und in der Tat haben Philosophen und philosophierende Neurophysiologen wie John Eccles dies angenommen (allerdings meinte Eccles in ziemlich verquerer Weise, der freie Wille mache sich die quantenphysikalische Indeterminiertheit zunutze, um makrophysikalisch zu wirken – aber das muss uns hier nicht weiter interessieren).

Wir haben grundsätzlich zwei Möglichkeiten, dies zu überprüfen. Zum einen könnten wir mit psychologischen Mitteln überprüfen, ob und inwieweit das subjektive Gefühl, in einer bestimmten Situation frei entschieden zu haben, täuscht, indem wir versuchen, über unbewusste Beeinflussung der Versuchsperson deren Entscheidung zu beeinflussen. Gelingt uns dies und hat die Versuchsperson dann immer noch das Gefühl, frei entschieden zu haben, so dürfen wir davon ausgehen, dass zumindest in einigen Fällen dieses subjektive Freiheitsgefühl eine Täuschung ist.

Es gibt verschiedene experimentelle Wege, so etwas zu erreichen. Man kann zum Beispiel Versuchspersonen in Hypnose den Befehl geben, nach dem »Aufwachen« aus der Hypnose auf dem Fußboden herumzukriechen. Die hypnotisierte Person wird das tun und behaupten, sie würde nach etwas suchen, das ihr heruntergefallen sei, oder sie fände den Teppich sehr interessant. Solche Experimente gelingen allerdings nur bei manchen Personen, aber dort, wo sie es tun, haben die Personen durchaus den Eindruck, dass sie etwas aus freien Stücken tun, obgleich sie nur das ausführen, was ihnen befohlen wurde. Wir könnten dies dadurch erklären, dass die Versuchspersonen einen Drang spüren, auf dem Fußboden herumzukriechen, und diesen Drang nachträglich erklären (»rationalisieren«). Allerdings handelt es sich hierbei nicht um kontrollierte wissenschaftliche Experimente.

Verlässlicher sind psychologische Experimente, in denen Versuchspersonen sich nach dem Auftauchen eines Signalreizes für eine von zwei Reaktionen (z. B. einen linken oder rechten Knopf zu drücken) »frei« entscheiden müssen. Man bietet den Versuchspersonen vor dem Signalreiz Hinweisreize (z. B. einen Pfeil, der nach links zeigt) derartig, dass sie diese nicht bewusst wahrnehmen können (so genannte maskierte Reize). Dennoch richten sich die Versuchspersonen in der nachfolgenden Wahlreaktion statistisch signifikant nach den Hinweisreizen, wissen aber nicht, warum sie das eine und nicht das andere tun. Schließlich ist es möglich, im Rahmen von Hirnoperationen die Patienten per elektrischer Hirnreizung zu Bewegungen zu veranlassen, von denen sie behaupten, sie hätten sie gewollt. Schließlich kann man Versuchspersonen per Videokamera vorgaukeln, sie würden gerade bestimmte Bewegungen ausführen, während sie etwas anderes tun. Sie haben auch dann diesen fälschlichen Eindruck, falls die vorgegaukelten Bewegungen im Bereich des Wahrscheinlichen liegen (aber eben nicht stattfinden).

Diese Erkenntnisse bestärken die Vermutung, dass die subjektive Gewissheit, ich sei in meinen Entscheidungen völlig frei, nicht zwingend bedeutet, dass dies auch tatsächlich der Fall ist. Wir müssen außerdem bedenken, dass wir die meisten alltäglichen Dinge ohne einen expliziten Willensakt ausführen, sie also gar nicht direkt gewollt haben müssen, und dennoch schreiben wir sie uns zu. Psychologen sagen uns, dass das Gefühl der Autorschaft für eine Handlung aus vielerlei Gründen entsteht, insbesondere aufgrund der Tatsache, dass bestimmten Wünschen und Willensakten bestimmte Handlungen in der Regel verlässlich folgen, und wir folgern daraus mehr oder weniger zwangsläufig, unsere Wünsche und Willensakte seien die Ursache für Handlungen. Sicher ist die Illusion der Autorschaft für unsere Handlungen auch eine Folge der Zuschreibung durch die Umgebung. Das Kleinkind erlebt, wie die Mutter ihm bestimmte Handlungen zuschreibt (»das hast du aber gut gemacht!«), und es ist wahrscheinlich, dass das sich entwickelnde kindliche Ich unter anderem durch diese Zuschreibung von Handlungen lernt, selbst Verursacher eigener Handlungen zu sein.

Die zweite Möglichkeit, das mögliche Eingreifen des freien Willens in das Gehirngeschehen direkt zu überprüfen, besteht darin zu untersuchen, wie im menschlichen Gehirn Handlungen vorbereitet und ausgelöst werden, bei denen wir das Gefühl haben, sie seien von uns willentlich verursacht. Da solche Abläufe ein hochgradig makroskopisches Geschehen darstellen, das sich experimentell inzwischen gut untersuchen lässt, müssten wir – falls der freie Wille auf die Gehirnprozesse steuernd eingreift – Dinge beobachten, die auf der einen Seite eindeutig das Verhalten beeinflussen und auf der anderen Seite eindeutig *nicht* mit den Gesetzen der Physik und Physiologie vereinbar sind.

Handlungen, bei denen wir das Gefühl der Verursachung und Steuerung »durch uns« haben, werden in der Neurologie »Willkürhandlungen« genannt. Sie hängen, so weiß man heute, stets mit der Aktivität der Großhirnrinde zusammen. Dabei geht es, wie in Kapitel 2 schon erwähnt, um den motorischen Cortex, der für die detaillierte Muskelansteuerung zuständig ist (Brodmann-Areal 4), sowie um den lateralen prämotorischen und den medialen supplementärmotorischen Cortex (der außen und innen sitzende Teil des Brodmann-Areals 6), die beide mit dem globaleren Handlungsablauf zu tun haben. Das supplementärmotorische Areal (SMA und prae-SMA genannt) muss zudem aktiv sein, damit das

Gefühl auftritt, man habe eine bestimmte Bewegung auch *gewollt*. Das prae-SMA ist aus gegenwärtiger Sicht für das Auslösen intern vorbereiteter Handlungen zuständig, während SMA und lateraler prämotorischer Cortex eher mit von außen angestoßenen Handlungen befasst sind. Entsprechend war John Eccles der Meinung, prae-SMA sei genau der Ort, an dem der »freie Geist« auf das Gehirn einwirke.

Von den genannten Arealen nimmt die Pyramidenbahn ihren Ausgang, die vom Cortex über den Hirnstamm zu denjenigen Rückenmarksabschnitten verläuft, welche für die Ansteuerung bestimmter Muskeln zuständig sind, die an der entsprechenden Bewegung beteiligt sind. Die bewusste Planung und Vorbereitung von Handlungen geschieht im hinteren parietalen Cortex und im präfrontalen Cortex. Im präfrontalen Cortex entsteht zunächst der Wunsch, etwas zu tun, und im hinteren parietalen Cortex werden zum Beispiel bei einer Greifbewegung das Greifziel und der ungefähre Zeitverlauf der Bewegung festgelegt. Beides wird nun zum prae-SMA, zum SMA und zum prämotorischen Cortex geleitet, die den gröberen Bewegungsablauf planen, und schließlich zum motorischen Cortex, der die Feinbewegungen festlegt. Vom prämotorischen und motorischen Cortex aus laufen die Erregungen über die Pyramidenbahn zu den entsprechenden Motorsegmenten im Rückenmark, die dann ihrerseits die Muskelbewegungen in Gang setzen.

Eine wichtige Station fehlt allerdings noch, denn all die genannten corticalen Areale sind *nicht* in der Lage (auch nicht zusammengenommen), eine gewollte Bewegung allein auszulösen. Vielmehr müssen gleichzeitig die Basalganglien aktiviert werden, die – wie im ersten Kapitel geschildert – tief im Innern des Großhirns angesiedelt sind (vgl. Abbildung 4A). Es wird angenommen, dass in den Basalganglien alle von uns mehrfach erfolgreich ausgeführten Handlungsabläufe gespeichert sind; sie sind also ein großes »Handlungsgedächtnis«. Wie in Abbildung 12 dargestellt, laufen von den genannten Cortexarealen massive Bahnen zum Corpus striatum, von dort zum Globus pallidus, von dort zu thalamischen Kernen und dann zurück zu den Cortexarealen, von denen die Bahnen ihren Ausgang nahmen. Die beiden Teile der Substantia nigra, pars compacta und pars reticulata genannt, und der Nucleus subthalamicus hängen sozusagen im »Nebenschluss« am Corpus striatum und am Globus pallidus.

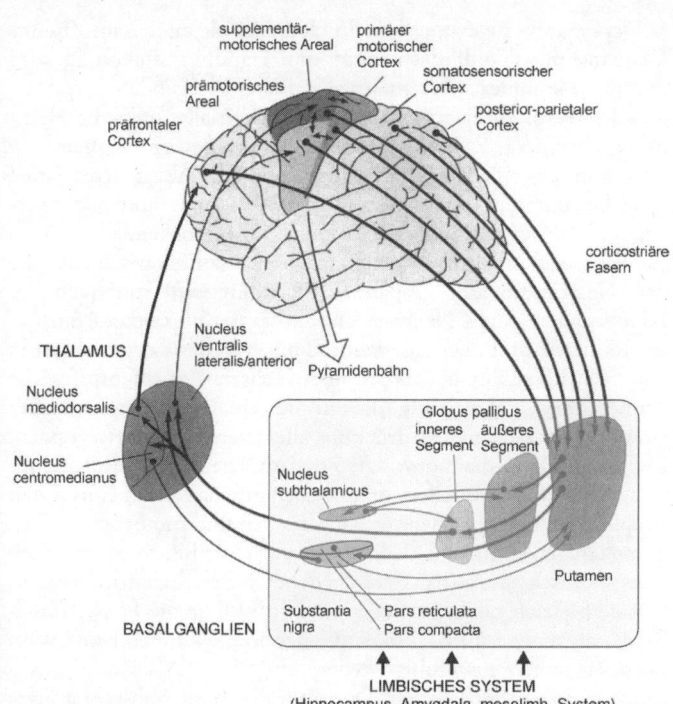

Abbildung 12: Steuerung der Willkürmotorik. Nervenbahnen (corticostriäre Fasern) ziehen vom präfrontalen, parietalen, motorischen, prämotorischen und supplementärmotorischen Cortex zu den Basalganglien (herausgezeichnet und umrandet), von dort aus zum Thalamus und schließlich zurück zu den corticalen Ausgangsbereichen. Vom motorischen und prämotorischen Cortex aus zieht die Pyramidenbahn zu Motorzentren im Rückenmark, die unsere Muskeln steuern. Bewusst (im Stirnhirn) geplante Handlungen gelangen über die Pyramidenbahn nur dann zur Ausführung, wenn sie vorher die »Schleife« zwischen Cortex, Basalganglien und Thalamus durchlaufen haben und hierbei die Basalganglien der beabsichtigten Handlung »freigeschaltet« haben. Die Basalganglien ihrerseits werden von Zentren des limbischen Systems kontrolliert. (Aus Roth, in: Roth und Prinz 1996.)

Der gesamte Erregungsfluss durch die Basalganglien im Zusammenhang mit Handlungsplanung und Handlungssteuerung wird durch ein komplexes Wechselspiel zwischen erregenden und hemmenden Verbindungen bestimmt, bei denen allerdings die Hemmung überwiegt. Es kommt nämlich bei der Bewegungssteuerung darauf an, aus einem riesigen Vorrat möglicher Alternativen einen ganz bestimmten Ablauf gezielt zu enthemmen und alle unerwünschten alternativen Bewegungen zu unterdrücken.

Diese selektive Freigabe einer einzigen Handlung geschieht über den Neuromodulator Dopamin. Dopamin wird innerhalb der Basalganglien durch Neurone der Substantia nigra pars compacta produziert und über Faserverbindungen in das Corpus striatum ausgeschüttet. Dort bewirkt es über mehrere Zwischenstufen die Aufhebung der Hemmung, die auf die geplante Bewegung bisher einwirkte, sowie die Unterdrückung aller alternativen Bewegungen, so dass nunmehr die motorischen thalamischen Umschaltkerne im Zusammenwirken mit dem präfrontalen und parietalen Cortex den supplementärmotorischen, prämotorischen und motorischen Cortex so erregen können, dass die Bewegung ausgeführt werden kann. Dies zeigt sich am Aufbau des so genannten Bereitschaftspotentials, von dem gleich noch die Rede sein wird. Ohne die Freischaltung der Basalganglien und der thalamischen Kerne können keine Willkürbewegungen ausgeführt werden, und diese Freischaltung wird durch die Ausschüttung von Dopamin durch die Substantia nigra bewirkt.

Das Wichtige bei diesen Vorgängen ist nun, dass die Basalganglien völlig unbewusst arbeiten und wir entsprechend keinen willentlichen Einfluss auf sie haben. D.h., die Frage, ob wir etwas Bestimmtes tun, hängt überhaupt nicht zwingend davon ab, ob wir es zuvor gewollt haben, sondern in erster Linie davon, ob die Basalganglien freigeschaltet werden. Dies ist spätestens seit den genauen Untersuchungen über die Grundlagen der Parkinson'schen Erkrankung bekannt. Parkinson-Patienten wollen eine bestimmte Bewegung ausführen (Aufstehen, Weitergehen, die Hand heben usw.), aber sie können dies nicht tun, zumindest nicht im Spätstadium ihrer Erkrankung. Der Grund hierfür ist weder eine Willensschwäche noch irgendein Defekt in der Großhirnrinde, sondern ein Mangel an Dopamin in den Basalganglien: Die Dopamin-produzierenden Zellen der Substantia nigra pars compacta sind bei ihnen so weit abgestorben, dass es nicht mehr zu dem erwähnten Dopamin-Freischaltungs-Signal kommt. Gibt man ihnen hingegen eine Substanz (L-Dopa), die im Gehirn zu Dopamin umgeformt wird, dann können sie sich zumindest für einige Zeit wieder »willentlich« bewegen.

Wer aber kontrolliert die Ausschüttung des Dopamin in den Basalganglien und damit die Freischaltung? Die Antwort darauf heißt: das limbische System, insbesondere Amygdala, mesolimbisches System und Hippocampus. Wie erinnerlich, ist die Amygdala das wichtigste Zentrum für emotionale Konditionierung. Sie registriert, ob bestimmte Handlungen und Ereignisse positive oder negative Konsequenzen für den Organismus nach sich ziehen, und speichert dies ab. Werden bestimmte Handlungen von der Großhirnrinde bewusst geplant, so laufen Erregungen zur Amygdala, zum mesolimbischen System und zum Hippocampus, und es wird geprüft, welche Vorerfahrungen mit diesen Handlungen vorliegen. Sind diese positiv, so kommt es zu einer Einwirkung der Amygdala und des mesolimbischen Systems auf die Substantia nigra und über das Dopamin-Signal auf das Corpus striatum und den Globus pallidus, und die »Bremse«, die auf der intendierten Bewegung lag, wird gelockert, und gleichzeitig werden alle anderen Bewegungen (zumindest innerhalb dieses Bewegungsmusters) gehemmt, sonst käme es zu krampfartigen, unkontrollierten Bewegungen.

Wenn ich also eine Bewegung ausführen will, dann wird kurz vor dem Starten einer Handlung für 1-2 Sekunden die dorsale Schleife zwischen Cortex, Basalganglien und Thalamus mehrfach durchlaufen. Während dieser Zeit baut sich im supplementärmotorischen, prämotorischen und motorischen Cortex eine Erregung auf, die man *Bereitschaftspotential* nennt. Dieses Potential entsteht dadurch, dass immer mehr Cortexneurone, die mit dem Starten der Bewegung zu tun haben, in einen Gleichtakt geraten, bis schließlich die Gesamtstärke der Erregung so hoch ist, dass die Bewegung über die Pyramidenbahn und die Motorsegmente im Rückenmark ausgelöst werden kann. Dieses Bereitschaftspotential setzt eine bis zwei Sekunden vor Beginn der Bewegung ein. Es tritt zuerst in beiden Hemisphären auf und verlagert sich dann zu einer Seite (wird »lateralisiert«), nämlich zu derjenigen, die dem zu bewegenden Arm oder Bein gegenüberliegt. Man spricht deshalb von einem *symmetrischen* Bereitschaftspotential, dem ein *lateralisiertes* Bereitschaftspotential folgt. Letzteres ist spezifisch für eine Bewegung, d. h., bei seiner Kenntnis kann die nachfolgende Bewegung verlässlich vorausgesagt werden.

Das Libet-Experiment und seine Folgen

Die in den sechziger Jahren des vorigen Jahrhunderts entdeckte Tatsache, dass einer Willkürhandlung ein Bereitschaftspotential vorhergeht, machte sich Anfang der achtziger Jahre der amerikanische Neurobiologe Benjamin Libet zunutze. Er war Dualist und wollte – wie er mir einmal erzählte – die Willensfreiheit experimentell beweisen. Seine Idee war folgende: Wir gehen davon aus, dass das Bereitschaftspotential einer Bewegung ein bis zwei Sekunden vorausgeht und diejenigen Hirnvorgänge widerspiegelt, die für die Auslösung der Bewegung nötig sind. Nehmen wir als gute Dualisten nun an, dass der Willensakt »rein geistig« die gewollten Handlungen auslöst, dann müsste der Willensakt dem Beginn des Bereitschaftspotentials vorhergehen und dieses Potential auslösen. Damit wäre naturwissenschaftlich bewiesen, dass der rein geistige Wille Handlungen verursacht. Natürlich dürfte dem Willensakt nicht wieder ein bestimmter neurophysiologischer Vorgang verlässlich vorhergehen oder mit ihm korrelierbar sein.

Den Beginn und den Aufbau des symmetrischen und des lateralisierten Bereitschaftspotentials kann man aus dem Elektroenzephalogramm (EEG) »herausfiltern«. Was man jetzt nur braucht, ist eine Methode, mit der man den Zeitpunkt des Willensentschlusses ähnlich exakt messen kann. Libet löste dieses Problem auf eine gewisse geniale Weise, indem er bei seinen Versuchspersonen das EEG registrierte und sie aufforderte, innerhalb einer bestimmten Zeit »völlig willkürlich« eine kleine Bewegung mit der Hand auszuführen. Dieser Bewegung ging natürlich ein bis zwei Sekunden lang das Bereitschaftspotential voraus. Gleichzeitig mussten die Versuchspersonen auf eine Art Uhr mit rotierendem Zeiger blicken und sich den Zeigerstand genau zu dem Zeitpunkt merken, an dem sie sich entschlossen, die kleine Bewegung auszuführen. So konnte festgestellt werden, wie sich beide Zeitpunkte zueinander verhalten. Libet war von den Versuchsergebnissen sehr überrascht. Er stellte nämlich fest, dass der Zeitpunkt des Willensentschlusses im

Mittel deutlich, z. T. eine halbe Sekunde, nach Beginn des Bereitschaftspotentials auftrat. Der Willensentschluss konnte zumindest in den allermeisten Fällen nicht das Bereitschaftspotential gestartet haben, da er *nach* dem Potential auftrat.

Libets Fazit wider Willen war: Das Bereitschaftspotential und damit die »gewollte« Bewegung werden unbewusst vorbereitet – über die Beteiligung der Basalganglien und damit die Entstehung des Bereitschaftspotentials wusste man seinerzeit noch nichts. Diese Forschungsresultate erregten mit einiger Verzögerung großes Aufsehen. Die einen sahen darin eine empirische Widerlegung der Willensfreiheit, denn in ihren Augen trat der Willensentschluss ja erst auf, wenn im Gehirn »schon alles entschieden« war. Die anderen erhoben die verschiedensten methodischen Bedenken und bezweifelten die Verlässlichkeit, mit der man den Zeitpunkt des Willensaktes bestimmen könne.

Vor einigen Jahren wurden diese Versuche von zwei Psychologen bzw. Neurophysiologen, Patrick Haggard und Martin Eimer, wiederholt, und zwar unter verbesserten Bedingungen. So führten sie eine zusätzliche Wahlhandlung ein, d. h., die Versuchspersonen sollten spontan entscheiden, ob sie die linke oder rechte Hand bewegten. Was sie fanden, war aber so ziemlich dasselbe wie Libets Ergebnisse. Inzwischen liegen eine Reihe weiterer Untersuchungen vor, auch solche, bei denen die Mittelung vieler EEG-Durchgänge nicht mehr nötig ist, und in allerneuesten Untersuchungen war es einer Forschergruppe unter Leitung des bereits erwähnten Berliner Neurophysiologen John Haynes aufgrund neuer Auswertemethoden möglich, mit beachtlicher Wahrscheinlichkeit Wahlentscheidungen mehrere Sekunden vorherzusagen, bevor die Entscheidungen den Versuchspersonen bewusst waren.

All diese Befunde stimmen mit dem überein, was ich weiter oben über das Auslösen von Bewegungsmustern durch die Großhirnrinde geschildert habe. Der Kernpunkt dabei ist, dass sich das Bereitschaftspotential in der Großhirnrinde im Wesentlichen unter dem Einfluss der Basalganglien aufbaut, damit die Willenshandlungen gestartet werden können. Das Gefühl, eine Bewegung zu wollen, steht also in *keinem* strengen Kausalverhältnis zum Starten der Handlungen, wie dies die dualistische Auffassung von Willensfreiheit fordert. Es wurde bereits erwähnt, dass wir viele Willkürbewegungen ausführen, ohne sie zuvor explizit gewollt zu haben, und

Parkinson-Patienten können eine Bewegung noch so sehr wollen, sie können sie aufgrund des Dopaminmangels nicht ausführen. Die Verzögerung, mit der nach Beginn des Bereitschaftspotentials der Willensakt auftritt, ist interessant, denn sie entspricht der kurzen Zeit von 300 bis 500 Millisekunden, die eine Erregung der Großhirnrinde benötigt, um bewusst zu werden, wie wir bereits gehört haben. Das Gehirn hat die Handlung tatsächlich unbewusst festgelegt, und diese Entscheidung wird uns mit einer gewissen Verzögerung bewusst.

Häufig wurde und wird gegen die genannten Versuchsergebnisse angeführt, dass es sich hierbei nur um kurzfristige Entscheidungsprozesse handelte und nicht um »echte« Entscheidungen mit teilweise langem Abwägen. Dies ist aber kein gutes Argument, denn ich mag zwar lange überlegen, was ich tun will, der eigentliche Entschluss zum Handeln ist immer kurz. Ob ich spontan nach der Kaffeetasse vor mir greife oder mich lange frage, ob ich das nun tun soll oder nicht – die Letztentscheidung, ob etwas tatsächlich getan wird, fällt in den Basalganglien ein bis zwei Sekunden vor Beginn der Bewegung und tatsächlich erst, bevor ich die »Entscheidung« erlebe. Andererseits ist die häufig zitierte Aussage »das Gehirn hat bereits entschieden, ehe ich entschieden habe!« nur für diese *kurzfristigen* Entscheidungsprozesse richtig. Bei längerfristigen Handlungsplanungen ist das bewusste Ich selbstverständlich beteiligt und mag diesen Planungen eine völlig neue Richtung geben. Allein, ob es dann zu der geplanten Handlung auch kommt, entscheidet in letzter Instanz nicht das bewusste Ich, sondern das limbische System in Interaktion mit den Basalganglien.

Vor einigen Jahren hat Libet seine schon vor mehr als 20 Jahren entwickelte Idee von der »Veto-Funktion« des freien Willens noch einmal erläutert (in Libet, 2005). Er ging von der Beobachtung aus, dass einige seiner Versuchspersonen berichteten, sie hätten sich »in letzter Sekunde« entschieden, eine intendierte Bewegung doch nicht auszuführen. Nach Libet war dies ein »Veto«, das der »freie« Wille gegen die vom Gehirn vorbereitete Handlung einlegt, und diesem Veto solle nun *kein* Bereitschaftspotential vorhergehen. Ein frommer Wunsch, denn inzwischen liegen experimentelle Befunde vor, die zeigen, dass einem solchen Veto eindeutig Veränderungen im Bereitschaftspotential vorhergehen, und dass von einer »rein geistigen« Natur des Vetos keine Rede sein kann. Es wäre auch ein merkwürdiger freier Wille, der nichts selbst bewegen, sondern nur verhindern kann!

Zusammengefasst lässt sich also sagen, dass im Rahmen der derzeitigen Messgenauigkeit dem subjektiv empfundenen und scheinbar kurz vor einer Willkürbewegung auftretende »Willensruck« oder »Willensentschluss« bestimmte neurophysiologische Prozesse vorhergehen, von denen wir annehmen können, dass sie die Bewegung kausal determinieren, und dass wir aufgrund einer sehr kurzfristigen Kenntnis dieser Prozesse die dann auftretende Bewegung vorhersagen könnten. Natürlich gibt es derzeit keine hundertprozentige Vorhersagbarkeit, erst recht nicht mehrere Sekunden vorher, und wir wissen deshalb nicht, ob dieses »Rauschen« aus der Ungenauigkeit der Messmethode, der Komplexität der Vorgänge oder einem bestimmten Anteil an »objektivem« Zufall stammt.

Für die Frage nach der Willensfreiheit ist dies jedoch irrelevant, denn das, was jeder Dualist fordern muss, ist mit Sicherheit *nicht* gegeben, nämlich ein »immaterieller« Willensentschluss, der von keinerlei neurophysiologischen Vorgängen vorbereitet oder begleitet wird, dem aber ein Bereitschaftspotential und eine Bewegung verlässlich folgen. Vielmehr ist das Umgekehrte der Fall, wie geschildert; und es gilt zudem, dass die neurophysiologischen Vorgänge, die einem Willensentschluss vorhergehen, umso deutlicher ausfallen, je stärker der nachfolgende Willensentschluss ist. Wir müssen aber auch immer bedenken, dass ein Willensentschluss gar nicht immer nötig ist, sondern nur, wenn der geplanten Bewegung Zwänge oder Motive entgegenstehen. In diesem Fall stellt der Wille eine Fokussierung auf eine bestimmte Motivationslage und die Unterdrückung konkurrierender Motivationen dar, und dies steht unter direktem Einfluss des limbischen Systems. Je stärker dieser limbische Antrieb, desto stärker der Wille!

Dies führt zu dem scheinbaren Paradoxon, dass ein besonders willensstarker Mensch ein besonders stark von inneren Motiven geleiteter Mensch ist. Um den Mount Everest ohne Sauerstoffmaske besteigen zu wollen, muss man schon einen großen Leistungszwang haben, und wenn man an einem kühlen und regnerischen Herbsttag morgens um sieben Uhr aufsteht, um einen Dauerlauf zu machen, dann braucht man dazu ein gehöriges Maß an Erwartung der Belohnung über die endogenen Opiate! Gerade solche

»willensstarken« Menschen sagen einem ganz ehrlich: »Ich brauche das einfach!«

Was bedeutet dies alles
für die Debatte um die Willensfreiheit?

Drei wichtige Fragen stellen sich in diesem Zusammenhang. Erstens: Wenn der Willensentschluss gar nicht die gewollte Handlung auslöst, warum gibt es ihn dann? Zweitens: Wenn es keine Willensfreiheit im traditionellen Sinne gibt, müssen wir den Begriff der Willensfreiheit ganz aufgeben? Und drittens: Was bedeutet dies alles für die Begriffe »Schuld« und »Verantwortung«? Heißt das dann – wie manche Kritiker es an die Wand malen –, dass »jeder machen kann, was er will?«. Wäre dies wirklich das Ende jeglicher Rechtsordnung?

Die erste Frage ist relativ leicht zu beantworten. Sofern bestimmte Dinge, die wir zu tun beabsichtigen, nicht bereits automatisiert sind, sondern das Überwinden psychischer oder dinglicher Widerstände erfordern, brauchen wir einen Willensakt, denn er muss Energien bündeln und Handlungsalternativen unterdrücken. Dies ist die Funktion des Willens, und ohne starken Willen kann ich deshalb manche Dinge nicht tun. Dieser Wille entsteht in meinem Bewusstsein und wird deshalb als *mein* Wille empfunden. Der explizite Wille und die damit verbundene psychische »Kraftanstrengung« sind sorgfältig von dem eine Bewegung begleitenden und anstrengungslosen Gefühl zu unterscheiden, dass »ich es bin, der das gerade tut«. Dieses Gefühl wirkt als *Kennzeichnung* derjenigen Handlungen, die von der präfrontalen, parietalen und motorischen Großhirnrinde (natürlich unter notwendiger Beteiligung der Basalganglien) vorbereitet und ausgelöst wurden. Solche Kennzeichnungen fehlen typischerweise, wenn es sich um Reflexe handelt, an denen die Großhirnrinde *nicht* beteiligt ist.

Psychologen haben kürzlich festgestellt, dass das Gefühl, etwas gewollt zu haben, auch damit zusammenhängt, dass das Gehirn vor einer Bewegung ein Erwartungsmodell der sensomotorischen Rückmeldungen (siehe Kapitel 2) entwirft und dann mit den tatsächlichen Rückmeldungen vergleicht. Sind die Abweichungen gering, so stellt die Großhirnrinde fest: Das war ich! Die Forscher glauben bewiesen zu haben, dass diese Feststellung im Bewusstsein zurückdatiert wird und dann vor dem Beginn der Bewegung angesiedelt wird. Dafür spricht die Tatsache, dass Personen, bei denen diese sensomotorische Rückmeldung unterbrochen wurde, die von ihnen ausgeführte Bewegung als fremdverursacht empfinden. Unsere Antwort auf die erste Frage lautet also: Der Wille ist ein wichtiger psychologisch-physiologischer Prozess, welcher als »Kraftakt« der Motivationsbündelung dient und als begleitender Wille »kennzeichnet«, dass der bewusstseinsfähige Cortex beteiligt war. Nicht der Wille und seine beschriebenen Funktionen sind also eine Illusion, sondern die Auffassung, dieser Wille sei die *letztentscheidende* Instanz. Wie wir gehört haben, braucht es zu einem bewussten Willen unbewusste Motive, und ein bewusster Wille kann sich nur durchsetzen, wenn unbewusste Motive, die im limbischen Erfahrungsgedächtnis enthalten sind, ihre letztendliche Zustimmung dazu geben.

Kommen wir zur zweiten Frage, nämlich ob wir angesichts der zahlreichen philosophischen und empirischen Argumente gegen das traditionelle Willensfreiheitskonzept den Begriff von Willensfreiheit überhaupt aufgeben müssen? Dies ist – ehrlich gesagt – eine Geschmacksfrage. Man könnte als Purist argumentieren, dass dieser Begriff eine zu große Nähe zum metaphysischen Dualismus hat, als dass man ihn weiterhin benutzen sollte. Ich habe einen solchen Standpunkt für einige Zeit vertreten, bin aber inzwischen – auch aufgrund meiner Zusammenarbeit mit dem Philosophen Michael Pauen – zu der Auffassung gekommen, dass man den Begriff durchaus weiter verwenden kann, nämlich in dem Sinne, den David Hume bereits wesentlich vorweggenommen hat: Ich handle willensfrei, wenn ich meinem eigenen Willen folgen kann.

Dieses Gefühl, aus eigenem Willen heraus zu handeln, kommt, wie geschildert, unter ganz bestimmten Bedingungen auf, nämlich wenn ich keinem äußeren oder inneren Zwang unterliege, und wenn ich den Eindruck habe, ich könnte eine bestimmte Sache tun oder auch lassen bzw. die eine oder eine andere Sache tun. Ich möchte jetzt Kaffee trinken, eine Tasse Kaffee steht vor mir, und in einem bestimmten Moment greife ich nach der Tasse. Ich könnte die Bewegung früher oder später ausführen oder sie auch ganz sein lassen. Ich tue genau davon eines, und ich bin dabei frei in dem Sinne, dass es *nur von mir* und niemandem sonst abhängt, was ich tue (andernfalls würde ich mich gezwungen oder genötigt fühlen!). Selbstverständlich akzeptiere ich dabei, dass es Motive sind, die meine Entscheidung beeinflussen, aber es sind erstens Motive, die aus *meiner* Lebenserfahrung stammen, und zweitens handelt es sich um Motive, die durch Gegenmotive »überstimmt« werden können. Erst dies lässt nämlich Handlungsalternativen zu, zum Beispiel mit der nächsten Tasse Kaffee noch etwas zu warten. Gegen einen Wasch- oder Kontrollzwang gibt es keine solche Gegenmotive – der Zwang setzt sich schließlich immer durch (er ist ja so definiert!), und deshalb fühle ich mich nicht frei.

Bei einem externen Zwang hingegen gibt es zumindest unter gewissen Bedingungen auch eine Alternative, denn ich könnte selbst bei Todesdrohung »Nein!« sagen, zum Beispiel, wenn ich eine Handlung absolut nicht mit meinem Gewissen vereinbaren kann. Dies gilt zwar traditionell als Musterbeispiel für Willensfreiheit, aber es ist jedem Psychologen und Menschenkenner klar, dass ein solches »Nein!« nur darauf beruht, dass in mir ein noch stärkeres Motiv die Todesangst »überstimmt«, zum Beispiel eine sehr starke religiöse Überzeugung. Bei dem obigen Beispiel des Kaffeetrinkens würe schon der Gedanke daran, dass ich bereits vier Tassen Kaffee getrunken habe und ich viel mehr nicht vertrage, als Gegenmotiv wirken und könnte mich davon abbringen, die nächste Tasse zu trinken.

Die Alternative zu einem auf Indeterminiertheit begründeten Konzept der Willensfreiheit, wie sie hier von mir und Michael Pauen vertreten wird (vgl. Pauen und Roth, 2008), beruht auf einem *Motiv-Determinismus*. Dieses Konzept besagt, dass alles, was wir tun, von bestimmten bewussten oder unbewussten rationalen oder emotionalen Motiven bestimmt wird – und natürlich von einem Mischungsverhältnis dieser Komponenten. In unserem limbischen System findet dann ein unbewusster oder zumindest teilweise bewusster »Kampf der Motive« statt, den wir manchmal auch miterleben, und das Motiv, das aktuell gewinnt, bestimmt unser Handeln. In diesen Kampf gehen alle Motive ein, die aktuellen wie die lebensgeschichtlich entfernten, und davon sind einige stärker als andere. Ob und in welchem Maße hier der Zufall eine Rolle spielt, ist irrelevant, so lange dieser Zufall keinen zu großen Einfluss hat. Dann würde uns bei uns selbst, aber auch bei den anderen auffallen, dass unser oder deren Verhalten merkwürdig sprunghaft bzw. eben

»zufällig« wäre, und das würde uns beunruhigen. Alle Beispiele, die von Verteidigern des traditionellen »freien Willens« vorgebracht werden, lassen sich im Rahmen eines solchen Motiv-Determinismus befriedigend erklären.

Damit ist der scheinbare Widerspruch zwischen Willensfreiheit und Determiniertheit aufgelöst. Willensfreiheit wird *gerade nicht* durch die Abwesenheit von determinierenden Faktoren ermöglicht – dies wäre ununterscheidbar von Zufall –, sondern durch die *Art* der aktuell wirkenden Motive und ihrer Beziehung untereinander (sofern es widerstreitende Motive gibt). Gibt es nämlich nur ein absolut dominierendes Motiv (wie im Falle eines psychischen Zwanges oder unerträglicher Schmerzen), dann kann es keine Willensfreiheit geben. Willensfreiheit im hier vertretenen Sinne benötigt die Abwesenheit solcher Zwänge und damit die Möglichkeit, dass unter wechselnden Motivlagen das eine oder das andere Motiv »gewinnen« kann (zuhause bleiben oder in die Oper gehen; jetzt eine weitere Tasse Kaffee trinken, auf später verschieben oder es ganz sein lassen). Welches Motiv dann gewinnt, ist – von Zufällen abgesehen – ein *deterministisches* Geschehen, und es muss eines gewinnen, damit wir überhaupt etwas tun. Übrigens gibt es auch keine subjektive Willensfreiheit, wenn in uns unterschiedliche Motive gleich stark sind. Dann haben wir die »Qual der Wahl«, fühlen uns »hin und her gerissen«, aber eben nicht frei. So hatte ich in jungen Jahren die Möglichkeit, in Deutschland eine gute Stelle an der Universität anzunehmen oder an die University of Chicago zu gehen – eine sehr gute Universität. Ich habe sehr lange und qualvoll überlegt, was ich tun sollte, und heute noch ist mir nicht klar, ob die Entscheidung, in Deutschland zu bleiben, richtig war! Dies bedeutet, dass sich bei einer sehr ausgeglichenen Motivlage unsere Entscheidungen dem Zufall nähern.

Man kann entsprechend rein empirisch ermitteln, bei welcher Motivlage sich die Mehrzahl der Menschen maximal frei fühlt, nämlich wenn es weder eine völlige Dominanz nur eines Motivs gibt, noch ein völliges Gleichgewicht unterschiedlicher Motive (seien sie beide rational, emotional oder rational versus emotional), sondern wenn ein Motiv letztlich alle anderen überwiegt, ohne zu stark zu dominieren. Das Vorliegen von Willensfreiheit in dem von mir hier propagierten Sinne drückt sich sprachlich meist in der Formulierung aus, dass wir eine bestimmte Sache »gern« tun – wir stehen dahinter, hätten aber auch anders handeln können, wenn wir nur anders gewollt hätten. Wir haben aber nicht anders gewollt, und so haben wir das eine getan. Ein solcher Motiv-Determinismus unseres Willens ist letztlich darin begründet, dass wir unseren Willen nicht selbst wollen können. Könnten wir dies, so würde es uns aber auch nicht weiterhelfen, denn dann gerieten wir in einen unendlichen Regress, denn wir brauchten dann einen Willen dritten Grades, der uns hilft, zu wollen, was wir wollen wollen, und so weiter.

Dies zeigt uns, dass es einerseits einen Indeterminismus des Willens, der sich verlässlich vom Zufall unterscheidet, nicht geben kann, es zeigt uns aber auch, dass es nicht bloß eine Anwesenheit oder Abwesenheit von Willensfreiheit gibt, sondern ein Mehr und ein Weniger davon, und in manchen Fällen fühlen wir uns ziemlich frei (z. B. bei der Abwesenheit starker Motiv-Konflikte) und in anderen überhaupt nicht!

Schuld und Verantwortung

Mit dieser Erkenntnis kommen wir zur dritten Frage, nämlich der nach dem Verhältnis des Begriffs von Willensfreiheit zum Begriff von Schuld und Verantwortung. Der Begriff der Schuld ist ein äußerst komplexer und über die zwei Jahrtausende abendländischen Denkens wandelbarer Begriff. Um diese Sache einfacher zu gestalten, wollen wir uns auf den Schuldbegriff beschränken, wie er dem deutschen Strafrecht zugrunde liegt. Leider sagt das deutsche Strafrecht nicht, was »Schuld« bedeutet, sondern stellt im Wesentlichen (im berühmten Paragraphen 20 des Strafgesetzes) nur fest, wann jemand »ohne Schuld« handelt. In der herrschenden Strafrechtslehre wird aber der Schuldbegriff als Verletzung eines moralischen Gebotes verstanden, das in die Worte des Strafrechts gekleidet ist. Die Achtung der körperlichen Unversehrtheit eines Menschen, seines Besitzes, seiner Bewegungs-, Meinungs- und Versammlungsfreiheit, seiner Privatsphäre usw. sind solche moralischen Gebote. Schuldig ist dann derjenige, der dieses Gebot trotz Kenntnis des Verbots und bei voller Fähigkeit zur Handlungssteuerung verletzt.

Der Kern des Schuldbegriffs des deutschen Strafrechts besteht darin, dass jeder Mensch, der schuldfähig im Sinne des § 20 ist, die Möglichkeit hat, dem Drang zur Straftat zu widerstehen, d. h. anders zu handeln, als er es faktisch tat, und zwar aufgrund seiner »freien sittlichen Selbstbestimmung«, wie es in einem berühmten Urteil des Bundesgerichtshofs heißt. Natürlich gibt es auch aus Sicht der Strafrechtstheoretiker vielerlei Ursachen und Gründe für eine Straftat, über die wir im sechsten Kapitel bereits gesprochen haben, nämlich genetische Prädispositionen, Störungen der Hirnentwicklung, ein niedriger Serotoninspiegel, frühkindliche Traumatisierungen und sonstige negative Einwirkungen der »Umwelt« auf die Psyche des Kindes und Jugendlichen. All dies kann nach herrschender Rechtsauffassung aber nicht einen Täter von seiner Schuld befreien, denn diese Faktoren setzen nach dieser Auffassung die Willensfreiheit nicht zwingend außer Kraft. Der Täter hätte eben seinem schlechten Charakter widerstehen müssen, weil er es »bei Anstrengung seines Rechtsbewusstseins« (wie es in einem einschlägigen Lehrbuch heißt) zumindest im Prinzip konnte.

Dies nun widerspricht eklatant den geschilderten neueren neurobiologischen und psychologisch-psychiatrischen Erkenntnissen, nach denen bei Vorliegen der genannten Befunde ein gewaltkriminelles Verhalten mit hoher Wahrscheinlichkeit erklärt und sogar vorausgesagt werden kann. Auch beim Straftäter müssen wir, wie bei jedem anderen Menschen, davon ausgehen, dass er dem Drang zur Straftat nur dann hätte widerstehen können, wenn ein noch stärkeres Motiv vorhanden gewesen wäre, etwa die Furcht vor der Entdeckung und der darauf folgenden Strafe, und er konnte nichts dafür, dass ein solches Motiv nicht vorhanden oder nicht genügend stark war, weil bestimmte dafür nötige psychologische Bedingungen nicht gegeben waren.

Verschärft wird dies noch dadurch, dass die genannten Faktoren nicht nur dem Willen der betroffenen Person entzogen sind (niemand kann für seine Gene, seine Hirnentwicklung, seinen niedrigen Serotoninspiegel und die Misshandlungen durch seine Eltern verantwortlich gemacht werden!), sondern dass sie zu einer Zeit wirksam werden, in der die Person überhaupt noch nicht schuldfähig ist, nämlich vor dem 14. Lebensjahr. Im Klartext heißt dies: Dem Straftäter wird etwas vorgeworfen, für das er gar nichts kann. Dies – so haben bereits namhafte Strafrechtler und Strafrechtstheoretiker festgestellt – verletzt fundamental die Prinzipien unserer Rechtsordnung.

Heißt dies nun, dass wir den Schuldbegriff gänzlich aufgeben müssen? Ist der Straftäter also überhaupt nicht schuldig? Wenn nein, wieso kann er dennoch bestraft werden? Oder dürfen dann alle Verbrecher »frei herumlaufen«, wie es in einem anderen Horrorszenario heißt?

In der Tat geht es darum, diejenigen Anteile des traditionellen strafrechtlichen Schuldbegriffs aufzugeben, die auf der Fiktion eines immateriellen, in das Gehirngeschehen von außen eingreifenden »freien« Willens beruht. Straftäter und wir alle handeln in jedem Augenblick so, wie uns Gene, Psyche, Erziehung und sonstige Erfahrungen über die limbische Motivbildung es vorschreiben. Wir müssen also auf den rein moralischen Schuldbegriff im Sinne Kants vollständig verzichten, d. h. auf dem Vorwurf, »du hättest auch anders handeln können, wenn du nur gewollt hättest!«, denn hier muss der Angeklagte nur argumentieren: »Ich habe eben nicht anders wollen *können* – und hierfür bin ich nicht mehr verantwortlich!« Wie jeder Strafrechtler und jeder Richter weiß, ist dem Angeklagten das unterstellte Anders-handeln-Können auch gar nicht nachzuweisen, sondern man hilft sich mit der Frage, ob ein anderer Mensch in etwa derselben Situation hätte anders handeln können oder nicht. Dies ist logisch wie empirisch höchst fragwürdig, wie es auch zahlreiche Strafrechtstheoretiker zugeben, denn ein anderer Mensch hat erstens eine andere Motivlage, und er kann sich zweitens auch gar nicht in derselben Situation befinden wie der Täter. In dieser Situation kann eigentlich nur der Rechtsgrundsatz »in dubio pro reo! – Im Zweifel für den Angeklagten« gelten (vgl. hierzu Merkel und Roth, 2008).

Dieser Zwickmühle ist im Strafrecht nur zu entkommen, wenn man den Schuldbegriff auf die Normenübertretung beschränkt, wie dies bereits viele prominente Strafrechtler wie Claus Roxin vorgeschlagen haben. Schuldig ist, wer Normen verletzt hat, und er darf dann auch bestraft werden. Die Rostocker Strafrechtlerin Grischa Merkel und ich haben kürzlich ausführlich dazu Stellung genommen (Merkel und Roth, 2008), und deshalb will ich nur die Grundidee erläutern. Diese besteht darin, dass Gesellschaft und Staat sich das Recht nehmen, Normen aufzustellen, deren Beachtung zu überwachen und deren Verletzung zu sanktionieren. Dies geschieht im Rahmen der bekannten General- und Spezialpräventionsmaßnahmen, nämlich dem Aufbau und Schutz des allgemeinen Rechtsbewusstseins, der Abschreckung des potentiellen Täters sowie der Besserung bzw. Therapie oder – falls alle anderen Maßnahmen versagen – dem »Wegschließen« des Täters.

Für Grischa Merkel und mich stellt sich also nicht die Frage, *ob* bei einem Verzicht auf den moralischen Schuldbegriff auch weiterhin auf einen Rechtsbruch mit einer Sanktion reagiert werden darf, sondern *wie* mit Tätern sinnvoll umgegangen werden kann und darf, die zwar für den Normbruch verantwortlich sind, diesen aber nicht vermeiden konnten. Dies ist im Zivilrecht übrigens nicht anders – dort muss man, von Ausnahmen abgesehen, für den angerichteten Schaden aufkommen, gleichgültig, ob man ihn gewollt hat oder nicht. In der Tat hat der von uns und anderen Autoren vorgeschlagene Schuldbegriff viel Ähnlichkeit mit dem zivilrechtlichen Schuldbegriff.

Der Verzicht auf den moralischen Schuldbegriff und die Beschränkung auf die Normenübertretung beseitigt einen wichtigen und verhängnisvollen Aspekt der traditionell mit der moralischen Schuld zusammenhängenden Strafe, nämlich den von Strafe als *Vergeltung* bzw. *Rache* der Gesellschaft. Kant ging bei seinen Überlegungen zu Schuld und Strafe davon aus, dass Strafe »weh tun« müsse – entsprechend dem so genannten Talion-Prinzip (»Auge um Auge, Zahn um Zahn«). Jeder Experte aber weiß, dass Strafe, die körperlich oder psychisch weh tut, ein schlechtes pädagogisches Instrument ist, denn sie führt in aller Regel nicht zu Besserung, sondern ihrerseits zum Drang nach Rache für die erlittenen Demütigungen und Schmerzen, und zwar umso mehr, je größer die Demütigungen und Schmerzen sind. Es ist zwar nicht zu leugnen, dass *Strafandrohung* bei einer Reihe von Menschen durchaus einen abschreckenden Effekt hat, aber auch hier ist zu beobachten, dass dieser Abschreckungseffekt umso geringer ausfällt, je schwerer die Straftat und die angedrohten Strafen sind (siehe die Diskussion um die Todesstrafe).

Die Konzentration auf die Strafe als Vergeltung verhindert nachweislich ihre Funktion als erzieherische Maßnahme. Man sperrt Straftäter einfach weg, weil sie »es ja verdient« haben. Dass dies nicht nur menschenunwürdig, sondern auf Dauer auch ökonomisch extrem teuer ist, im Gegensatz zu Erziehungs- und Therapiemaßnahmen, bestätigt inzwischen jeder Experte, aber dieser Experte weiß auch, dass bisher zumindest der Ruf der Öffentlichkeit nach Vergeltung einer Straftat stärker ist als jeder durch wissenschaftliche oder kriminologische Einsicht noch so gestützte Reformgedanke. Die Absurdität dieser Situation wird besonders deutlich, wenn Straftäter ein »besonders abscheuliches« Verbrechen begangen haben. Hier liegen die psychopathologischen Zusammenhänge bei einem Straftäter umso klarer auf der Hand, je »abscheulicher« die Tat ist, aber das hindert das Gericht nicht daran, regelmäßig die »besondere Schwere der Tat« festzustellen und das Strafmaß zu verschärfen.

Wie diese ganze Situation zu verbessern ist, ist eine schwierige Frage, deren Beantwortung nicht in meine Kompetenz fällt. Im vorliegenden Zusammenhang ist nur Folgendes wichtig: Das deutsche Strafrecht, seine Bindung an den traditionellen Begriff der Willensfreiheit und der sich daraus ergebende Schuldbegriff sind nicht nur – wie vor mir viele Autoren aufgezeigt haben – in sich logisch inkonsistent, sondern sie widersprechen auch eklatant allen inzwischen vorliegenden neurobiologischen und psychologischen Erkenntnissen. Dies betrifft nicht nur die absolut notwendige Reform des § 20 des Strafgesetzbuches, sondern die Neudefinition des Schuldbegriffs insgesamt.

Kurze Schlussbemerkung

David Hume hat es auf den Punkt gebracht: Wir Menschen fühlen uns frei, wenn wir unseren Willen ohne äußeren und inneren Zwang verwirklichen können. Da es *unser* Wille ist, verwirklichen wir uns dabei selbst. Wie unser Wille zustande kommt, wissen wir meist gar nicht, und wenn wir es wüssten, würde dies bei unseren Entscheidungen wahrscheinlich keine Rolle spielen.

11. Über die letzten Dinge

Religion und Wissenschaft

Eine im Anschluss an Vorträge über Erkenntnisse der Hirnforschung nicht selten gestellte Diskussionsfrage lautet: Gibt es aus Sicht der Hirnforschung (einen) Gott? Eine solche Frage muss bei Fachphilosophen Stirnrunzeln hervorrufen, denn seit langem gilt die Regel, dass die Wissenschaften, insbesondere die Naturwissenschaften, sich nicht um Dinge der Religion und des Glaubens zu kümmern haben. Die Naturwissenschaften haben nach objektiver Erkenntnis zu streben, und objektive Erkenntnis gilt nun einmal als das Gegenteil von Glauben. Diese säuberliche Trennung gerät im öffentlichen Bewusstsein anscheinend ins Wanken, und es erscheinen in letzter Zeit auch in seriösen Zeitschriften Artikel wie »Wohnt Gott im Gehirn?« und »Beweist die Hirnforschung die Existenz Gottes?«. Trittbrettfahrer der Wissenschaft haben bereits eine neue Disziplin namens »Neurotheologie« erfunden, offenbar in der Meinung, alles, was mit der Vorsilbe »Neuro« versehen wird, erhalte eine höhere Glaubwürdigkeit oder zumindest Attraktivität.

Die Frage, ob Glauben und Wissenschaft miteinander vereinbar sind oder gegeneinanderstehen, war über Jahrhunderte heftig umstritten. Der große mittelalterliche Theologe und Philosoph Thomas von Aquin glaubte, Theologie und Wissenschaft (das war damals im Wesentlichen die Lehre des griechischen Philosophen Aristoteles) miteinander vereinen zu können und auf jedem dieser zwei Wege zu der einen Wahrheit zu finden. Andere Theologen und Philosophen hingegen nahmen die Existenz zweier nebeneinander bestehenden Wahrheiten an – einer theologischen und einer philosophisch-wissenschaftlichen (eine solche Anschauung ist unter den heutigen Theologen wieder verbreitet). Wieder andere betonten den Vorrang der Theologie vor der Philosophie und erst recht vor den empirischen Wissenschaften. Das hieß, dass im Konfliktfall die theologische Wahrheit über der philosophischen und der wissenschaftlichen stand.

Bis weit in die Neuzeit hinein gab es dessen ungeachtet viele Versuche, die Existenz Gottes auf philosophisch-logische oder gar wissenschaftliche Weise zu beweisen – die so genannten *Gottesbe-*

weise. Einer davon ist der »physiko-theologische« Gottesbeweis; Immanuel Kant sagt in der *Kritik der reinen Vernunft* von ihm, er sei »der älteste, klarste und der gemeinen Menschenvernunft am meisten angemessene« Gottesbeweis und verdiene, »jederzeit mit Achtung genannt zu werden«. Dieser Beweis geht aus vom Faktum der wunderbaren Einrichtung der unbelebten und belebten Natur, von Sonne, Mond und Sternen über Pflanzen und Tiere bis hin zur Krone der Schöpfung, dem Menschen, und folgert daraus, dass dies alles nur von einem allmächtigen Schöpfer geschaffen und nicht Produkt des Zufalls oder materieller Kräfte sein könne. Joseph Haydns Oratorium »Die Schöpfung« gibt hierfür ein beeindruckendes Beispiel.

Dabei störte es überhaupt nicht, dass die Naturwissenschaften bereits seit Jahrhunderten dabei waren, die Gesetze der Natur zu entdecken – eine Entwicklung, die ihren ersten grandiosen Abschluss in der Physik Newtons erfuhr. Die überwiegende Zahl der Naturforscher ging völlig selbstverständlich davon aus, dass es sich dabei um Gesetze handelte, die Gott für das Naturgeschehen erlassen hatte, nach denen sich dieses Naturgeschehen strikt richtete – anders als die Menschen gegenüber den von ihnen selbst erlassenen Gesetzen. Etwa zur selben Zeit hatte jedoch Immanuel Kant in seiner *Kritik der reinen Vernunft* trotz seines Respekts allen Gottesbeweisen jegliche Berechtigung abgesprochen. Dieses Urteil war prägend für das moderne Wissenschaftsverständnis: Mit den Dingen der Religion und des Glaubens hat die Wissenschaft sich nicht zu beschäftigen.

Natürlich war dies nicht das letzte Wort in Sachen Wissenschaft versus Gottesglauben, insbesondere weil der Fortschritt der Naturwissenschaften trotz aller sorgfältigen Trennungsbemühungen immer wieder an den Grundfesten traditioneller Theologie rüttelte. Die großen Naturwissenschaftler wie Charles Darwin oder Albert Einstein haben sich ihr eigenes, unorthodoxes Gottesbild zusammengezimmert, das am ehesten in Richtung der Gottesauffassung Baruch Spinozas ging (»Gott und Natur sind identisch«). Wenige waren so radikal in ihrer Religionskritik wie Sigmund Freud, der den Gottesgedanken als Teil des »Über-Ich« sah. Der empirisch-experimentellen Hirnforschung konnte dies gleichgültig sein; niemand wäre bis vor kurzem auf die Idee gekommen, im menschlichen Gehirn nach der Existenz Gottes zu suchen.

Diese Situation hat sich in den letzten Jahren aus mehreren Gründen drastisch geändert. Zum einen sind es hartnäckig wiederkehrende Berichte über so genannte »Nahtodeserfahrungen«, zum anderen Berichte über »Entkörperlichungs-Erlebnisse« (»out-of-body-experiences«), entweder im Zusammenhang mit Nahtodeserfahrungen oder unabhängig davon; und schließlich sind es Berichte von Hirnforschern über den Zusammenhang zwischen Hirnaktivität und religiösen Erlebnissen und Zuständen. Am bekanntesten geworden sind die Untersuchungen des britischen Neurobiologen Vilayanur Ramachandran und seiner Mitarbeiter an Patienten mit so genannter Temporallappen-Epilepsie. Einige Neurobiologen, die sich seit Jahren der naturwissenschaftlichen Erforschung des »Spirituellen« verschrieben haben, aber auch die schon genannten »Neurotheologen« waren schnell mit der Botschaft bei der Hand: Wenn es im Gehirn Zentren für Religiosität und Gottesglauben gibt, dann muss es auch etwas »real Existierendes« dahinter geben. Warum gibt es sonst diese Zentren?

Unser Fachphilosoph fällt angesichts einer solchen denkerischen Einfalt beinahe in Ohnmacht. Es ist jedoch auch hier gut, sich erst einmal an die Berichte zu halten, die diesen Spekulationen zugrunde liegen. Beginnen wir mit dem Phänomen der so genannten Temporallappen-Persönlichkeit, mit dem sich wie erwähnt der Neurologe Ramachandran beschäftigt hat. Dieser Begriff besagt, dass Störungen und Verletzungen des Temporallappens, insbesondere durch die Anwesenheit eines epileptischen Herdes (der so genannten Temporallappen-Epilepsie), zu tiefgreifenden Persönlichkeitsstörungen führen können. Überdurchschnittlich häufig trifft dies für den rechten Temporallappen zu.

Zu den Folgen dieser Störungen gehört neben der Ausbildung einer pedantischen Sprache, Egozentrik, dem Beharren auf persönlichen Problemen im Gespräch, von paranoiden Zügen und einer Neigung zu aggressiven Ausbrüchen auch eine Überbeschäftigung mit religiösen Problemen. Solche Menschen haben Erweckungs- und Erleuchtungserlebnisse, werden vom Saulus zum Paulus, entsagen der Welt und so weiter. Viele fromme Erzählungen innerhalb und außerhalb der heiligen Schriften des Christentums und anderer, auf Offenbarung beruhender Religionen über spirituelle

Zustände heiliger Männer und Frauen ähneln stark diesen neuropsychologischen Befunden.

Wie kann man sich dies aus Sicht der Hirnforschung erklären? Ich habe in den früheren Kapiteln erwähnt, dass der Temporallappen, insbesondere der mittlere und untere, sich an den Hinterhauptslappen anschließende Teil mit bedeutungshaften Bildern, Sprache und Ton umfassenden szenischen Erlebnissen zu tun hat, die rechtshemisphärisch stark emotional eingefärbt sind. Direkt mit dem mittleren und unteren Temporallappen verbunden sind der Hippocampus und die ihn umgebende entorhinale, perirhinale und parahippocampale Rinde als Organisatoren unseres bewusstseinsfähigen Gedächtnisses (siehe das fünfte Kapitel) sowie die Amygdala als Entstehungsort von Gefühlen und Affekten (siehe das achte und neunte Kapitel). Bei Reizung oder Schädigung des mittleren und unteren Temporallappens sind diese Zentren unweigerlich mitbetroffen.

Diese in den letzten Jahren neuroanatomisch und elektrophysiologisch weiter untermauerten Erkenntnisse werfen ein neues Licht auf Zustände, welche die beiden kanadischen Neurologen Penfield und Roberts schon vor vielen Jahren bei Hirnoperationen an Epilepsiepatienten durch direkte elektrische Reizung des freigelegten Temporallappens auslösen konnten. Diese Befunde erregten seinerzeit großes Aufsehen, ohne dass sie recht erklärlich waren. Die Patienten von Penfield und Roberts konnten sich bei der Hirnreizung in scheinbar großer Detailgenauigkeit an zum Teil triviale Ereignisse aus ihrem Leben erinnern. Personen aus dem früheren Leben traten auf und sprachen in ganzen Sätzen, Musik erklang, welche die Patienten mitsangen. Dies führte damals zu der Vermutung, dass alles, was wir jemals erlebt haben, in der Großhirnrinde detailliert gespeichert ist – eine Vermutung, die auch zu den Fähigkeiten von Gedächtniskünstlern passte.

Spätere Untersuchungen konnten diese Befunde nur zum Teil bestätigen. Erstens konnten die Penfield'schen »Rückblenden« nur bei Epilepsie-Patienten gut ausgelöst werden, zweitens war es mit der Detailtreue wohl nicht so gut bestellt wie gedacht. Zugleich fand man aber, dass eine Reizung des unteren Temporallappens sowie der Amygdala auch bei Nicht-Epilepsie-Patienten traumartige Erlebnisse hervorruft und ebenso den Eindruck, etwas schon erlebt zu haben. Dies ist das in Kapitel 5 bereits erwähnte Déjà-vu-Phänomen. Aus neurobiologischer Sicht könnte es sein, dass eine Reizung von Amygdala und Hippocampus Inhalte aus dem deklarativen und emotionalen Gedächtnis aufruft und über das Vertrautheitsgedächtnis mit der falschen *subjektiven Gewissheit* verbindet, dies so und nicht anders erlebt zu haben, und denselben Effekt könnte eine Unterversorgung dieser Zentren mit Sauerstoff haben.

Es ist also nicht unerklärlich, dass eine Beschädigung des rechten Temporallappens und der Amygdala oder zumindest ihrer corticalen Eingänge aufgrund einer Verletzung, eines Schlaganfalls oder eines epileptischen Anfalls zu tiefgreifenden Persönlichkeitsveränderungen führt, wie sie ein jüdischer Christenverfolger namens Saulus vor Damaskus erlebte, der dann zum Apostel Paulus wurde. Ähnliches könnte den Erweckungserlebnissen oder Offenbarungserfahrungen von Propheten oder Religionsstiftern zugrunde liegen.

Insgesamt aber sind religiöse oder mystische Erfahrungen außerordentlich heterogen. Man kann sie in drei Gruppen einteilen. Bei der ersten Gruppe geht es um Detailszenen mit einer Erscheinung Gottes (relativ selten), der Jungfrau Maria, von Engeln oder Heiligen und mehr oder weniger konkreten Botschaften. Auch kommt es zu Einblicken in das Paradies bzw. das Jenseits, die Hölle oder die Zukunft und zu entsprechend angenehmen oder furchterregenden Ereignissen (man denke an Dantes *Göttliche Komödie*). Bei der zweiten Gruppe handelt es sich um Veränderungen der körperlichen Befindlichkeit, Loslösung vom eigenen Körper, um ein Eins-Werden mit dem Universum, was man in der Psychiatrie »ozeanische Entgrenzung« nennt. Die dritte Gruppe umfasst Zustände großen Glücks und Wohlbefindens, meist zusammen mit starken Licht- oder Musikempfindungen. Natürlich können Zustände aus allen drei Bereichen in Kombination auftreten.

Am bekanntesten sind diese Geschehnisse zusammen mit so genannten Nahtodeserfahrungen. Nach einer einschlägigen Zusammenfassung im Internet (nachzulesen unter www.nahtod.de) geht es dabei um folgende Erlebnisse. Patienten, bei denen die Ärzte mehr oder weniger eindeutig den Tod festgestellt haben wollen, bewegen sich durch einen langen, dunklen Tunnel, der zum Teil Furcht erregt; sie schweben und fühlen sich außerhalb ihres Körpers bzw. »befreit« von ihm, zum Teil können sie ihren leblosen Körper von oben ansehen. Andere haben weiterhin Körperempfindungen, aber ihr Körper wird von ihnen *ganz anders* erlebt. Am Ende des Tunnels, der zuweilen auch als Brücke erlebt wird, sind meist Licht und Wärme spürbar, oft gepaart mit einem unbeschreiblichen Glücksgefühl.

Nach diesem Übergang ins »Jenseits« treffen die Nahtod-Patienten häufig auf verstorbene Personen, die sie freundlich anreden. Andere erleben unendlich weite und schöne Landschaften, die an Paradiesvorstellungen erinnern. Auch kommt es häufiger zur Begegnung mit einem »Lichtwesen«, das meist unpersönlich ist, aber mit ihnen sprachlich oder nichtsprachlich kommuniziert; gelegentlich nimmt es auch die Gestalt von Jesus, der Jungfrau Maria oder anderer Heiliger an. Häufig wird auch von einer äußerst schnellen und zugleich umfassenden »Rückblende« des gesamten Lebens einschließlich einer Gesamtschau der eigenen Persönlichkeit berichtet. Die Patienten haben schließlich das Gefühl, dass irgendetwas sie zurückzwingt, und sie kehren unter Bedauern in die irdische Welt zurück. Viele von ihnen sind nach eigener Aussage danach ein »ganz anderer Mensch«.

Solche Erlebnisse werden gern als Berichte aus dem Jenseits interpretiert. Allerdings sind bei einer solchen Deutung mehrere Dinge zu berücksichtigen. Viele dieser Erlebnisse werden auch von Personen berichtet, die nicht »klinisch tot« waren. Ich selbst habe in jungen Jahren einige dieser Erlebnisse gehabt, nachdem ich die Unvorsichtigkeit begangen hatte, mit dem Auto auf einem unbeschrankten und unbeleuchteten Bahnübergang vor einen Zug zu fahren, und ca. 100 Meter mitgeschleift wurde. Ich überlebte mit mehreren Beckenbrüchen und anderen leichteren Verletzungen, schwebte aber nicht wirklich in Todesgefahr. Ich hatte im Stadium äußerlicher Bewusstlosigkeit traumartige Erlebnisse mit Tunnelblick und Licht am Ende sowie ein unbeschreibliches Glücksgefühl, jedoch keine »Entkörperlichung« oder Lebens-Rückblende.

Bei genauer Prüfung gibt es keinen systematischen Zusammenhang zwischen einer wirklichen Todesgefahr oder Todesnähe einerseits und Nahtoderfahrung andererseits. Am ehesten scheint es nach Auskunft des früheren Bonner Neurologen Professor Detlev Linke eine gewisse Verbindung zwischen der Situation des Ertrinkens (bei späterem Gerettetwerden) und Lebens-Rückblenden zu geben, aber solche Rückblenden treten auch bei anderen plötzlichen großen Gefahrensituationen auf, ohne dass der Tod wirklich nahe ist. *Überraschung* scheint hier wichtig zu sein, denn todgeweihte Patienten, die sich lange auf den Tod vorbereiten können, haben zwar oft Todesängste, aber keine der geschilderten Nahtodeserfahrungen.

Was lässt sich aus Sicht der Hirnforschung zu diesen Nahtodeserlebnissen sagen? Bekannt ist seit längerem, dass Änderungen unserer Körpererfahrung, insbesondere was den Zustand der »Entkörperlichung« und des Eins-Werdens mit der Welt (»ozeanische Entgrenzung«) betrifft, mit einer veränderten Funktionsweise des parietalen Cortex zusammenhängen. Wie erinnerlich (siehe Kapitel 2) entsteht im Scheitellappen das Selbsterleben des eigenen Körpers, das Gefühl der Körperidentität (»ich stecke in *meinem* Körper«), der räumlichen Verortung und die Konstruktion des näheren und entfernteren Raumes um den Körper herum. Eine Unterversorgung mit Sauerstoff oder Verletzungen im Bereich des Parietalcortex führen oft zu bizarren Veränderungen dieser Erlebniszustände, die sich in der Trennung von Ich-Gefühl und Körper, im Gefühl des Schwebens und der Entgrenzung äußern.

Vor wenigen Jahren berichteten in der Zeitschrift *Nature* Schweizer Neurologen von Befunden an einer Patientin, die an epileptischen Anfällen litt. Bei dieser Patientin konnten mithilfe einer direkten elektrischen Stimulation des parietalen und temporalen Cortex viele der oben genannten »Nahtodeserfahrungen« ausgelöst werden. Hierzu gehörte eine ausgeprägte Trennung von Ich und Körper. Die Patientin berichtete im Zustand der Hirnreizung, sie könnte ihren Körper von oben betrachten, und zwar etwa zwei Meter oberhalb des Bettes, und hätte das Gefühl des Schwebens oder Schwimmens und allgemein einer großen Leichtigkeit. Ebenso berichtete sie von Empfindungen hellen Lichtes.

Die körperbezogenen Halluzinationen waren besonders deutlich, wenn der parietale Cortex gereizt wurde; visuelle Halluzinationen traten vermehrt auf, wenn der temporale Cortex stimuliert wurde, und komplexe Kombinationen beider Erlebnisse traten bei Reizung in Höhe des Gyrus angularis im Übergangsbereich zwischen Parietal- und Temporallappen auf. Der Gyrus angularis ist ein wichtiges corticales Konvergenzzentrum visueller, auditorischer, somatosensorischer und vestibulärer Informationen. Bekannt ist inzwischen auch, dass tiefe Meditation, die ebenfalls zum Gefühl der »Entkörperlichung« und »Entgrenzung« sowie des Einsseins mit dem Universum führt, mit einer deutlichen Senkung der Aktivität des Parietallappens einhergeht.

Der ebenfalls häufig erlebte Tunnelblick mit Licht am Ende des Tunnels könnte durch eine Beeinträchtigung der Augenbewegungen und der räumlichen visuellen Aufmerksamkeit erklärt werden, an denen ja ebenfalls der Parietallappen beteiligt ist. Wenn weiter ausgreifende Augenbewegungen ausfallen, dann beschränkt sich das Sehen auf einen engen Bereich im Sehfeld direkt »vor der Nase«, und nur dieser Bereich erscheint dann hell, umgeben von Dunkelheit, was einer Tunnelsituation gleicht. Es könnte aber auch sein, wie Detlev Linke vermutet, dass diese Effekte auf eine Sauerstoff-Unterversorgung der Netzhaut oder der primären visuellen Rinde im Hinterhauptscortex zurückgehen, die ja beide den gesamten Sehraum umfassen. Es ist zum Beispiel bekannt, dass die seitlich (peripher) gelegenen Netzhautbereiche mehr unter einem Sauerstoffdefizit leiden als die zentralen Bereiche. Die Erlebnisse starker Helligkeit könnten nach Linke beim »Wiederanfahren« der Netzhautfunktion auftreten. Solche Erfahrungen scheinen auch bei einer Narkose mit Barbituraten aufzutreten und nicht nur in Todesnähe.

Wir müssen uns bei diesen neurobiologischen Erklärungen von Nahtoderfahrungen an dasjenige erinnern, was ich in Kapitel 2 erläutert habe, nämlich dass unser Ich, unser Körper und die beide umgebende Welt ein kompliziertes Konstrukt des Gehirns sind, das vom Gehirn in jedem Augenblick *aktiv* aufrechterhalten werden muss, und das schnell zusammenbricht, wenn die daran beteiligten Hirnzentren in ihren Funktionen beeinträchtigt sind. Insofern ist es kein Wunder, dass die drei grundlegenden Erlebniskomponenten unserer Erfahrungswelt, nämlich Ich, Körper und Umwelt, sich voneinander trennen oder sich in ihrem Verhältnis zueinander stark ändern können und man den Eindruck hat, das eigene Ich schwebe über dem eigenen Körper.

Etwas Ähnliches, nämlich das »Doppelgänger-Phänomen« wird häufiger beim Bergsteigen in großen Höhen bei akutem Sauerstoffmangel beschrieben. Meines Wissens erstmalig ausführlich von dem Naturforscher Alexander von Humboldt bei seiner berühmten Besteigung des 6310 Meter hohen Chimborazo in Ecuador (dieser Berg galt damals als der höchste Berg der Erde). Von Humboldt berichtete, er habe wiederholt den Eindruck gehabt, sich selbst vor sich herlaufen zu sehen. Im klinischen Bereich treten Doppelgänger-Halluzinationen bei Patienten auf, die im Übergangsbereich des Temporal-, Okzipital- und Parietallappen Verletzungen oder Erkrankungen haben. Dies induziert ebenfalls eine bizarre Verformung der (konstruierten) Einheit von Ich und Körper.

Das große Glücksgefühl, das auch ich bei meinem Unfall erlebte, ist am einfachsten als Folge einer massiven Ausschüttung von endogenen Opiaten zu erklären, wie sie häufiger bei schweren Verletzungen auftritt und zu momentaner Schmerzlosigkeit führt. Schwerer zu erklären sind dagegen die szenischen Erlebnisse und die »Rückblende im Zeitraffer«. Bei beidem kann man annehmen, dass es zu einer massiven Aktivierung des episodischen Gedächtnisses kommt, vermischt mit imaginierten Inhalten, wie dies bei den epileptischen »Rückblende«-Patienten von Penfield der Fall war. In beiden Gruppen von Personen wird die Traumartigkeit des Erlebens häufig hervorgehoben, was auf eine Beteiligung der Amygdala hindeutet.

Die autobiographische Rückblende in hoher Geschwindigkeit ist besonders rätselhaft. Der bereits zitierte Bonner Neurologe Detlev Linke vermutet, dass dies mit einer Störung mit spezifischen Glutamat-Rezeptoren, so genannten NMDA-Rezeptoren, zu tun hat, von denen er wiederum annimmt, dass sie mit der Entstehung des Zeitgefühls zu tun haben. Ob dies so ist, ist ganz unklar. Immerhin ist jedem von uns bekannt, dass die erlebte Zeit außerordentlich variieren und einmal kriechen und ein andermal im Fluge vergehen kann. Man vermutet, dass autobiographische Ereignisse im Hippocampus entlang der zeitlichen Erlebnisachse räumlich gespeichert werden, und ein wie auch immer verursachter »schneller Durchgang« durch den Hippocampus entlang dieser Achse könnte den Zeitraffer-Effekt verursachen (ebenso die Tatsache, dass dieser Durchgang in beiden Richtungen vonstatten gehen kann).

Wie wir gesehen haben, sind die genannten Entkörperlichungs-Phänomene bei Nahtoderfahrungen oder tiefer Meditation, aber auch die Tunnel-, Licht- und Glückserfahrungen zwar merkwürdig, aber nicht unerklärlich. Sie treten auch unabhängig von Nahtod-Situationen auf bzw. können experimentell hervorgerufen werden, und sie stimmen mit bekannten Fehlfunktionen der Großhirnrinde, insbesondere des Parietal- und Temporallappens überein. Heißt all dies, dass religiöse Erfahrungen nur Illusionen unseres Gehirns sind?

Sicher vermehren diese wissenschaftlichen Erkenntnisse die Skepsis gegenüber den Berichten über Offenbarungen und Erleuchtungen von Propheten und Religionsstiftern. Besonders zu denken gibt die Tatsache, dass die Geschehnisse, die aus dem »Jenseits« berichtet werden, stark den hiesigen Verhältnissen gleichen. Die Menschen, die dort angetroffen werden, sind zwar alle glücklich und gut, aber ansonsten verhalten sie sich wie im Diesseits und tragen auch diesseitige Kleidung. Auch die Landschaften sehen sehr diesseitig aus. Dass das Jenseits eine etwas schönere Kopie diesseitiger Verhältnisse sein soll, können eigentlich nur naive Gläubige erwarten. Deshalb behandeln die offiziellen christlichen Kirchen diese Nahtod-Berichte mit großer Zurückhaltung.

Letztlich bedeuten die genannten Befunde nur, dass es offenbar zur psychischen Ausstattung des Menschen gehört, unter bestimmten Bedingungen religiöse, spirituelle oder mystische Erlebnisse zu haben. Daraus folgt weder zwingend, dass solche Erlebnisse irgendeinen realen Bezug haben, noch folgt daraus zwingend, dass der Glaube an Gott oder an ein Jenseits reine Illusion ist. Als toleranter Konstruktivist wird man es aber für unwahrscheinlich halten, dass das Wesen Gottes und die Beschaffenheit des Jenseits – sollte es beides geben – in irgendeiner Weise diesseitigen Verhältnissen ähnelt. Eher wären Zustände zu erwarten, die alle unsere irdischen Vorstellungen übersteigen.

Es ist sehr zu begrüßen, dass innerhalb der vergangenen Jahre in den christlichen Konfessionen die Bereitschaft stark wächst, mit der Hirnforschung »ins Gespräch« zu kommen und zu akzeptieren, dass es für die meisten religiösen Erlebnisse natürliche ebenso wie wissenschaftliche Erklärungen gibt. Die neuen medizinischen Erkenntnisse über die enge Beziehung zwischen Psyche, Gehirn und Immunsystem lassen die »unerklärlichen« Fälle von Wunderheilungen auch in den Augen gläubiger Mediziner auf ein Minimum schwinden – ganz abgesehen von den spektakulären Betrugsfällen berühmter Wunder oder Wundmale.

Natürlich weiß niemand, wohin eine engere und aufrichtige Diskussion zwischen Hirnforschung und Psychologie auf der einen Seite und Theologie auf der anderen führt. Beeindruckend in dieser Hinsicht sind Aussagen von gläubigen Wissenschaftlern und auch von Theologen, dass noch niemand Gott gesehen oder gehört habe.

Die Sehnsucht nach Unsterblichkeit spielt in der Religiosität vieler Menschen eine wichtige Rolle, und die Gründe dafür sind vielfältig. Nun muss man eine solche Sehnsucht nicht unbedingt mit der bisher unbewiesenen Existenz eines Jenseits verbinden, sondern man kann überlegen, ob Unsterblichkeit nicht auch diesseitig zu verwirklichen ist. Man kann natürlich seine Hoffnung darauf setzen, dass man nach dem eigenen Ableben im Andenken der Hinterbliebenen weiterlebt und dadurch unsterblich wird. Man kann sich auch trösten, dass man zum Teil wenigstens biologisch in den Genen der eigenen Nachkommen (sofern vorhanden) fortexistiert. All dies ist nur ein schwacher Trost, denn worauf es beim Wunsch nach Unsterblichkeit ankommt, ist die *Fortexistenz des eigenen Bewusstseins*. Deshalb scheiden auch alle Lösungen aus, die eine naturgetreue Kopie des eigenen Gehirns und Körpers vorsehen, sei es als Klon oder als Roboter, ganz abgesehen von den technischen Problemen, die damit verbunden sind.

Solche jüngeren Ausgaben von mir hätten eventuell dasselbe Bewusstsein, aber es wäre ein von mir getrenntes, eigenes Bewusstsein, so wie zwei eineiige Zwillinge zwei Bewusstseine haben und nicht eines. Wenn einer von ihnen stirbt, so ist sein Bewusstsein zu Ende; es lebt nicht im Bewusstsein des anderen weiter. Utopien, die das »Hinüberbeamen« meines Bewusstseins in einen dafür geeigneten Träger vorsehen, bevor ich das Zeitliche segne, scheitern nach heutiger Kenntnis an der Tatsache, dass Bewusstsein auch nicht für einen winzigen Zeitraum von seinem materiellen Träger abtrennbar ist. Das müsste es aber sein, wenn es übertragbar sein sollte.

Es gibt nur zwei Wege, die – eine geeignete Technologie vorausgesetzt – uns unter günstigsten Bedingungen zu einem langen bewussten Leben verhelfen könnten. Der eine Weg besteht darin, dass es aufgrund sehr fortgeschrittener medizinischer Techniken gelingt, den natürlichen Alterungsprozess nicht nur des Körpers, sondern auch des Gehirns aufzuhalten bzw. Regenerationsprozesse zu induzieren, die es im Gehirn bisher nicht gibt. Dies müsste allerdings so geschehen, dass die bisherigen Gehirnfunktionen davon nicht beeinträchtigt sind. All das ist erst einmal reine Utopie.

Der zweite Weg wäre eine ganz allmähliche Ersetzung alternder Hirnregionen durch biologisches oder künstliches Ersatzgewebe.

Würde man diesem Gewebe die Chance geben, sich in das vorhandene Hirngewebe einzufügen, dann könnte sich trotz eines langsamen, aber ständigen Ersatzes des alternden Hirngewebes die bewusste Identität vielleicht erhalten. Mein Gehirn bestünde zum Schluss vielleicht nur noch aus Ersatzgewebe, aber das würde meine geistig-psychische Fortexistenz eventuell tolerieren.

Dies beruht natürlich auf der absolut kühnen Annahme, dass es einmal möglich sein wird, ein biologisches neuronales Gewebe zu züchten oder künstliche neuronale Netzwerke zu erzeugen, die natürlichen neuronalen Geweben funktional gleich sind und zudem mit ihnen ohne irgendwelche Komplikationen interagieren können. Hierüber habe ich bereits im Zusammenhang mit künstlichem Bewusstsein und künstlicher Intelligenz gesprochen. Das alles ist noch in weiter Ferne, und bis dahin müssen wir uns wohl oder übel mit unserer Sterblichkeit abfinden.

12. Wissenschaft und Wahrheit

Was ist Wahrheit?

In der Passionsgeschichte des Johannes-Evangeliums steht Jesus vor dem römischen Gouverneur Pontius Pilatus. Es wird ihm vorgeworfen, er wolle sich zum König von Judäa aufschwingen, das von den Römern besetzt ist. Pilatus fragt Jesus: »Bist du ein König?« Jesus antwortet ihm: »Ich bin ein König. Ich bin dazu geboren und in die Welt gekommen, dass ich die Wahrheit zeugen soll. Wer aus der Wahrheit ist, der hört meine Stimme.« Darauf bemerkt Pilatus: »Was ist Wahrheit?« Es ist meines Wissens unklar, was Pilatus damit meinte. Handelte es sich um eine echte Frage oder war Pilatus ein Skeptiker und wollte eigentlich sagen: »Was ist schon Wahrheit!«?

Die Frage, was man unter dem Begriff »Wahrheit« zu verstehen habe, gehört zu den grundlegenden Fragen der Philosophie und ist zugleich von alltäglicher Bedeutung. Wir werden ständig mit Nachrichten und Behauptungen überschüttet und können das wenigste davon überprüfen. Wir müssen uns also auf die Aussagen anderer verlassen; oft hängt unser Wohlergehen und manchmal gar unser Leben davon ab. Welche Mittel haben wir, um wahre von falschen Aussagen zu unterscheiden? Was ist überhaupt Wahrheit?

Wäre Pilatus ein philosophisch versierter Mensch gewesen (vielleicht war er das ja) und hätte er mit Jesus einen Disput über die Wahrheit begonnen, so hätte er ihm zuallererst vorgeworfen, einen unzulässigen Wahrheitsbegriff zu verwenden, insbesondere mit der anderen Aussage: »Ich bin der Weg, die Wahrheit und das Leben!« Menschen – so hätte Pilatus gesagt – können nicht »wahr« sein; und es kann auch keinen »wahren« Bach (der bekanntlich in seiner Johannes-Passion die obige Szene vertont hat) geben und keinen »wahren Gott« (der in den Kantaten Bachs häufig beschworen wird). Ebenso können Zustände und Objekte nicht »wahr« sein. Insofern ist die Anschauung Platons, dass die unsterblichen Ideen »wahr« seien (im Gegensatz zu den trügerischen Erscheinungen der Welt), unsinnig. Die heute gängige wahrnehmungstheoretische Meinung lautet: Wahr oder falsch, d. h. »wahrheitsfähig«, können nur *Aussagen (Behauptungen) über Tatbestände* sein, wie »es regnet« oder »der Mars ist ein Planet«.

Es kommen weitere Einschränkungen hinzu. Wahrheitsfähige Aussagen dürfen nach verbreiteter wissenschaftstheoretischer Auffassung nur Begriffe beinhalten, die genau definiert sind oder deren Sinn intuitiv verständlich ist. Die Aussage »Der Molz ist ein spiritueller Planet« kann nur dann wahr oder falsch sein, wenn klar ist, was ein »spiritueller Planet« ist. Diese scheinbar klare Feststellung hat aber einen kleinen Haken. Es kann sein, dass einige Leute zu wissen meinen, was ein »spiritueller Planet« ist, und für sie sind die beiden Aussagen *wahrheitsfähig*, d. h., sie können wahr oder falsch sein; andere wissen das nicht und halten die Aussagen für nicht wahrheitsfähig. So wird es vielen Nicht-Neurobiologen mit dem Satz »Glutamat ist ein Neurotransmitter« gehen. Wir sehen, dass Aussagen niemals an sich, sondern immer nur in einem bestimmten *Bedeutungszusammenhang*, in dem die verwendeten Begriffe einen eindeutigen Sinn haben, wahrheitsfähig sein können.

Das Postulat der begrifflichen Anschlussfähigkeit

Man könnte dies als eine stark relativistische Auffassung von Wahrheit ansehen in dem Sinne, dass Wahrheitsaussagen ausschließlich bereichsbezogen sind, wie es der radikale Konstruktivismus behauptet, aber dies ist nicht gemeint. Die in einem bestimmten Begriffssystem verwendeten Begriffe dürfen nämlich nicht ausschließlich in diesem System eindeutig sein, sondern sie müssen eine Anschlussfähigkeit an umfassendere Begriffssysteme aufweisen. Nehmen wir zur Erläuterung unseren Satz: »Der Molz ist ein spiritueller Planet« und die damit verbundene Definition: »Ein spiritueller Planet ist ein Planet, dessen Existenz und Eigenschaften nur mit spirituellen Mitteln erfahren werden können.« Anhängern dieser fiktiven Planetenlehre mag es klar sein, was »spirituelle Mittel« sind, und auch Nicht-Anhänger könnten sich darunter so etwas wie Meditation vorstellen. Es gibt aber kein in sich konsistentes und allgemein akzeptiertes Begriffssystem für den inzwischen sehr in Mode gekommenen Begriff »Spiritualität«. Die Aussage über den spirituellen Planeten Molz ist also nicht an ein umfassenderes Begriffssystem anschlussfähig.

Bei dem Satz »Glutamat ist ein Neurotransmitter« ist dies anders. Wer diesen Satz nicht versteht, kann in neurobiologischen

Lehrbüchern eine genaue Definition der Begriffe »Glutamat« und »Neurotransmitter« finden, die ihrerseits Begriffe verwenden, die genau definiert sind. Diese beziehen sich dann früher oder später auf Begriffe und Vorgänge außerhalb der Neurobiologie, z. B. auf solche, die mit chemischen oder physikalischen Vorgängen an Zellmembranen zu tun haben. So ergibt sich von sehr lokalen Definitionen ausgehend ein Anschluss an immer allgemeinere Definitionen bis hin zu den Grundbegriffen der Physiologie, Chemie und Physik.

Natürlich ist eine völlige »Durchgängigkeit« naturwissenschaftlicher Begriffe ein Ideal und oft nicht durchführbar. Bekanntlich können einige fundamentale Gegebenheiten der Quantenphysik und der makroskopischen Physik bisher nicht zueinander in Beziehung gesetzt werden (das wohl bekannteste Beispiel betrifft die Einsinnigkeit des Verlaufs der Zeit), aber das wird von allen Physikern als Manko empfunden. Ähnliches gilt für komplexe Prozesse in der Biologie, wenn es zum Beispiel um das Verhalten von Mensch und Tier oder um evolutive Vorgänge geht. Auch hier ist man von einer physikalisch-physiologischen Definition der Begriffe zum Teil noch weit entfernt, aber – und das ist das Wichtigste – man bemüht sich darum.

Natürlich ergibt sich hier sofort die Frage, in welchem Maße eine solche Anschlussfähigkeit verwendeter Begriffe nur für die Naturwissenschaften oder auch für die Geistes-, Kultur- und Sozialwissenschaften gelten soll. Zweifellos betrachten sich zum Beispiel Psychologie, Ökonomie, die Rechtswissenschaften, die Geschichtswissenschaften, die Sprach- und Literaturwissenschaften als Systeme von Aussagen, die letztendlich wahrheitsfähig sind. In der Psychologie herrscht im deutschsprachigen Raum zugleich seit langem ein erbitterter Streit darüber, ob diese Disziplin als eine Naturwissenschaft oder eine Geisteswissenschaft zu betrachten sei. Entsprechend ist Psychologie an den einen Universitäten Teil der naturwissenschaftlichen und an den anderen Teil der geisteswissenschaftlichen Fakultät. Im ersteren Fall wird damit gefordert, dass dasjenige, was Psychologen tun und sagen, generell an die Begriffssysteme und Methoden der übrigen Naturwissenschaften anschlussfähig ist. Eine ähnliche Spaltung existiert auch für die Anthropologie, die dann als Kompromiss häufig in eine »biologische Anthropologie«, eine »Sozialanthropologie« und eine »philosophische Anthropologie« aufgeteilt wird. Für die Ökonomie, die Rechts-, Sprach- und Literaturwissenschaften ergibt sich dieses Problem nicht in dieser direkten Weise wie für die Psychologie und die Anthropologie. Aber auch hier stellt sich zunehmend die Frage, inwieweit »Brückentheorien« nicht einen begrifflichen Anschluss an die Naturwissenschaften herstellen können. Ich werde hierauf noch zu sprechen kommen.

Das Postulat der empirischen Überprüfbarkeit

Ein weiterer wichtiger Aspekt der Wahrheitsfähigkeit von Aussagen lautet: Aussagen (Behauptungen) sind nur dann wahrheitsfähig, wenn klar ist, wie man die Behauptung überprüfen kann. Behauptungen, die nicht überprüfbar sind, gelten als nicht wahrheitsfähig. Dabei kann es sich um eine grundsätzliche oder eine praktische Nicht-Wahrheitsfähigkeit handeln. Die Aussage »es regnet« ist leicht nachprüfbar, indem man vor die Tür tritt und feststellt, ob man nass wird (man kann das natürlich auch auf kompliziertere Weise tun). Die Aussage »Es regnet an manchen Stellen der Erde, ohne dass jemand davon irgendetwas merkt«, ist *grundsätzlich* nicht wahrheitsfähig, denn nicht erfahrbare Dinge können nicht wahr oder falsch sein, auch wenn wir an ihre Existenz glauben mögen. Die Aussage »Es hat am 1. Januar 1789 auf der Spitze des Mount Everest geschneit« ist *praktisch* nicht nachprüfbar, weil bis zum Jahre 1953 (allem Anschein nach) niemand auf dem Mount Everest jemals gewesen war und dies hätte feststellen können, aber es ist natürlich im Prinzip nachprüfbar (zum Beispiel durch sehr exakte zeitliche Datierungen der Schneelagen auf dem Mount Everest).

Was aber heißt »Überprüfbarkeit«? Für die Naturwissenschaften bedeutet dies *empirische* Überprüfbarkeit. Wenn ich als Neurobiologe die Behauptung aufstelle, dass der im Cortex des Menschen von mir entdeckte bewusstseinserzeugende Stoff »Mentalin« ein Neurotransmitter sei (einen solchen Stoff gibt es natürlich gar nicht!), dann ist diese Aussage nur dann wahrheitsfähig, wenn in meiner Disziplin ein akzeptiertes Verfahren existiert, mit dessen Hilfe man empirisch-experimentell prüfen kann, ob ein Stoff ein Neurotransmitter ist. Die Verlässlichkeit dieses Verfahrens setzt wiederum akzeptierte Mess- und Prüfmethoden voraus. Beruht der

Beweis für Mentalin als Neurotransmitter auf umstrittenen Verfahrensweisen, dann muss ich erst einmal die Verlässlichkeit dieser Verfahrensweisen beweisen, ehe ich an den Nachweis von Mentalin als Transmitter herangehen kann. All dies gehört zum Alltagsgeschäft naturwissenschaftlicher Forschung.

Bei der empirischen Überprüfung versucht man generell Aussagen, an deren Wahrheitsgehalt man erst einmal zweifeln kann, auf Aussagen zurückzuführen, an denen ein Zweifel letztendlich unsinnig erscheint. Im obigen Beispiel ist die Aussage »es regnet« zunächst bezweifelbar, insbesondere wenn sie von einem Familienmitglied geäußert wird, das keine Lust hat, eine Wanderung mitzumachen. Die empirische Überprüfung ist aber einfach; man tritt auf die Straße und stellt fest, dass es in Strömen regnet und man binnen einer Minute völlig nass ist (dann war die Aussage *wahr*), oder es zeigt sich kein Wölkchen am Himmel (dann war die Aussage *falsch*). Hier ist die *sinnliche Wahrnehmung* die Grundlage für das Wahrheitsurteil.

Sinnliche Wahrnehmungen sind allerdings nicht immer verlässlich, wie wir im vierten Kapitel gehört haben. Aufgrund ihrer hohen Konstruktivität gibt es keine verlässlichen Schlüsse von einer Wahrnehmung auf ein tatsächliches Geschehen. Ein Irrtum mag im Falle des strömenden Regens wenig wahrscheinlich sein, aber bei komplexen Wahrnehmungsvorgängen wie der Farb- und Bewegungswahrnehmung und erst recht bei der Wahrnehmung bzw. dem vermeintlichen Wiedererkennen von Objekten, Personen und ganzen Szenen sind Zweifel angebracht. Allein schon der Effekt der selektiven Aufmerksamkeit kann dazu führen, dass für uns Dinge nicht existent sind, die aus Sicht eines Beobachters direkt vor unserer Nase liegen. Über das Ausmaß, in dem Erwartung und Vorwissen unsere aktuelle Wahrnehmung bestimmen, lassen sich Bände füllen. Dies führt zu der Erkenntnis, dass komplexe Wahrnehmungsleistungen aus Gründen der grundlegenden Konstruktivität der Wahrnehmung immer »trügerisch« sein können, und zwar unabhängig von der subjektiven Gewissheit des Wahrnehmenden. Überdies fallen komplexe Wahrnehmungsleistungen individuell oft sehr verschieden aus. Jeder Mensch sieht die Welt bekanntlich verschieden, nur merkt er meist nichts davon.

Dies sind die Gründe dafür, dass wir in den Naturwissenschaften bei der empirischen Überprüfung von Sachverhalten nicht bloß unsere Sinnesorgane, sondern *Instrumente* benutzen, bei denen »Ablesefehler« minimal sind, und dass es genaue Vorschriften gibt, wie man die dabei erhobenen Daten weiterzuverarbeiten hat. Messungen sind in aller Regel zu wiederholen und einer statistischen Analyse zu unterziehen, um Abweichungen in den Messungen oder Schwankungen in den zu messenden Phänomenen (mehr oder weniger) auszugleichen. All dies zielt darauf ab, eine Menge an Befunden zu erhalten, an denen bis zum Beweis des Gegenteils nicht mehr vernünftig gezweifelt werden kann. Alle Aussagen in den Naturwissenschaften benötigen eine solche empirische Basis, und hieran werden sie *verifiziert* oder *falsifiziert*. Selbstverständlich werden hierdurch Aussagen nicht in einem absoluten oder objektiven Sinne wahr. Es kann sich herausstellen, dass die verwendeten Messmethoden doch nicht zuverlässig oder die angewandten statistischen Verfahren nicht adäquat waren, und dass es sich bei den beobachteten Phänomenen um Artefakte handelte und folglich bei der ganzen Erklärung um einen grandiosen Irrtum.

Ein berühmtes und viel analysiertes Beispiel für das Wechselspiel von Modell und empirischen Befunden sind die Theorien über den »Kosmos«, genauer: über unser Sonnensystem. Im Altertum und bis in die Neuzeit hinein hatte man ein geozentrisches Weltbild, in dem die Erde im Mittelpunkt des Universums steht und die Sonne, die »Fixsterne« und die Planeten um sie kreisen. Da nur die »Fixsterne« und die Sonne sich auf regelmäßigen Bahnen bewegten und die Planeten merkwürdige, vorwärts- und rückwärtslaufende Bewegungen auszuführen schienen (ihr Name besagt ja »Umherirrende«), musste der antike Naturforscher Ptolemäus eine komplizierte Theorie der Zykeln und Epizykeln (das sind kleine Kreisbewegungen kombiniert mit größeren Kreisbewegungen) entwickeln, die aber dann gut mit den astronomischen Beobachtungen übereinstimmte. Die Seefahrer konnten sich auf die entsprechenden Berechnungen verlassen, und das war ja wohl der beste Beweis für ihre Richtigkeit. Kopernikus hatte mit seinem *heliozentrischen* Weltbild, das die Sonne in den Mittelpunkt des »Kosmos« rückte, die grundsätzlich richtigere Idee. Da er aber für die Bahn der Planeten einschließlich der Erde gleichförmige Bewegungen auf kreisförmigen Umlaufbahnen annahm, waren die Voraussagen seines Systems schlechter als die des Ptolemäischen Systems. Erst die Entdeckung Keplers, dass die Bahnen Ellipsen sind und sich die Planeten mit veränderlicher

Geschwindigkeit (d. h. in Abhängigkeit vom Abstand zur Sonne) bewegen, machte genaue Berechnungen möglich.

Die Geschichte der Neurobiologie ist ebenfalls voll von Irrtümern großer Geister. Man kannte schon im 18. und zu Beginn des 19. Jahrhunderts durch genaues Sezieren von tierischen und menschlichen Gehirnen deren gröberen Aufbau, aber über ihre Feinstruktur wusste man nichts. Die Mikroskope waren bis zur zweiten Hälfte des 19. Jahrhunderts so schlecht, dass sie mehr Artefakte produzierten als Tatsachen, und große Neuroanatomen lehnten es entsprechend ab, ein Mikroskop zu benutzen. Erst die revolutionären Fortschritte in der Glastechnik und im Mikroskopbau in der zweiten Hälfte des 19. Jahrhunderts, die mit den Namen Carl Zeiss, Ernst Abbe und Otto Schott verbunden sind, lieferten verlässliche Instrumente, die dann in der Hand des spanischen Forschers Santiago Ramón y Cajal die Neurobiologie revolutionierten. Er und andere Neuroanatomen des ausgehenden 19. und beginnenden 20. Jahrhunderts konnten zeigen, dass die rätselhaften »Ganglienkugeln« und die Fasern im Gehirn nicht zwei unabhängige Strukturen waren, sondern Zellkörper, Dendriten und Axone von Nervenzellen.

Es war allerdings weiterhin unklar, ob diese Nervenzellen ineinander bruchlos übergingen (ein »Syncytium« darstellten) oder echte Zellkontakte bildeten, zwischen denen sich ein winziger Spalt befand. Es ist eine Ironie der Wissenschaftsgeschichte, dass zwei bedeutende Neuroanatomen, die für ihr Werk im Jahre 1906 zusammen den Nobelpreis erhielten, nämlich Camillo Golgi und Santiago Ramón y Cajal, jeweils in ihren Nobelpreisreden diese beiden gegensätzlichen Theorien vertraten. Wie im ersten Kapitel ausgeführt, hatte Ramón y Cajal recht: Nervenzellen bilden über Synapsen miteinander Kontakte, die durch den synaptischen Spalt voneinander getrennt sind. Dies zeigt, dass auch die Verleihung eines Nobelpreises gelegentlich nicht vor Irrtümern schützt. Eine weitere Ironie dieses Vorgangs besteht darin, dass Ramón y Cajal den Nachweis für seine Behauptung mit der von Golgi entwickelten Methode, nämlich der Golgi-Färbung, geführt hatte.

Was Instrumente und naturwissenschaftliche Verfahren trotz alledem *nicht* leisten können, ist die Enthüllung objektiver, d. h. von menschlichem Denken unabhängiger Wahrheiten. Messinstrumente vereinfachen und standardisieren unsere Wahrnehmungen und erweitern ihren Bereich, aber ihr Einsatz und Aussagewert ist in ausgedehnte Messtheorien eingebettet. Zudem erfassen sie natürlich *nicht* eine bewusstseinsunabhängige Realität. Wir *Menschen* haben diese Instrumente ersonnen und fortentwickelt, und ihre Anwendung und die Auswertung der durch sie gewonnenen Daten geschehen in unserer Erlebniswelt. So können Instrumente uns zwar mitteilen, dass das Licht, welches in uns einen bestimmten Farbeindruck hervorruft, ein ganz bestimmtes Spektrum von Wellenlängen umfasst, aber diese Information ist dennoch an unsere Wahrnehmungswelt gebunden. Es macht also gar keinen Sinn, den Begriff der Wellenlänge als etwas anzusehen, was *näher* an der bewusstseinsunabhängigen Realität und damit in irgendeiner Weise objektiver wäre. Der Unterschied zwischen »Wellenlänge« und »Farbe« besteht darin, dass das eine so definierbar ist, dass intersubjektive Variabilität und Wahrnehmungsfehler minimiert werden, während ein Farbeindruck sehr komplexen Bedingungen unterliegt und auch noch höchst individuell ausfallen kann.

Natürlich gibt es in den Naturwissenschaften viele Dinge, die gar nicht direkt beobachtbar oder mit Messinstrumenten erfassbar sind. Das mindert aber nicht die Gültigkeit des Prinzips. Es gilt, dass *indirekte* empirische Evidenzen vorhanden sein müssen, die eine Hypothese hinreichend glaubwürdig machen. Berühmt sind Vermutungen, die Einstein im Rahmen seiner allgemeinen Relativitätstheorie anstellte, und die anfangs für unüberprüfbar angesehen wurden, dann aber durch spektakuläre Experimente bewiesen wurden. Ohne solche experimentell-empirischen Evidenzen bleibt eine Aussage eben unbewiesen.

Die Frage der empirischen Überprüfbarkeit in den Nicht-Naturwissenschaften

Die traditionelle Aufteilung der Wissenschaften in die Naturwissenschaften und die Geisteswissenschaften (bzw. in die Natur- und Biowissenschaften einerseits und die Geistes-, Kultur- und Sozialwissenschaften andererseits) wird durch die Unterschiede in den *Gegenständen* und in den *Verfahrensweisen* legitimiert. Nach dieser Anschauung handelt es sich in den Natur- und Biowissenschaften um das Aufdecken von Gesetzmäßigkeiten, insbesondere in Form von Naturgesetzen. Alles Geschichtliche, alles von menschlichem

Denken, Wünschen und Glauben Abhängige muss hierbei ausgeschlossen werden. Die naturwissenschaftlichen Verfahren sind auf der beobachtenden Analyse und dem *Erklären* gegründet, d. h. auf der Angabe von Gesetzmäßigkeiten und Mechanismen, die das Auftreten und den Verlauf von Phänomenen begreifbar und damit voraussagbar machen. Die Geisteswissenschaften befassen sich hingegen mit den »Erscheinungsformen der geistigen Welt« (wie es einer ihrer Begründer, Wilhelm Dilthey, ausdrückte), mit dem Erfassen solcher Resultate menschlichen Denkens und Empfindens, die immer historisch einmalig sind. Das traditionelle Instrument der Geisteswissenschaften ist das Verstehen, das hermeneutische Prinzip des rekursiven Erfassens von Bedeutung, das Sich-Hineindenken und Hineinfühlen. Die Ziele und Methoden der Naturwissenschaften und der Geisteswissenschaften stehen sich in dieser Auffassung unvereinbar gegenüber. Die Forderung nach empirischer Überprüfung erscheint in vielen Geistes- und Kulturwissenschaften absurd und wird deshalb von ihren Vertretern vehement abgelehnt. Entsprechend geht man auch von zwei unterschiedlichen Begriffen der Wahrheit aus, nämlich einer analytisch-erklärenden Wahrheit und einer hermeneutisch-verstehenden Wahrheit. Dies erinnert natürlich stark an die Lehre von den »zwei Wahrheiten«, der wissenschaftlichen und der theologischen, von denen im vorausgegangenen Kapitel die Rede war. Eine solche Zweiteilung des Wahrheitsbegriffs ist heutzutage aber nicht mehr akzeptabel. Dies bedeutet, dass auch die Geistes-, Kultur- und Sozialwissenschaften den oben genannten Forderungen nach begrifflicher Eindeutigkeit und Anschlussfähigkeit und ebenso nach Überprüfbarkeit nachkommen müssen, um als Wissenschaften angesehen zu werden.

Es gibt viele an den wissenschaftlichen Hochschulen vertretene Disziplinen, die den Anspruch auf Überprüfbarkeit nicht erheben können und selbst auch gar nicht erheben. Dies gilt für alle Bereiche, in denen es um das Moralisch-Ethische, das Ästhetische und das zweckmäßige gesellschaftliche oder politische Handeln geht. Es kann nun einmal keine Wissenschaft vom »richtigen« moralischen oder politischen Handeln geben. Dies schließt nicht aus, dass man sich bei diesen Werturteilen wissenschaftlicher Erkenntnisse bedient, aber die Urteile selbst können nicht *empirisch* wahr oder falsch sein. Natürlich kann es logisch richtige oder falsche (d. h. in sich widerspruchsfreie oder widersprüchliche) Begründungen ethischer Sätze geben. Ebenso gilt: Solange es keine allgemein akzeptierte Kunsttheorie gibt, können *inhaltliche* Interpretationen von Kunstwerken nicht wissenschaftlich sein (das gilt natürlich nicht für Untersuchungen zur Biographie des Künstlers, zur Entstehungs- und Wirkungsgeschichte). Die Nicht-Wissenschaftlichkeit dieser Disziplinen muss aber nicht deren Bedeutung schmälern.

Allerdings gibt es Disziplinen, die durchaus den Anspruch auf Wissenschaftlichkeit und damit Allgemeingültigkeit ihrer Aussagen erheben, ohne ihm gerecht zu werden. Dies gilt für weite Teile der deutschen und kontinentaleuropäischen Philosophie. Zum einen werden dort häufig Begriffe verwendet, die in einer nicht nachvollziehbaren Weise definiert werden oder in einer Weise, die höchst individuell und daher außerhalb des engen Kontextes in keiner Weise anschlussfähig ist. Berühmt-berüchtigte Beispiele hierfür sind die Philosophien Hegels, Schellings und Fichtes und in neueren Zeiten diejenige Heideggers und Adornos. Es ging diesen Philosophen darum, ein eigenes philosophisches »System« zu entwickeln, das (ganz abgesehen von seiner oft mangelhaften internen Konsistenz) nach außen hin keinerlei Anschlussfähigkeit hatte und wohl auch gar nicht haben sollte. Mit dem Fehlen einer solchen begrifflichen Anschlussfähigkeit entfällt natürlich auch die Forderung nach empirischer Überprüfung – wahrscheinlich hätten Hegel, Schelling und Fichte eine solche Forderung als lächerlich angesehen. Für die idealistischen Philosophen gibt es nämlich gar kein »Außen«, weil alles Wissbare in ihrem allumfassenden Wissenssystem enthalten ist.

Schließlich findet man in der Philosophie häufig Aussagen, die sich auf Empirisches beziehen, wissenschaftlich aber längst widerlegt sind. Dies gilt nicht nur für Äußerungen bekannter Philosophen zur Quantenphysik (insbesondere im Zusammenhang mit dem Thema »Willensfreiheit«; siehe Kapitel 10), sondern auch für Aussagen zur »Natur des Menschen« (der Mensch als »Mängelwesen«), über das Verhältnis von »Natur« und »Kultur«, zu Wahrnehmungsleistungen oder mentalen Zuständen, wie dies gelegentlich bei Vertretern der »analytischen Philosophie« oder der »Philosophie des Geistes« der Fall ist. Hier gibt es Abhandlungen über Schmerzempfindung oder Farbwahrnehmung, bei denen sofort klar wird, dass der Autor sich nicht die Mühe gemacht hat, die entsprechende Fachliteratur zu lesen. Dies wäre allenfalls verzeihlich, wenn die Autoren ihre Werke als Dichtkunst verstünden und nicht als wissenschaftliche Werke mit dem Anspruch auf Allgemeingültigkeit. Freilich kann es bei der Forderung nach empirischer Überprüfung in diesen und anderen geistes- und sozialwissenschaftlichen Disziplinen nicht um dieselben Verfahren wie in den Naturwissenschaften gehen. Man kann Aussagen über das Kaufverhalten von Menschen, über das Ende der römischen Republik und den Beginn der Kaiserzeit oder über die Rezeption Bachscher Musik im 19. Jahrhundert nicht mithilfe der Messapparate der Physik, Chemie oder Physiologie erfassen. Es ist in diesen Disziplinen dennoch selbstverständlich, dass man eine definierte empirische Basis hat, seien dies Fragebögen, »Quellen« in Form von Texten, Darstellungen oder Funden, welche zumindest annähernd dieselbe Funktion erfüllen wie die Daten der Naturwissenschaften. Man ist zum Beispiel im Rahmen der so genannten »Quellenkritik« bestrebt, diese empirische Basis so weit zu reinigen, dass Zweifel an ihrer Gültigkeit zunehmend geringer werden. Man kann sogar im Fall der Rechtswissenschaften Gesetzestexte und Gerichtsurteile als eine Art »empirischer Daten« ansehen.

Von großer Wichtigkeit wird hier eine noch zu entwickelnde Theorie der Entstehung von Bedeutungen und des Erfassens von Bedeutungen, d. h. von Verstehen sein. Begriffe wie »Bedeutung« und »Verstehen« waren bisher den Naturwissenschaften völlig fremd, während sie in den Geisteswissenschaften zentral sind, wie wir gehört haben. Aber gerade für diejenige Disziplin, um die es in diesem Buch ging, nämlich die Hirnforschung, ist ein Brückenschlag zwischen bedeutungsfreien und bedeutungshaften, erklärenden und verstehenden Prozessen unverzichtbar. Wir können zwar neuronale Vorgänge, die im Gehirn eines Tieres oder Menschen ablaufen, in rein naturwissenschaftlichen Termini beschreiben, in denen »Bedeutung« und »Verstehen« überhaupt nicht vorkommen. Irgendwann einmal werden wir aber zu der Feststellung gelangen, dass diese neuronalen Prozesse auf der Ebene kognitiver und emotionaler Funktionen und auf der Verhaltensebene Phänomene erzeugen, die man unausweichlich als »bedeutungshaft« ansehen muss.

Ebenso eindeutig beruht das Gefühl, etwas *verstanden* zu haben – sei dies ein bestimmter Mechanismus, die Bedeutung einer Aussage oder das Verhalten eines Menschen (z. B. eines Patienten) – auf Prozessen, die aufgrund bestimmter Vorgänge im Gehirn des Verstehenden ablaufen und als solche im Prinzip erklärbar sind.

Erklären und Verstehen kann also gar kein Gegensatz sein. Meine Vermutung geht dahin, dass Verstehen eine besonders kontext- und erfahrungsabhängige Form von Erklärung ist. In jedem Fall aber sind wir aufgefordert, eine Theorie des Verstehens zu entwickeln, welche geeignet ist, Vorgänge des Verstehens, wie sie in den Geisteswissenschaften dominieren, erklärbar zu machen.

Naturwissenschaften und Geisteswissenschaften – zwei Welten oder eine vielschichtige Einheit?

Es muss also unser Bestreben sein, den traditionellen Graben zwischen den Natur- und Biowissenschaften einerseits und den Geistes-, Kultur- und Sozialwissenschaften andererseits zu überbrücken und letztlich zuzuschütten. Dies meint nicht die Forderung, dass alle diese Disziplinen ihre Eigenexistenz aufgeben müssten (wie häufig befürchtet wird), sondern nur, dass sich zwischen der Biologie in Form der Evolutionsbiologie, der Verhaltensforschung und der Neurobiologie einerseits und der Psychologie, der Ethnologie und den empirischen Sozialwissenschaften andererseits jeweils »Brückentheorien« ergeben (z. B. in Form von Theorien der Entstehung von Bedeutung und des Verstehens). In der Psychologie geschieht dies bereits im großen Stil, und selbst im Falle der Psychotherapie und Psychoanalyse zeichnet sich –, wie in diesem Buch dargestellt, eine solide Verbindung zu den Neurowissenschaften ab.

In meinen Augen gibt es keinen fundamentalen Unterschied zwischen Natur- und Geisteswissenschaften, und damit keine Definition dieser Wissenschaften über einen spezifischen *Gegenstandsbereich*. Die Trennung der Wissenschaft in »zwei Welten« erschien so lange sinnvoll, wie man annehmen konnte, die Welt der nichtmenschlichen Natur sei fundamental von derjenigen des Menschen unterschieden, insbesondere was dessen geistige Aktivitäten betrifft. Das Naturhafte war im Ganzen gesehen unwandelbar, gesetzmäßig und daher voraussagbar, und deshalb unhistorisch und überindividuell; das Menschliche war wandelbar, nicht voraussagbar, historisch und individuell.

Diese Anschauung, die das wissenschaftliche Lager-Denken auch heute noch vielfach beherrscht, wird aber durch die neuen

Erkenntnisse der Biologie, der Hirnforschung und der Psychologie hinfällig. Zum einen hat der Mensch gegenüber den Tieren seine Einzigartigkeit verloren; er ist sowohl körperlich als auch geistig-psychisch ein Teil der belebten Natur. Geist und Bewusstsein stellen sich als naturhafte Ereignisse dar, die in manchen Formen nicht einmal auf den Menschen beschränkt sind. Zugleich beginnen wir neurobiologisch und psychologisch zu verstehen, wie sich Persönlichkeit und Ich und damit die historisch-individuelle Natur des Menschen in engstem Zusammenhang mit der Entwicklung seines Gehirns entwickeln. Schließlich wird klar, dass sich auch die gesellschaftliche Natur des Menschen aus seiner biologischen – wenngleich jeweils höchst individuellen – Natur ergibt. Dies zeigen die äußerst interessanten Untersuchungen, die gegenwärtig unter dem Schlagwort »Neuro-Ökonomie« laufen und die zeigen, in welcher Weise rationales wie irrationales Entscheiden, egoistisches und altruistisches Handeln, das Abwägen von Risiken und die Aussichten auf Belohnung, ihre Entsprechung in Hirnprozessen finden (vgl. hierzu Roth, 2007). All dies macht eine scharfe Trennung zwischen Natur auf der einen Seite und Geist, Kultur und Gesellschaft auf der anderen Seite im Hinblick auf den Menschen völlig unsinnig. Wissenschaftliches Vorgehen besteht in dem Aufstellen von klar definierten und empirisch überprüfbaren Aussagen von Sachverhalten und der Prüfung auf logische Konsistenz und Kohärenz. Wissenschaft ist demnach durch eine Vorgehensweise, ein *Verfahren*, und nicht durch einen spezifischen Gegenstand bestimmt. Es müssen Begriffe verwendet werden, die möglichst anschlussfähig sind. Das Postulat der empirischen Überprüfbarkeit bedeutet, dass es eine Menge von Phänomenen (physikalische, chemische, physiologische Vorgänge, Verhaltensweisen, Funde, Texte usw.) gibt, an deren Gegebenheit und Beschaffenheit unter Einsatz akzeptierter Methoden kein vernünftiger Zweifel bestehen kann. Diese Feststellung bedeutet *nicht*, dass alles in diesem Sinne Unwissenschaftliche irrelevant oder unwahr ist. Eine Aussage kann *unwissenschaftlich* und doch von höchster Bedeutung für Menschen sein. Die Aussage »ich weiß, dass mein Erlöser lebt« kann von größter Wichtigkeit für einen gläubigen Menschen sein, wie es der Satz »ich liebe dich« für einen verliebten Menschen ist. Sie haben mit Wissenschaft nichts zu tun, denn es gibt bisher keinerlei Verfahren, mit denen man die Wahrheit oder Falschheit dieser Aussagen verlässlich überprüfen könnte. Ob dies beim Verliebtsein irgendwann einmal möglich sein wird, sei dahingestellt (immerhin ist Verliebtsein mit charakteristischen physiologischen Zuständen verbunden). Wahrscheinlich aber wird dies gar nicht gewünscht.

Kann es eine konstruktivistische Wahrheitstheorie geben?

Wie im vierten Kapitel dargestellt, ist es der Kerngedanke der konstruktivistischen Erkenntnistheorie, dass es eine objektive, d. h. von menschlichem Wahrnehmen und Denken unabhängige Erkenntnis nicht geben kann. Wissenschaft kann – wie alle menschliche Geistestätigkeit – die Grenzen menschlicher Erkenntnisfähigkeit niemals übersteigen. Daraus folgern nun Vertreter des radikalen Konstruktivismus, dass wissenschaftliche Aussagen sich nicht grundlegend von nichtwissenschaftlichen Aussagen unterscheiden; Wissenschaft sei nur ein Sprachspiel unter vielen Sprachspielen (um mit Wittgenstein zu reden), ein Glaubenssystem neben vielen anderen Glaubenssystemen. Einen besonderen Anspruch auf Gültigkeit hat Wissenschaft aus Sicht des radikalen Konstruktivismus nicht. Demnach kann es gar keine konstruktivistische Wahrheitstheorie geben.

Ich halte den Kerngedanken des Konstruktivismus für richtig, die Schlussfolgerungen des *radikalen* Konstruktivismus aber für falsch. Wie im vierten Kapitel dargelegt, besteht die Konstruktivität unserer Wahrnehmung nicht im bewussten Konstruieren und Überprüfen von Weltmodellen. Vielmehr beruhen diese Konstrukte auf Mechanismen, die teils genetisch bedingt sind, teils frühkindlich erworben wurden und sich dann verfestigten oder im engeren Sinne erfahrungsbedingt sind. Sie laufen überwiegend unbewusst ab. Hierdurch ergibt sich die große Verlässlichkeit und die weitgehende intersubjektive Einheitlichkeit vieler Wahrnehmungsprozesse. Sie garantieren – wie gehört – *nicht*, dass wir die bewusstseinsunabhängige Welt in irgendeiner Weise »objektiv« wahrnehmen, aber sie sorgen dafür, dass die Menschen im Durchschnitt ähnliche Wahrnehmungsleistungen haben. Diese Ähnlichkeit ebenso wie diejenige logischer Operationen sind die Grundlage wissenschaftlicher Tätigkeit. Es besteht also durchaus ein Unterschied zwischen Wissenschaft und bloßem Behaupten, Meinen und Glauben, nämlich in Hinblick auf die Glaubwürdigkeit, Verlässlichkeit und Verallgemeinerbarkeit von Aussagen.

Wenn wir am Begriff der Wahrheit festhalten wollen, dann kann er nur »maximale Glaubwürdigkeit in einer bestimmten Zeitspanne« bedeuten. Der Satz »es regnet« ist wahr in dem Sinne, dass alle Beobachtungen und logischen Argumente dafür sprechen, und ebenso ist der Satz »Glutamat ist ein Neurotransmitter« dann wahr, wenn ich aufgrund einer allgemein akzeptierten Definition von »Glutamat« und »Neurotransmitter« und mithilfe anerkannter Methoden den Nachweis führen kann, dass Glutamat die entsprechenden Bedingungen erfüllt. Die Frage, ob Glutamat »objektiv«, d. h. außerhalb des Begriffs- und Handlungssystems der Naturwissenschaften, ein Transmitter ist, ist in der Tat unsinnig.

Es bleibt die fundamentale Erkenntnis des Konstruktivismus, dass Wissenschaft *selbstreferentiell* ist. Was Wissenschaft ist, bestimmen Wissenschaftler durch ihre Tätigkeit, die sie wissenschaftlich nennen. Wissenschaftler wird man wiederum dadurch, dass man diese Tätigkeit, die wissenschaftlich genannt wird, erlernt und ausübt. In dem Maße, wie Menschen und ihre Denk- und Handlungsweisen sich ändern, verändert sich auch der Begriff wissenschaftlicher Tätigkeit. Vieles von dem, was früher als wissenschaftlich galt, erfüllt diese Bedingungen heute nicht mehr, und in hundert Jahren wird man wahrscheinlich einen wiederum veränderten Wissenschaftsbegriff haben. Dies gilt natürlich auch für alles, was in diesem Buch dargestellt wurde.

Weiterführende Literatur

1. Kapitel: Eine kleine Hirnkunde

Dudel, J., R. Menzel und R. F. Schmidt (Hrsg.) (1996/2. Aufl. 2001): Neurowissenschaften. Vom Molekül zur Kognition. Springer, Berlin/Heidelberg/New York.

Julien, R. M. (1997): Drogen und Psychopharmaka. Spektrum Akademischer Verlag, Heidelberg.

Kandel, E. R., J. H. Schwartz und T. M. Jessell (1996): Neurowissenschaften. Spektrum Akademischer Verlag, Heidelberg.

Nieuwenhuys, R., J. Voogd und Chr. van Huijzen (1991): Das Zentralnervensystem des Menschen. Springer, Berlin/Heidelberg/New York.

Roth, G. (1994/1996): Das Gehirn und seine Wirklichkeit. Suhrkamp, Frankfurt/M.

Roth, G. (2001/2003): Fühlen, Denken, Handeln. Wie das Gehirn unser Verhalten steuert. Suhrkamp, Frankfurt/M.

Roth, G. und W. Prinz (1996): Kopfarbeit. Kognitive Leistungen und ihre neuronalen Grundlagen. G. Roth und W. Prinz (Hg.). Spektrum Akademischer Verlag, Heidelberg.

2. Kapitel: Welt, Körper, Ich

Jeannerod, M. (1997): The Cognitive Neuroscience of Action. Blackwell, Oxford.

Kolb, B. und I. Q. Wishaw (1993): Neuropsychologie. Spektrum Akademischer Verlag, Heidelberg.

Lurija, A. R. (1991): Der Mann, dessen Welt in Scherben ging. Rowohlt, Reinbek.

Sacks, O. (1987): Der Mann, der seine Frau mit einem Hut verwechselte. Rowohlt, Reinbek.

3. Kapitel: Was uns Menschen so klug macht

Jerison, H. J. (1973): Evolution of the Brain and Intelligence. Academic Press, New York.

McFarland, D. (1989): Biologie des Verhaltens. Evolution, Physiologie, Psychobiologie. VCH, Weinheim.

Paul, A. (1999): Von Affen und Menschen. Verhaltensbiologie der Primaten. Wissenschaftliche Buchgesellschaft, Darmstadt.

Roth, G. und U. Dicke (2005): Evolution of the brain and intelligence. Trends in Cognitive Sciences 9: 250-257.

Roth, G. und M. F. Wullimann (2000): Brain Evolution and Cognition, Wiley-Spektrum Akademischer Verlag, New York/Heidelberg/Berlin, S. 501-521.

Roth, G. und M. F. Wullimann (1996/2001): Die Evolution des Nervensystems und der Sinnesorgane. In: J. Dudel, R. Menzel und R. F. Schmidt (Hg.), Neurowissenschaft. Vom Molekül zur Kognition. Springer, Berlin/Heidelberg/New York, S. 1-31.

Tomasello, M. (2002): Die kulturelle Entwicklung des menschlichen Denkens. Suhrkamp, Frankfurt/M.

4. Kapitel: Wahrnehmung: Abbildung oder Konstruktion?

Dudel, J., R. Menzel und R. F. Schmidt (Hrsg.) (1996/2. Aufl. 2001): Neurowissenschaften. Vom Molekül zur Kognition. Springer, Berlin/Heidelberg/New York.

Kandel, E. R., J. H. Schwartz und T. M. Jessell (1996): Neurowissenschaften. Spektrum Akademischer Verlag, Heidelberg.

Kutschera, F. von (1982): Grundfragen der Erkenntnistheorie. Walter de Gruyter, Berlin/New York.

Roth, G. (1994/1996): Das Gehirn und seine Wirklichkeit. Suhrkamp, Frankfurt/M.

Vollmer, G. (1975): Evolutionäre Erkenntnistheorie. Hirzel, Stuttgart.

5. Kapitel: Die Spur der Erinnerungen

Lachnit, H. (1993): Assoziatives Lernen und Kognition. Spektrum Akademischer Verlag, Heidelberg.

Markowitsch, H.J. (1999): Gedächtnisstörungen. Kohlhammer, Stuttgart.

Markowitsch, H.-J. (2002): Dem Gedächtnis auf der Spur. Vom Erinnern und Vergessen. Wissenschaftliche Buchgesellschaft, Darmstadt.

Schacter, D. L. (1996): Searching for Memory. The Brain, the Mind, and the Past. Basic Books, New York.

6. Kapitel: Wer oder was bestimmt uns?

Amelang, M. und D. Bartussek (1997): Differentielle Psychologie und Persönlichkeitsforschung (4. Aufl.). Kohlhammer, Stuttgart.

Asendorpf, J. B. (2004): Psychologie der Persönlichkeit (3. Aufl.). Springer, Berlin/Heidelberg/New York.

Eliot, L. (2001): Was geht da drinnen vor? Die Gehirnentwicklung in den ersten fünf Lebensjahren. Berlin Verlag, Berlin.

Lorenz, K. (1963): Das sogenannte Böse – Zur Naturgeschichte der Aggression. Dr. G. Borotha-Schoeler, Wien.

Lorenz, K. (1965): Über tierisches und menschliches Verhalten. Aus dem Werdegang der Verhaltenslehre (2 Bde.). Piper, München.

Roth, G. (2007): Persönlichkeit, Entscheidung und Verhalten. Klett-Cotta.

Skinner, B. F. (1973): Wissenschaft und menschliches Verhalten. Kindler, München.

Zippelius, H. (1992): Die vermessene Theorie. Eine kritische Auseinandersetzung mit der Instinkttheorie von Konrad Lorenz und verhaltenskundlicher Forschungspraxis. Vieweg, Braunschweig/Wiesbaden.

7. Kapitel: Geist und Gehirn

Chalmers, D. J. (1996): The Conscious Mind. In Search of a Fundamental Theory. Oxford University Press, New York/Oxford.

Churchland, P. M. (1997): Die Seelenmaschine. Spektrum Akademischer Verlag, Berlin/Heidelberg/Oxford.

Crick, F. (1994): Was die Seele wirklich ist. Die naturwissenschaftliche Erforschung des Bewußtseins. Artemis und Winkler, München.

Eccles, J. C. (1994): Wie das Selbst sein Gehirn steuert. Piper, München.

Haynes, J. D. und G. Rees (2006): Decoding Mental States from Brain Activity in Humans. Nature Review Neuroscience 7: 523-34.

Pauen, M. (1999): Das Rätsel des Bewusstseins. Eine Erklärungsstrategie. Mentis, Paderborn.

Pauen, M. und A. Stephan (2002): Phänomenales Bewusstsein – Rückkehr zur Identitätstheorie? Mentis, Paderborn.

Pöppel, E. (1985): Grenzen des Bewußtseins. Über Wirklichkeit und Welterfahrung. Deutsche Verlagsanstalt, Stuttgart.

8. Kapitel: Ich und Es – die Welt der Persönlichkeit und des Psychischen

Akert, K. (1994): Limbisches System. In: D. Drenckhahn und W. Zenker (Hg.), Benninghoff, Anatomie Bd. 2. Urban und Schwarzenberg, München/Wien/Baltimore, S. 603-627.

Freud, S. (1923/1999): Das Ich und das Es. Gesammelte Werke, Bd. 13. Fischer, Frankfurt/M., S. 235-289.

Kandel, E. R. (1999): Biology and the future of psychoanalysis: A new intellectual framework for psychiatry revisited. In: American Journal of Psychiatry (156), S. 505-524.

Metzinger, T. (1999): Subjekt und Weltmodell. Mentis, Paderborn.

Newen, A. und K. Vogeley (2000): Selbst und Gehirn. Mentis, Paderborn.

Panksepp, J. (1998): Affective Neuroscience. The Foundations of Human and Animal Emotions. Oxford University Press, New York/Oxford.

Roth, G. (2001/2003): Fühlen, Denken, Handeln. Wie das Gehirn unser Verhalten steuert. Suhrkamp, Frankfurt/M.

Förstl, H., M. Hautzinger und G. Roth (Hg., 2006) Neurobiologie psychischer Störungen. Springer-Verlag, Heidelberg u. a.

9. Kapitel: Verstand oder Gefühle – auf was sollen wir hören?

Damasio, A. R. (1994): Descartes' Irrtum. Fühlen, Denken und das menschliche Gehirn. List, München.

Damasio, A. R. (2000): Ich fühle, also bin ich. List, München.

LeDoux, J. (1998): Das Netz der Gefühle. Wie Emotionen entstehen. Hanser, München/Wien.

Gigerenzer, G. (2002): Das Einmaleins der Skepsis. Über den richtigen Umgang mit Zahlen und Risiken. Berlin Verlag, Berlin.

Roth, G. (2001/2003): Fühlen, Denken, Handeln. Wie das Gehirn unser Verhalten steuert. Suhrkamp, Frankfurt/M.

Roth, G. (2007): Persönlichkeit, Entscheidung und Verhalten. Klett-Cotta, Stuttgart.

10. Kapitel: Freiheit, die ich meine

Bieri, P. (2001): Das Handwerk der Freiheit. Über die Entdeckung des eigenen Willens. Hanser, München/Wien.

Detlefsen, G. (2006). Grenzen der Freiheit – Bedingungen des Handelns – Perspektive des Schuldprinzips. Duncker & Humblot, Berlin.

Goschke, T. (2003): Willentliche Handlungen und kognitive Kontrolle: Zur funktionalen Dekomposition der zentralen Exekutive. In: S. Maasen, W. Prinz und G. Roth (Hg.), Voluntary Action. Oxford University Press, New York/Oxford.

Haggard, P. und M. Eimer (1999): On the Relation between Brain Potentials and the Awareness of Voluntary Movements. In: Experimental Brain Research (126), S. 128-133.

Libet, B., C. A. Gleason, E. W. Wright und D. K. Pearl (1983): Time of Conscious Intention to Act in Relation to Onset of Cerebral Activity (Readiness-Potential). In: Brain (106), S. 623-642.

Maasen, S., W. Prinz und G. Roth (2003): Voluntary Action. Oxford University Press, New York/Oxford.

Merkel, G. und G. Roth (2008): Freiheitsgefühl, Schuld und Strafe. In: Entmoralisierung des Rechts. K.-J. Grün, M. Friedman und G. Roth (Hg.). Vandenhoeck & Ruprecht, Göttingen.

Pauen, M., Roth, G. (2008): Freiheit, Schuld und Verantwortung. Grundzüge einer naturalistischen Theorie der Willensfreiheit. Suhrkamp, Frankfurt/M.

Walter, H. (1998): Neurophilosophie der Willensfreiheit. Mentis, Paderborn.

Wegner, D. (2002): The Illusion of Conscious Will. Bradford Books, The MIT Press, Cambridge (Mass.)/London.

11. Kapitel: Über die letzten Dinge

Blanke, O., S. Ortigue, T. Landis und M. Seeck (2002): Stimulating Illusory Own-Body Perceptions. Nature 419: 269.

Linke, D. B. (2003): Auf der Schwelle zum Tod. Gehirn & Geist 3: 46-52.

Newberg, A., E. D'Aquili und V. Rause (2003): Der gedachte Gott. Wie Glaube im Gehirn entsteht. Piper, München.

Penfield, W. und L. Roberts (1959): Speech and Brain-Mechanisms. Princeton University Press, Princeton.

Ramachandran, V. S. und S. Blakeslee (2002): Die blinde Frau, die sehen kann. Rätselhafte Phänomene unseres Bewusstseins. Rowohlt, Reinbek.

12. Kapitel: Wissenschaft und Wahrheit

Kutschera, F. von (1982): Grundfragen der Erkenntnistheorie. Walter de Gruyter, Berlin/New York.

Tarski, A. (1944): The Semantic Conception of Truth and the Foundations of Semantics. Journal of Philosophy and Phenomenological Research 4: 341-375.

Namenregister

Sachregister

»Geist und Gehirn«
im Suhrkamp Verlag

François Ansermet / Pierre Magistretti. Die Individualität des Gehirns. Neurobiologie und Psychoanalyse.
282 Seiten. Gebunden

Olaf Breidbach. Die Materialisierung des Ichs. Zur Geschichte der Hirnforschung im 19. und 20. Jahrhundert.
stw 1276. 476 Seiten

Gene, Meme und Gehirne. Geist und Gesellschaft als Natur. Eine Debatte. Herausgegeben von A. Becker, C. Mehr, H. H. Nau, G. Reuter und D. Stegmüller. stw 1643. 330 Seiten

Hirnforschung und Willensfreiheit. Zur Deutung der neuesten Experimente. Herausgegeben von Christian Geyer.
es 2387. 296 Seiten

Eric R. Kandel. Psychiatrie, Psychoanalyse und die neue Biologie des Geistes. Mit einem Vorwort von Gerhard Roth.
341 Seiten. Gebunden

Benjamin Libet. Mind Time. Wie das Gehirn Bewusstsein produziert. 298 Seiten. Gebunden

Philosophie und Neurowissenschaften. Ist das psychologische Problem gelöst? Herausgegeben von Dieter Sturma.
stw 1770. 266 Seiten

Gerhard Roth
- Aus Sicht des Gehirns. 216 Seiten. Kartoniert
- Fühlen, Denken, Handeln. Wie das Gehirn unser Verhalten steuert. stw 1678. 608 Seiten
- Das Gehirn und seine Wirklichkeit. Kognitive Neurobiologie und ihre philosophischen Konsequenzen. stw 1275. 384 Seiten

John R. Searle. Freiheit und Neurobiologie. 91 Seiten. Kartoniert

Wolf Singer
- Ein neues Menschenbild? Gespräche über Hirnforschung. stw 1596. 144 Seiten
- Der Beobachter im Gehirn. Essays zur Hirnforschung. stw 1571. 240 Seiten
- Vom Gehirn zum Bewußtsein. 59 Seiten. Gebunden

Geschichte und Theorie
der Naturwissenschaften

Bakteriologie und Moderne. Studien zur Biopolitik des Unsichtbaren 1870 – 1920. Herausgegeben von Philipp Sarasin.
Silvia Berger, Marianne Hänseler und Myriam Spörri.
stw 1807. 544 Seiten

Susan Blackmore. Gespräche über Bewußtsein.
Gebunden. 380 Seiten

Lorraine Daston/Peter Galison. Objektivität. Aus dem
Amerikanischen von Christa Krüger. Mit zahlreichen Abbildungen und farbigem Bildteil. Gebunden. 530 Seiten

John Dupré. Darwins Vermächtnis. Die Bedeutung der Evolution für die Gegenwart des Menschen. Aus dem Englischen
von Eva Gilmer. 144 Seiten. Gebunden

Michael Esfeld. Naturphilosophie als Metaphysik der Natur.
stw 1863 218 Seiten

Gene, Meme und Gehirne. Geist und Gesellschaft als Natur.
Eine Debatte. Herausgegeben von A. Becker, C. Mehr, H. H.
Nau, G. Reuter und D. Stegmüller. stw 1643. 330 Seiten

Geschichte, Theorie und Ethik der Medizin. Eine Einführung.
Herausgegeben von Stefan Schulz u.a. stw 1791. 511 Seiten

Das Geschlecht der Natur. Feministische Beiträge zur Geschichte und Theorie der Naturwissenschaften. Herausgegeben von Barbara Orland und Elvira Scheich. Texte aus dem
Amerikanischen von Xenia Rajewsky. Gender Studies.
es 1727. 290 Seiten

Stephen Jay Gould. Der falsch vermessene Mensch. Aus dem Amerikanischen von Günter Seib. stw 583. 400 Seiten

Michael Hampe. Eine kleine Geschichte des Naturgesetzbegriffs. Die Gesetze der Natur und die Handlungen der Menschen. stw 1864. 201 Seiten

Lily E. Kay. Das Buch des Lebens. Wer schrieb den genetischen Code? Mit Abbildungen. Aus dem Amerikanischen von Gustav Roßler. stw 1746. 556 Seiten

Alexandre Koyré. Von der geschlossenen Welt zu unendlichen Universum. Aus dem Amerikanischen von Rolf Dornbacher. stw 320. 259 Seiten

Werner Kutschmann. Der Naturwissenschaftler und sein Körper. Die Rolle der »inneren Natur« in der experimentellen Naturwissenschaft der frühen Neuzeit. 428 Seiten. Gebunden

Humberto R. Maturana. Biologie der Realität. Aus dem Amerikanischen von Wolfram K. Köck. stw 1502. 400 Seiten

Naturerkenntnis und Natursein. Für Gernot Böhme. Herausgegeben von Michael Hauskeller, Christoph Rehmann-Sutter und Gregor Schiemann. stw 1327. 406 Seiten

Naturwissenschaft, Technik und NS-Ideologie. Beiträge zur Wissenschaftsgeschichte des Dritten Reiches. Herausgegeben von Herbert Mehrtens und Steffen Richter. stw 303. 289 Seiten

Philosophie der Biologie. Eine Einführung. Herausgegeben von Ulrich Krohs und Georg Toepfer. stw 1745. 456 Seiten

Physiologie und industrielle Gesellschaft. Studien zur Verwissenschaftlichung des Körpers im 19. und 20. Jahrhundert.

Herausgegeben von Philipp Sarasin und Jakob Tanner.
stw 1343. 529 Seiten

Die Transformation des Humanen. Beiträge zur Kulturgeschichte der Kybernetik. Herausgegben von Michael Hagner und Erich Hörl. stw 1848. 464 Seiten

Hans-Jörg Rheinberger.
- Epistemologie des Konkreten. Studien zur Geschichte der modernen Biologie. stw 1771. 415 Seiten
- Experimentalsysteme und epistemische Dinge. Eine Geschichte der Proteinsynthese im Reagenzglas. stw 1806. 383 Seiten

Lothar Schäfer. Das Bacon-Projekt. Von der Erkenntnis, Nutzung und Schonung der Natur. stw 1401. 279 Seiten

Philosophie des Geistes
im Suhrkamp Verlag

Anatomie der Subjektivität. Bewußtsein, Selbstbewußtsein und Selbstgefühl. Herausgegeben von Thomas Grundmann, Frank Hofmann, Catrin Misselhorn, Violetta L. Waibel und Véronique Zanetti. stw 1735. 496 Seiten

Bewußtsein. Philosophische Beiträge. Herausgegeben von Sybille Krämer. stw 1240. 250 Seiten

Susan Blackmore. Gespräche über Bewußtsein. Aus dem Englischen von Frank Born. Mit einem Glossar. 380 Seiten. Gebunden

Robert B. Brandom
- Expressive Vernunft. Aus dem Amerikanischen von Eva Gilmer und Hermann Vetter. 1014 Seiten. Gebunden
- Begründen und Begreifen. Eine Einführung in den Inferentialismus. Aus dem Amerikanischen von Eva Gilmer. Gebunden und stw 1689. 264 Seiten

Donald Davidson
- Handlung und Ereignis. Aus dem Amerikanischen von Joachim Schulte. Gebunden und stw 895. 421 Seiten
- Probleme der Rationalität. Vorwort von Marcia Cavell. Aus dem Amerikanischen von Joachim Schulte. 445 Seiten. Gebunden
- Subjektiv, intersubjektiv, objektiv. Aus dem Amerikanischen von Joachim Schulte. 382 Seiten. Gebunden

Donald Davidson / Richard Rorty. Wozu Wahrheit? Eine Debatte. Herausgegeben und mit einem Nachwort von Mike Sandbothe. stw 1691. 353 Seiten

NF 165/1/4.08

Richard Rorty. Der Spiegel der Natur. Eine Kritik der Philosophie. Aus dem Amerikanischen von Michael Gebauer. stw 686. 438 Seiten

Jürgen Schröder. Einführung in die Philosophie des Geistes. stw 1671. 400 Seiten

John R. Searle
- Freiheit und Neurobiologie. Aus dem Amerikanischen von Jürgen Schröder. Kartoniert. 96 Seiten
- Geist. Eine Einführung. Aus dem Amerikanischen von Sibylle Salewski. 324 Seiten. Gebunden
- Geist, Sprache und Gesellschaft. Philosophie der wirklichen Welt. Aus dem Amerikanischen von Harvey P. Gavagai. stw 1670. 192 Seiten
- Intentionalität. Eine Abhandlung zur Philosophie des Geistes. Aus dem Amerikanischen von Harvey P. Gavagai. stw 956. 353 Seiten

Selbstbewußtseinstheorien von Fichte bis Sartre. Herausgegeben und mit einem Nachwort versehen von Manfred Frank. stw 964. 599 Seiten

Michael Tomasello. Die kulturelle Entwicklung des menschlichen Denkens. Zur Evolution der Kognition. Aus dem Englischen von Jürgen Schröder. stw 1827. 307 Seiten

Matthias Vogel. Medien der Vernunft. Eine Theorie des Geistes und der Rationalität auf Grundlage einer Theorie der Medien. stw 1556. 427 Seiten

Wissen zwischen Entdeckung und Konstruktion. Erkenntnistheoretische Kontroversen. Herausgegeben von Matthias Vogel und Lutz Wingert. stw 1591. 328 Seiten